Stefan Schrahe / Roland Löwisch

OLDTIMER

Klassiker aus 7 Jahrzehnten

mit Wertangaben

IMPRESSUM

HEEL Verlag GmbH
Gut Pottscheidt
53639 Königswinter
Telefon 02223 9230-0
Telefax 02223 9230-13
info@heel-verlag.de
www.heel-verlag.de

© 2022: HEEL Verlag GmbH, Königswinter
7. Auflage 2025

Verantwortlich für den Inhalt:
Stefan Schrahe, Roland Löwisch

Lektorat:
Jost Neßhöver

Satz und Gestaltung:
F5 Mediengestaltung, Ralf Kolmsee, Bonn

© Titelbild: Andreas Beyer

© Fotos: Adobe Stock (S. 239); Alltagsklassiker (S. 71 u.); Archive der Hersteller;
Andreas Beyer (S. 64); Dieter Rebmann (S. 39 o., 155 o., 158); Jürgen Schlegelmilch
(S. 39 u., 48, 50 u., 51, 58 u., 63 u., 65, 67, 74 o., 75 u, 84, 89, 91, 112, 120, 122, 127,128, 140,
163 o., 165)
Wir danken allen Herstellern für die freundliche Unterstützung.

Wir sind bei der Auswahl der Fotos mit Umsicht vorgegangen, um keine Rechte
Dritter zu verletzen. Falls dies dennoch geschehen sein sollte, bittet die Redaktion
um kurze Nachricht.

Alle Angaben ohne Gewähr, Irrtümer vorbehalten

Printed in Latvia

ISBN: 978-3-86852-634-9

Stefan Schrahe / Roland Löwisch

OLDTIMER

Klassiker aus 7 Jahrzehnten

mit Wertangaben

HEEL

Einteilung der Fahrzeugklassen

Klein- und Kompaktwagenklasse

Mittelklasse

Oberklasse

Sportwagenklasse

Nutz- und Sonderfahrzeuge

Kaum zu glauben, aber heutzutage muss man sich die Frage stellen: Darf man eigentlich noch von Oldtimern träumen? Und über sie schreiben? Viele Unwissende verteufeln heutzutage diese „Spritschlucker", ohne eine Ahnung davon zu haben, um wie viel nachhaltiger alte, gut in Schuss gehaltene Klassiker sind als neu gebaute Autos.

Ob die oftmals eher kritiklos als Allheilmittel gefeierte Elektromobilität – als ein Teil eines gut durchdachten Mobilitätskonzeptes zweifelsfrei sinnvoll, als Massenmobilitätsmittel aktuell eher begrenzt hilfreich – uns in 30 Jahren auch in Begeisterung versetzen kann, wird die Geschichte zeigen. Allerdings ist es schwer vorstellbar, dass die nicht selten seelenlosen Batterieträger mit ihren häufig polarisierend designten Kunststoff-Karossen das Potenzial zu würdigen Nachfahren unseres heute gefeierten automobilen Kulturguts haben könnten – jenen Automobilen, die wie wohl kaum ein anderes Produkt den Alltag der Menschen in den vergangenen 130 Jahren verändert haben.

Zur Erinnerung: In den ersten Jahrzehnten nach der Erfindung von Carl Benz waren Autos Spielzeuge exzentrischer Avantgardisten oder technikbegeisterter Pioniere. Erst Anfang der zwanziger Jahre wurde deutlich, dass sich das Antlitz der Welt durch das Auto – in den großen Metropolen wie auf dem Land – stärker verändern würde als durch jede andere Erfindung zuvor. Die technologische Entwicklung gewann eine ungeheure Dynamik. Innerhalb weniger Jahre wurden Autos nicht nur besser, sondern auch erschwinglicher. In einer fortschrittbesessenen Zeit entwickelte sich kaum ein anderes Produkt ebenso zum Statussymbol wie auch zur Notwendigkeit. Sowohl in Sachen Technik als auch in Sachen Sozialisation gab es stets Bewegung.

Diese Veränderung und die Entwicklung des Automobils von Anfang des zwanzigsten Jahrhunderts bis etwa 1990 zeigt dieses Buch auf – und zwar mit einem großen Herzen für die einst innovative Technik und das sich stets verändernde Design. Die Einteilung in Dekaden führt Sie zurück in bewegte Zeiten und zu spannenden Fragen: Welche Technologie sollte sich durchsetzen, welche Länder würden sich als „Automobilnation" profilieren

und welche Marken die Jahrzehnte überleben? Und Sie können erleben, wie es immer schneller und für immer mehr Probleme immer noch vielfältigere Lösungen gab, bis sich schließlich mehr oder weniger ein Standard durchsetzte, bei dem immer mehr das Detail den Unterschied machte.

Drei Kriterien bestimmten die Auswahl der – chronologisch und nach Klassen alphabetisch gegliederten – mehr als 250 Autos in diesem Buch: ihr wirtschaftlicher Erfolg, ihre Bedeutung als Ideengeber oder Innovator sowie ihre Eigenschaft, besonders typisch für eine Epoche zu sein. Die Wertangaben beziehen sich auf

die jeweils teuerste heute noch erhältliche Ausführung im Best-
zustand. Im Falle mehrerer angegebener Ausführungen/Motori-
sierungen sind die angegebenen Preise als Durchschnittswert für
die Modellreihen zu verstehen.

In diesem Sinne wünschen wir allen Oldtimer- und Autofans viel
Vergnügen beim Eintauchen in stark bebilderte sieben Jahrzehnte Automobilgeschichte.

Stefan Schrahe/Roland Löwisch
Herbst 2022

Volksmotorisierung und Traumwagen

Wie im Zeitraffer verlief die Automobil-Entwicklung in den zwanziger und dreißiger Jahren des vergangenen Jahrhunderts. Stand am Anfang der „Roaring Twenties" nicht einmal fest, ob der Verbrennungs- oder der Elektromotor das Rennen machen würde, bedeutete die Erfindung des elektrischen Anlassers und dessen Verbreitung ab 1920 den endgültigen Durchbruch für den Benziner. Der war nun von jedermann einfach und komfortabel zu starten und konnte seine Vorteile der besseren Reichweite und schnelleren Betankung ausspielen.

Besonders in den USA verbreitete sich das Auto rasend schnell. Henry Fords „Tin Lizzy" schuf einen Motorisierungsgrad, der in Europa erst Jahrzehnte später erreicht werden sollte. Die Massenproduktion mit bis zu 9000 Fahrzeugen am Tag machte es nicht nur möglich, dass sich auch einfache Angestellte ein Auto leisten konnten. Der Ford T war außerdem lebenswichtiges Transportmittel unzähliger Siedler, die in den zwanziger Jahren weite Flächen der USA eroberten. Das Auto begann, seine Umwelt und die Lebenswelten der Menschen zu verändern.

In Europa waren die Anfänge deutlich bescheidener, die Autos kleiner, die Stückzahlen ohnehin. Auch der Beginn der Massenproduktion automobilisierte noch längst nicht die breite Masse der Menschen. Einen Opel „Laubfrosch" konnten sich in den Zwanzigern nur Gutverdienende leisten. Innerhalb von knapp zehn Jahren sollten sich die „Volksautos" allerdings extrem verwandeln: Ganzstahlkarosserien hatten die Holzaufbauten und Stromlinienformen das kastenförmige Kutschen-Design ersetzt.

Spätestens in den 1930er Jahren hatte sich das Auto auch als wichtiges Repräsentationsinstrument etabliert. Ein Maybach Zeppelin oder ein Mercedes 770 erscheinen heute als „fahrende Ritterburgen" und protzten mit Dimensionen, die kaum je wieder erreicht wurden. Neben der schieren Größe kann auch der

technologische Standard am Vorabend des Zweiten Weltkrieges heute noch beeindrucken. Vor allem viele Motorkonstruktionen aus den Dreißiger Jahren sollten die Automobilentwicklung bis in die Sechziger begleiten.

Austin Seven

ca. 14.000 €

Land	GB
Marke	Austin
Baujahr	1922-1939
Motor-Bauart	Vierzylinder (Reihe)
Lage	Front
Antrieb	Heck
Hubraum (ccm)	696 bis 750
Leistung (PS/U/min)	10 bei 3200,
	15 bei 3000
Vmax (km/h)	75
Bauart	Limousine (2-türig),
	Cabriolet, Roadster
Material	Stahlblech
Produktionszahl	290.000

Einer der größten Erfolge der britischen Automobilindustrie: Der Austin Seven erschien 1922 und läutete auf der Insel die Massenmotorisierung ein. Die Limousine mit dem zunächst 696, ab 1923 immerhin 750 ccm großen Vierzylinder bot auf weniger als drei Metern Länge immerhin Platz für vier Personen. Das Konzept kam an: Die Lizenz zum Erfolg wurde nach Deutschland, nach Frankreich und in die USA verkauft. In England gab es den Seven neben der Limousine, deren Aufbau bis 1930 aus Aluminium und später aus Stahl gefertigt war, auch als Cabriolet und Roadster. Mit zehn PS ging es 1922 los, aber die Leistung sollte in den 17 Jahren seiner Karriere ständig steigen. Die Sportversionen „Nippy" und „Speedy" leisteten immerhin 23 respektive 30 PS und hatten mit den wenig mehr als 400 kg Gewicht leichtes Spiel. Den Großteil der 290.000 Austin Seven, die bis 1939 vom Band liefen, bildeten freilich die braven Limousinen.

BMW 3/15, 3/20 („BMW Dixi")

Land	Deutschland
Marke	BMW
Baujahr	1929-1932
Motor-Bauart	Vierzylinder (Reihe)
Lage	Front
Antrieb	Heck
Hubraum (ccm)	749
Leistung (PS/U/min)	15 bei 3000
Vmax (km/h)	75
Bauart	Limousine (2-türig),
	Roadster, Cabriolet
Material	Stahlblech
Produktionszahl	16.948

ca. 23.500 €

Das allererste Auto der Bayerischen Motoren Werke, die bis dato „nur" Motorräder und Flugzeugmotoren produziert hatten: der BMW 3/15 – besser bekannt als „Dixi". Kurios: Er war keine Eigenentwicklung und wurde auch nicht in Bayern, sondern im thüringischen Eisenach produziert. Anfangs hieß er tatsächlich nur „Dixi", wie die gleichnamigen Fahrzeugwerke, die eine Lizenz zum Nachbau des Austin Seven gekauft hatten, 1928 aber in Zahlungsschwierigkeiten geraten und von BMW übernommen worden waren. Unter der Bezeichnung 3/15 wurde der Dixi, den BMW selbst nie so nannte, bis 1932 weitergebaut. Allerdings musste sich die Ur-Konstruktion etliche Modifikationen gefallen lassen: Der BMW 3/15 erhielt eine breitere Ganzstahl-Karosserie ohne Trittbretter, eine Vierrad-Bremse und Kurbelfenster. Immerhin knapp 17.000 Exemplare verließen die Fabrikhallen unterhalb der Wartburg.

Ford Model T („Tin Lizzy")

Gegen diese Zahlen verblassen Europas Anfänge der Volksmotorisierung: Mehr als 15 Millionen Mal verkaufte sich der Ford T – das erste überhaupt auf einem Fließband produzierte Auto – zwischen 1908 und 1927. Auch in Berlin lief Henry Fords „Tin Lizzy" vom Band – allerdings erst ab 1926, und da hatte sie ihren Zenith schon längst überschritten. In den USA hatte der Ford T bis dahin längst Geschichte geschrieben und die Entwicklung vieler ländlicher Gegenden überhaupt erst möglich gemacht. Der robuste 2,9-Liter-Vierzylinder mit 20 PS war extrem wartungsarm ausgelegt: Er verfügte weder über ein konventionelles Getriebe noch über Benzin- und Wasserpumpe oder Ölfilter. Weil schwarzer Nitrolack am schnellsten trocknet, wurde der Bestseller zwischen 1915 und 1925 nur in dieser Farbe produziert und das bis zu 9000 Mal am Tag!

Land	Deutschland
Baujahr	1926-1927
Motor-Bauart	Vierzylinder (Reihe)
Lage	Front
Antrieb	Heck
Hubraum (ccm)	2894
Leistung (PS/U/min)	20 bei 3200
Vmax (km/h)	65
Bauart	Cabriolet
Material	Stahlblech
Produktionszahl	weltweit rund 15.000.000

[**ca. 38.000 €**]

11

Opel 4/12 PS („Laubfrosch")

Land	Deutschland
Marke	Opel
Baujahr	1924-1926
Motor-Bauart	Vierzylinder (Reihe)
Lage	Front
Antrieb	Heck
Hubraum (ccm)	951
Leistung (PS/U/min)	12 bis 14 bei 2400
Vmax (km/h)	60
Bauart	Cabriolet
Material	Holz, Stahlblech
Produktionszahl	ca. 120.000

„Das ist doch dasselbe in Grün", müssen viele Zeitzeugen ausgerufen haben, als sie den Opel 4/12 PS von 1924 an auf Deutschlands Straßen erblickten. Kein Wunder, denn das zumeist grün lackierte Fahrzeug – das erste in Deutschland auf einem Fließband produzierte – war ein exaktes Plagiat des seit 1922 gebauten und überwiegend gelb lackierten Citroën 5 CV. Für die Adam Opel AG geriet die Kopie zum großen Erfolg auf dem Massenmarkt: In den sieben Jahren, in denen der im Volksmund nur „Laubfrosch" genannte Wagen angeboten wurde, verließen mehr als 120.000 Exemplare die Rüsselsheimer Werkshallen. Dabei sprachen weniger technische Finessen als der unschlagbar günstige Preis für den anfangs nur als Zweisitzer lieferbaren Kleinwagen.

[ca. 35.000 €]

DKW F1 (Front)

Land	Deutschland
Marke	DKW
Baujahr	1931-1933
Motor-Bauart	Zweizylinder-Zweitakt (Reihe)
Lage	Front
Antrieb	Front
Hubraum (ccm)	490, 584
Leistung (PS/U/min)	15 bis 18 bei 3200
Vmax (km/h)	75 bis 80
Bauart	Roadster, Cabrio
Material	Holz
Produktionszahl	4353

[**ca. 20.000 €**]

DKW war in den Zwanzigern mit kleinen Zweitaktmotorrädern zum größten Zweiradhersteller der Welt aufgestiegen. 1928 wurde man mit der Übernahme von Audi zum Automobilproduzenten und bot im gleichen Jahr erstmals einen Kleinwagen unter dem Namen DKW an. Eine echte Sensation aber war die Präsentation des F1 im Jahr 1931. Er war der weltweit erste Großserienwagen mit Frontantrieb und niemand hätte damals geahnt, dass sich diese Antriebskonfiguration – wenn auch erst vier Jahrzehnte später – weltweit durchsetzen würde. Was sich nicht durchsetzen konnte: der Zweitaktmotor, dem DKW bis Mitte der 1960er Jahre die Treue hielt. Der Zweizylinder im DKW F1 holte 15 PS aus knapp 500 ccm – eine damals beachtliche Literleistung. Weil der Umgang mit ihnen einfach war, ihre Produktion preiswert und ihre Robustheit außer Frage stand, konnten sich die Zweitakter aus Sachsen gut im Markt etablieren.

Fiat 508 Balilla

Der Balilla war ein Meilenstein für Fiat und motorisierte den italienischen Mittelstand. Auf dem Mailänder Autosalon 1932 präsentiert, ließ er sich bis 1937 mehr als 160.000 Mal verkaufen. Das technische Prinzip war überaus simpel: Der Reihenvierzylinder hatte 995 ccm Hubraum und leistete anfangs 20, später 24 PS. Der Balilla bot vier Personen Platz und lief immerhin 80 km/h Spitze. Neben der Limousine gab es verschiedene Lieferwagenaufbauten, ein viersitziges „Torpedo"-Cabriolet sowie einen zweisitzigen Spider. Fiat wusste schon in den 1930er Jahren, wie man die Attraktivität eines Modells steigern konnte: Ab 1933 gab es den Balilla Sport, der 36 PS leistete und Geschwindigkeiten bis zu 115 km/h ermöglichte.

Land	Italien
Marke	Fiat
Baujahr	1932-1937
Motor-Bauart	Vierzylinder (Reihe)
Lage	Front
Antrieb	Heck
Hubraum (ccm)	995
Leistung (PS/U/min)	20 bei 3400,
	24 bei 3800
Vmax (km/h)	80 bis 115
Bauart	Limousine, Cabriolet
Material	Stahlblech
Produktionszahl	ca. 160.000

[**ca. 11.000 €**]

Land	Deutschland
Marke	Mercedes-Benz
Baujahr	1926-1928
Motor-Bauart	Sechszylinder (Reihe)
Lage	Front
Antrieb	Heck
Hubraum (ccm)	1998
Leistung (PS/U/min)	38 bei 3400
Vmax (km/h)	75
Bauart	Sport-Zweisitzer, Tourenwagen, Limousine (2-/4-türig)
Material	Stahlblech
Produktionszahl	ca. 15.000

k.A.

Mercedes-Benz 8/38

Der Mercedes 8/38 ging zwar nicht als Innovationsträger in die Automobilgeschichte ein. Er ist aber trotzdem ein Meilenstein: Denn er war das erste Fahrzeug, das aus der Fusion der beiden erfolgreichen Automobilproduzenten Benz und Daimler hervorging, die sich tatsächlich zu einer „Hochzeit im Himmel" entwickeln sollte – im Gegensatz zu der gescheiterten Chrysler-Ehe viele Jahrzehnte später. Außerdem wurde er von niemand Geringerem als Ferdinand Porsche konstruiert und gilt als erstes Mittelklassefahrzeug der Stuttgarter Automobilfirma, dem viele erfolgreiche Baureihen bis zur E-Klasse des 21. Jahrhunderts folgen sollten. Zusammen mit dem modifizierten Nachfolger vom Typ „Stuttgart" verließen mehr als 15.000 Mercedes 8/38 die Fabrikhallen.

Ford Model A

Land	Deutschland
Marke	Ford (D)
Baujahr	1928-1931
Motor-Bauart	Vierzylinder (Reihe)
Lage	Front
Antrieb	Heck
Hubraum (ccm)	3285
Leistung (PS/U/min)	40 bei 3800
Vmax (km/h)	100
Bauart	Limousine, Cabriolet, Roadster
Material	Stahlblech
Produktionszahl	4.320.446

[ca. 38.000 €]

Die unlösbare Aufgabe für den Ford A war, den Erfolg seines legendären Vorgängers, der Tin Lizzy, zu wiederholen. Schließlich war die Zahl der Wettbewerber gewachsen, und es war nicht davon auszugehen, ein weiteres Baumuster 19 Jahre lang fast unverändert zu produzieren. Die Umstellung von T auf A im Jahr 1927 dauerte fast ein halbes Jahr – dann liefen die ersten Ford A mit 3,3-Liter-Vierzylindermotor und 40 PS vom Band. Schon in den 1920er Jahren agierte man also in den USA bei Massenautos mit ganz anderen Hubräumen als in Europa. Trotzdem wurde der Ford A auch in Europa angeboten. In Berlin wurden – zur Umgehung der hohen Importzölle – die Ford A für den deutschen Markt montiert, bevor man sich in Detroit zum Bau einer kompletten Automobilfabrik in Köln entschloss. Die Karriere des Ford A endete schon 1931 – nach immerhin 4,3 Millionen Exemplaren.

Opel 1,2 Liter, P4

Land	Deutschland
Marke	Opel
Baujahr	1931-1937
Motor-Bauart	Vierzylinder (Reihe)
Lage	Front
Antrieb	Heck
Hubraum (ccm)	1073
Leistung (PS/U/min)	23 bei 3400
Vmax (km/h)	85
Bauart	Limousine (2-türig)
Material	Stahlblech
Produktionszahl	65.864

[ca. 22.000 €]

Der P4 war für die Rüsselsheimer Autobauer ein würdiger Nachfolger des erfolgreichen „Laubfrosch". Das lag nicht an seiner exklusiven Technik: Der 1931 vorgestellte P4 gehörte optisch eher in die Zwanziger und auch seine Technik setzte keine neuen Standards. Aber der 1,1 Liter große Vierzylinder begründete den Ruf der haltbaren und robusten Opel-Motoren. Und die entscheidende Trumpfkarte war sein Preis: Mit 1450 Reichsmark entsprach der Preis des P4 als vollwertigem Auto für vier Personen und einer Höchstgeschwindigkeit von 85 km/h dem eines hochwertigen Motorrads. Die aggressive Preispolitik der deutschen GM-Tochter verhinderte freilich einen noch größeren Erfolg. Auf Druck der Machthaber, die sich um den Erfolg ihres „KdF-Wagens" sorgten, wurde die Produktion des populärsten deutschen Fahrzeugs 1937 eingestellt.

Horch 830, 830 B, 830 BK/BL, 830 BL, 930, 930 V

So sah Oberklasse „Made in Zwickau" aus: Nach dem Zusammenschluss von Horch, Audi, DKW und Wanderer zur Auto Union wurde die Marke, die August Horch 1900 gegründet hatte, zur Speerspitze. Der Horch 830 verfügte über einen neu konstruierten Dreiliter-Achtzylinder, der anfangs 70, später mit 3,8 Litern bis zu 92 PS leistete. Technisch waren die Horch 830 Modelle zunächst mit Kastenrahmen und Starrachsen konventionell aufgebaut. 1935 wurde jedoch eine moderne Vorderradaufhängung eingeführt und 1937 – parallel mit der Namensänderung zum 930 – eine Doppelgelenk-Hinterachse. Den technischen Fortschritt der Konkurrenten Mercedes-Benz und Maybach konnten die Sachsen jedoch nicht halten und verloren zusehends an Boden. Nicht zuletzt deswegen scheiterten auch die Wiederbelebungsversuche nach Kriegsende.

Land	Deutschland
Marke	Horch
Baujahr	1933-1939
Motor-Bauart	V8
Lage	Front
Antrieb	Heck
Hubraum (ccm)	3004 bis 3823
Leistung (PS/U/min)	70 bei 3500
	bis 92 bei 3600
Vmax (km/h)	110 bis 130
Bauart	Limousine, Cabriolet
Material	Stahlblech
Produktionszahl	k.A.

[ca. 450.000 €]

Land	Frankreich
Marke	Citroën
Baujahr	1934-1957
Motor-Bauart	Vierzylinder (Reihe)
Lage	Front
Antrieb	Front
Hubraum (ccm)	1911
Leistung (PS/U/min)	56 bei 3800
	bis 63 bei 4000
Vmax (km/h)	115 bis 130
Bauart	Limousine (4-türig)
Material	Stahlblech
Produktionszahl	530.315

[ca. 31.500 €]

Citroën 11 CV („Traction Avant")

Der 1934 vorgestellte Citroën Traction Avant kombinierte in so konsequenter Weise wie kein anderes Auto seiner Zeit moderne Konstruktionsmerkmale. Deshalb wurde er nicht nur bei seiner Präsentation als Sensation empfunden, sondern auch bis 1957 gebaut – damals ein Weltrekord. Selbsttragende Karosserie, Frontantrieb, OHV-Motoren und eine platzsparende Torsionsstabfederung gab es sonst nirgendwo. Seine sensationelle Straßenlage trug ihm den Ruf als „Gangster-Limousine" ein. Zwischen drei Radständen und zahlreichen Karosserievarianten konnten die Kunden wählen. Zu dem Vierzylinder-Motor, der bereits eine Geschwindigkeit von 115 km/h ermöglichte, gesellte sich ab 1938 der 15 CV mit einem 2,9-Liter-Sechszylinder, der 77 PS leistete und für 130 km/h gut war. Die Investitionen für den 11 CV hatten Citroën jedoch nahezu ruiniert: Michelin übernahm die Firma Anfang 1935. Mit fast 600.000 Fahrzeugen war die 11CV/15CV-Familie einer der größten Erfolge der Firmengeschichte.

Lancia Lambda Serie I bis Serie IX

Der Lancia Lambda war ein Meilenstein. Er debütierte 1922 auf dem Pariser Autosalon als erstes Automobil mit selbsttragender Karosserie – eine Bauweise, die für die meisten Hersteller erst knapp 30 Jahre später zum automobiltechnischen Standard wurde. Dieses patentierte Verfahren für einen aus Blech gepressten Rahmen sicherte dem Lambda gegenüber den Rahmenkonstruktionen seiner Wettbewerber einen enormen Gewichtsvorteil. Die Einzelradaufhängung bescherte dem Lancia eine hervorragende Straßenlage, während der konstruktiv eigenwillige V4-Motor mit einem Zylinderwinkel von nur 13 Grad und zentraler, obenliegender Nockenwelle dank 50 PS aus 2100 ccm auch die entsprechenden Fahrleistungen bereit stellte. Am Ende gab es gar 69 PS aus 2500 ccm – bis der Lambda 1931 vom Dilambda abgelöst wurde.

Land	Italien
Marke	Lancia
Baujahr	1923-1931
Motor-Bauart	V4
Lage	Front
Antrieb	Heck
Hubraum (ccm)	2120, 2370, 2570
Leistung (PS/U/min)	50 bei 3250, 59 bei 3250, 69 bei 3500
Vmax (km/h)	115 bis 120
Bauart	Tourer, Limousine, Roadster
Material	Stahlblech, Holz/Kunstleder
Produktionszahl	rund 13.000

[ca. 140.000 €]

[je nach Originalität und Historie bis zu 3,5 Mio €]

Maybach Zeppelin DS7/DS8

Der Maybach Zeppelin DS7 war 1930 der erste deutsche Zwölfzylinder und sollte bis 1987 auch der einzige bleiben. Die Typenbezeichnung „Zeppelin" hatten die Friedrichshafener gewählt, weil sie ähnliche Zwölfzylindermotoren auch für die seinerzeit sehr populären Luftschiffe lieferten. Um den gigantischen Motor mit erst 7, später als DS8 mit 8 Litern Hubraum herum hatte Maybach ein Fahrzeug gebaut, das keine Wünsche mehr offen lassen sollte. So gab es einen eingebauten Kompressor zur Befüllung der Reifen ebenso wie vier eingebaute Wagenheber. Die Servobremsen brachten die fast drei Tonnen sicher zum Stehen, nachdem der 150 PS starke Motor den Zeppelin auf nahezu 160 km/h beschleunigt hatte. Im DS8 stieg die Leistung auf 200 PS, durch sieben Vorwärtsgänge schaltete sich der Chauffeur auf bis zu 170 km/h. Mit 33.000 Reichsmark war der Maybach DS8 aber für nahezu jedermann ein unerfüllbarer Traum.

Land	Deutschland
Marke	Maybach
Baujahr	1930-1940
Motor-Bauart	V12
Lage	Front
Antrieb	Heck
Hubraum (ccm)	7922
Leistung (PS/U/min)	150 bis 200 bei 3200
Vmax (km/h)	150 bis 170
Bauart	Limousine, Cabriolet
Material	Stahlblech
Produktionszahl	k.A.

Rolls-Royce Phantom I, II

Aus Unzufriedenheit über den Mangel an Zuverlässigkeit seines Decauville beschloss der Ingenieur Frederick Henry Royce 1903, selbst Automobilproduzent zu werden. Auf Basis des französischen Gefährts entstand der erste Prototyp, und der begeisterte den adligen Rennfahrer Charles Rolls so sehr, dass er mit in das Unternehmen einstieg – Rolls-Royce war geboren. 1904 wurden auf dem Pariser Salon bereits vier Modelle präsentiert. Der Silver Ghost hatte sich von 1906 bis 1925 einen legendären Ruf erworben – nicht mit sportlichen Ambitionen, sondern durch Qualität und Zuverlässigkeit. Der 1925 vorgestellte Phantom folgte dieser Tradition: Er verfügte über einen 7,7 Liter großen Reihensechszylinder, der 95 PS mobilisierte. Das reichte für eine Höchstgeschwindigkeit von rund 145 km/h und war in jedem Falle „genügend". Mehr als 50 Prozent aller seit 1904 gebauten Rolls-Royce sollen heute noch fahrbereit sein.

[ca. 120.000 €]

Land	GB
Marke	Rolls-Royce
Baujahr	1925-1935
Motor-Bauart	Sechszylinder (Reihe)
Lage	Front
Antrieb	Heck
Hubraum (ccm)	7672, 7668
Leistung (PS/U/min)	95, später 120
Vmax (km/h)	140 bis 147
Bauart	Limousine, Cabriolet, Coupé
Material	Stahlblech
Produktionszahl	2916

[je nach Originalität und Historie bis zu 6,5 Mio €]

Mercedes-Benz 770 (W 07, „Großer Mercedes")

Der Name war Programm: Tatsächlich nannten die offiziellen Verkaufs-unterlagen den Typ 770 „Großer Mercedes". Und groß war er: Der mehr als fünfeinhalb Meter lange 2,7-Tonnen-Koloss, dessen Kühlergrill über einen Meter hoch war, wurde von einem 7,6 Liter großen Achtzylinder-motor angetrieben, der in seinen acht Jahren Bauzeit zwischen 105 und 200 PS (mit Kompressor-Aufladung) leistete. Sowohl Adolf Hitler als auch der japanische Kaiser Hirohito nutzten den 770 als Staatskarosse – eben-so Papst Pius XII. Für Privatleute war der Große Mercedes dagegen un-erschwinglich: 38.000 Reichsmark wurden für die Pullmann-Limousine fällig – das Cabriolet war nochmals 6500 RM teurer.

Land	Deutschland
Marke	Mercedes-Benz
Baujahr	1930-1938
Motor-Bauart	Achtzylinder (Reihe)
Lage	Front
Antrieb	Heck
Hubraum (ccm)	7655
Leistung (PS/U/min)	105 bis 200 bei 2800
Vmax (km/h)	150 bis 160
Bauart	Limousine (4-türig), Cabriolet
Material	Stahlblech
Produktionszahl	117

21

[je nach Originalität und Historie bis zu 12 Mio €]

Land	Italien
Marke	Alfa Romeo
Baujahr	1931-1937
Motor-Bauart	Achtzylinder (Reihe)
Lage	Front
Antrieb	Heck
Hubraum (ccm)	2336, 2905
Leistung (PS/U/min)	142 bis 180
Vmax (km/h)	k.A.
Bauart	Limousine, Spider, Cabriolet, Coupé
Material	Stahlblech
Produktionszahl	rund 200

Alfa Romeo 8C 2300, 8C 2900

Der Alfa Romeo 8C 2300 („otto cilindri") wurde 1931 auf der London Motor Show präsentiert und öffnete ein neues Kapitel in der ruhmreiche Tradition von Alfa Romeo. Die Mailänder hatten alle Register gezogen: Der Achtzylinder-Reihenmotor holte aus nur 2,3 Litern Hubraum dank einer Höchstdrehzahl von 5200 U/min 142 PS – was einer Literleistung von 62 PS entsprach, die viele Serienmotoren bis heute nicht erreichen. Mit Hilfe zweier Roots-Kompressoren konnte die Leistung gar auf 180 PS gesteigert werden. Mit 180 km/h war der 8C schnellstes Serienfahrzeug der Welt. Es gab sowohl eine kurze Version für sportliche Ausführungen als auch eine lange Version für Limousinen-Aufbauten. 1935 wurde der 8C modifiziert, erhielt eine neue Vorderradaufhängung und als 8C 2900 mehr Hubraum. Der Gewinner zahlreicher Rennen in den 1930er Jahren zählt heute zu den begehrtesten und teuersten Oldtimern überhaupt.

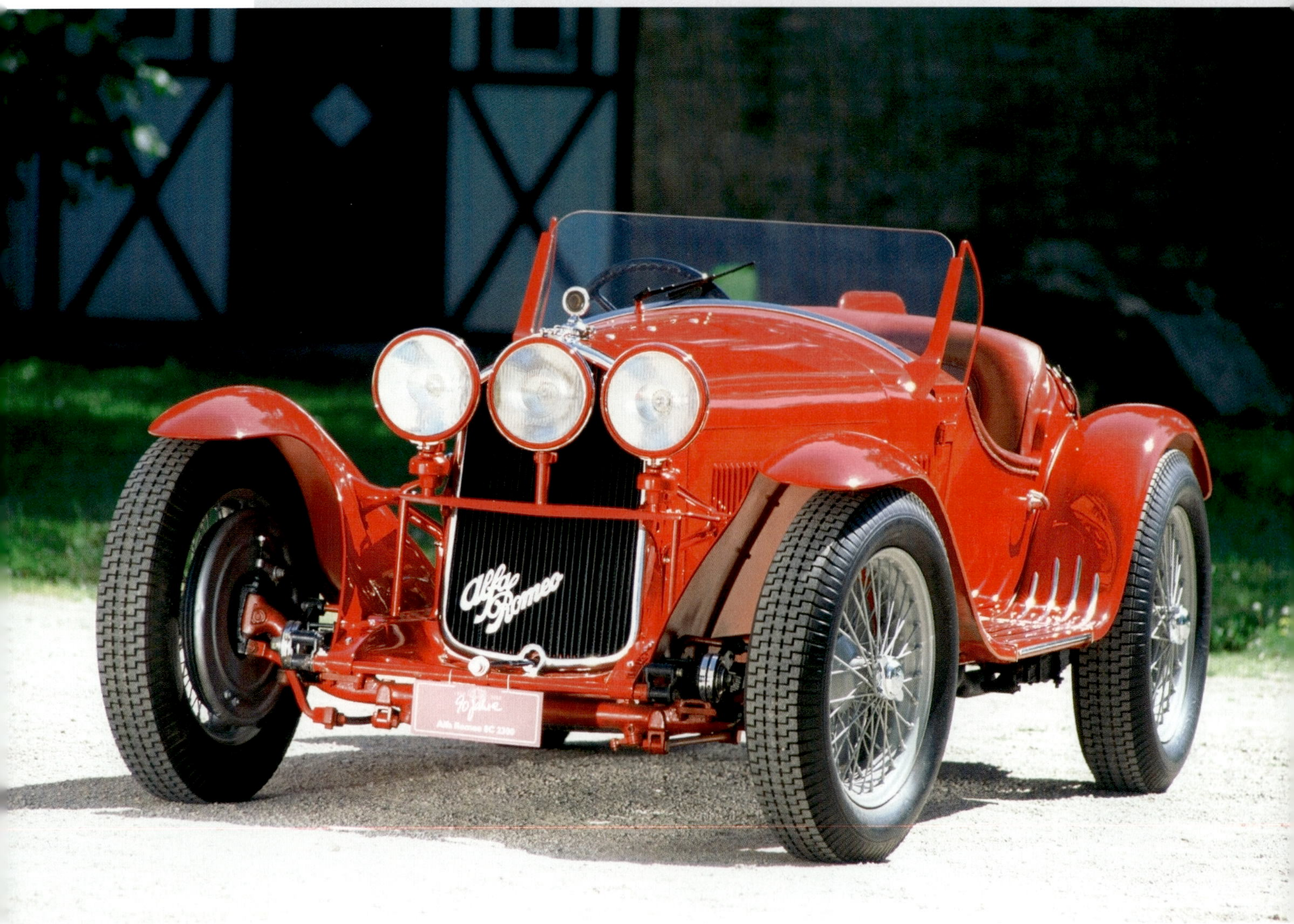

ca. 260.000 €

Audi Front (Typ UW, 225, 225 Luxus)

Anfang der dreißiger Jahre war der Frontantrieb in Mode gekommen. Die von August Horch gegründete Marke Audi hatte sich durch ihr Luxuswagen-Engagement in schwieriges Fahrwasser begeben, aus dem sie nur dank der Aufnahme in den Auto Union-Verbund wieder herauskommen konnte. Um dann von Konzernentwicklungen zu profitieren: Für den ersten Audi-Pkw mit Frontantrieb nutzten die Konstrukteure 1933 das Know-How von DKW, implantierten den 2,6-Liter-Reihenmotor des Wanderer W 22 und ließen den Audi Front im sächsischen Horch-Werk vom Band laufen. Der Erfolg hielt sich freilich in Grenzen: Schon 1935 wurde er durch den Audi 225 ersetzt. Ein Platz in der automobilen „Hall of Fame" ist ihm trotzdem sicher: Als erster Audi mit Frontantrieb begründete er eine bis heute anhaltende Tradition.

Land	Deutschland
Marke	Audi
Baujahr	1933-1938
Motor-Bauart	Sechszylinder (Reihe)
Lage	Front
Antrieb	Front
Hubraum (ccm)	1950, 2257
Leistung (PS/U/min)	40 bei 3500,
	50 bei 3300,
	55 bei 3800
Vmax (km/h)	100 bis 105
Bauart	Limousine, Cabriolet,
	Roadster (Einzelstück)
Material	Holz, Stahlblech
Produktionszahl	4408
	(davon: 25 Spezial-Cabriolets,
	1 Roadster)

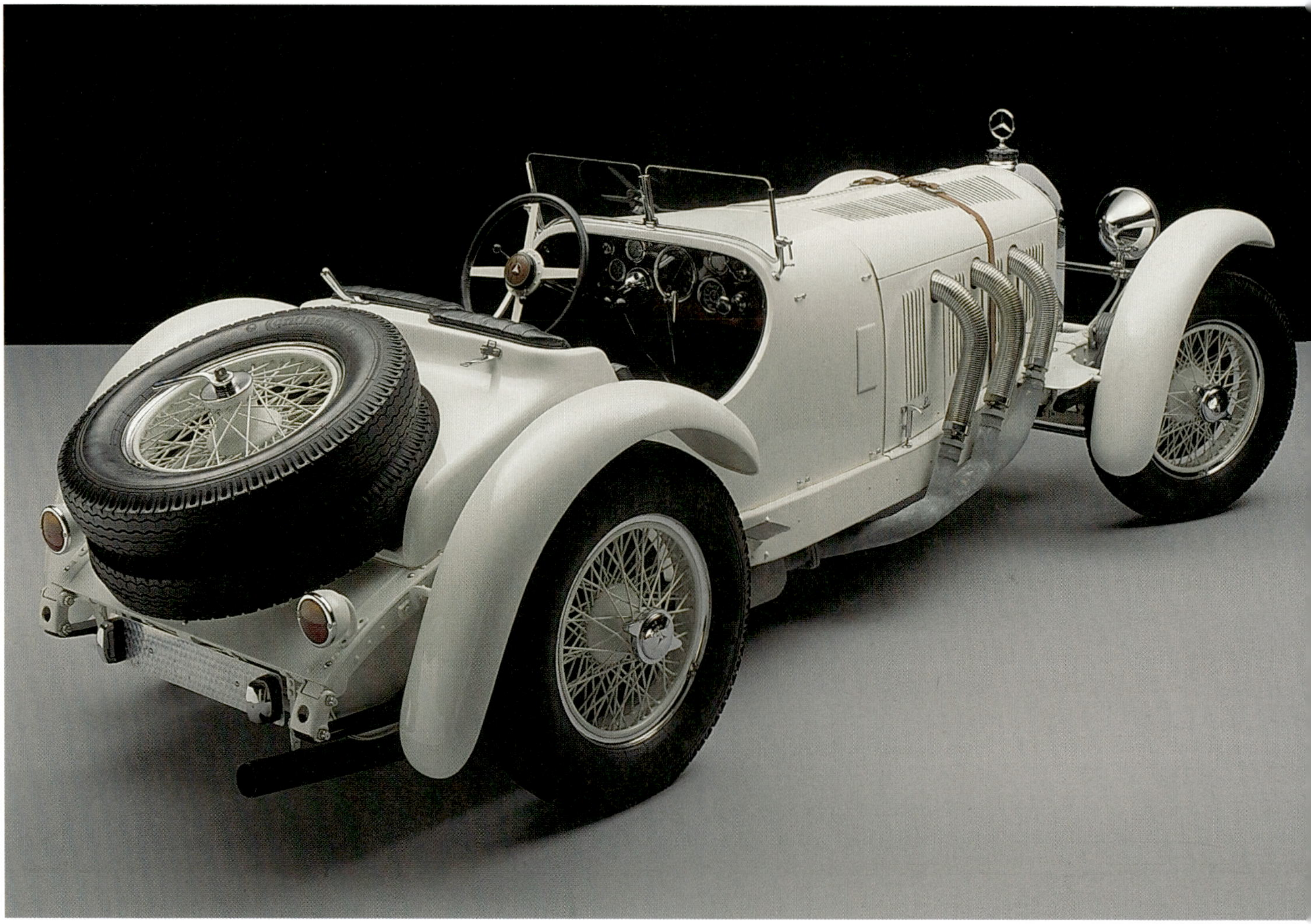

[je nach Originalität und Historie bis zu 5,5 Mio €]

Mercedes-Benz SSK, SSKL (W 06)

Ende der 1920er Jahre wohl die Krone der Schöpfung im Automobilbau: der Mercedes SSK. Er basierte auf dem verkürzten Fahrgestell des Mercedes SS und sollte den Ruhm der jungen Marke Mercedes-Benz mit Erfolgen im Motorsport festigen. Der Siebenliter-Sechszylinder leistete bereits in der unaufgeladenen Version zunächst 140 PS, später schrittweise bis zu 180 PS. Seinen legendären Ruf erwarb der SSK aber durch seinen zuschaltbaren Roots-Kompressor: Die mechanische Zwangsbeatmung ließ die Leistung des Zweisitzers auf 200 PS steigen. Optional wurde eine Version mit 180/300 PS angeboten, die 195 km/h erreichte – und von vier Seilzugbremsen verzögert werden musste. Exakt 33 Exemplare reichten aus, um Automobilgeschichte zu schreiben. Die noch selteneren, 200 kg leichteren Werksrennwagen vom Typ SSKL schafften gar 235 km/h.

Land	Deutschland
Marke	Mercedes-Benz
Baujahr	1928-1932
Motor-Bauart	Sechszylinder (Reihe)
Lage	Front
Antrieb	Heck
Hubraum (ccm)	7068
Leistung (PS/U/min)	140 bei 3200 bis 300 bei 3400
Vmax (km/h)	192 bis 235
Bauart	Speedster, Cabrio
Material	Stahlblech
Produktionszahl	33 oder 38

Bentley 6.5 Litre

Land	GB
Marke	Bentley
Baujahr	1928-1931
Motor-Bauart	Sechszylinder (Reihe)
Lage	Front
Antrieb	Heck
Hubraum (ccm)	6597
Leistung (PS/U/min)	147 bis 180
Vmax (km/h)	k.A.
Bauart	Cabriolet, Limousine (4-türig), Tourer
Material	Stahlblech
Produktionszahl	k.A.

1919 hatte Walter Bentley seine erste automobile Schöpfung mit dem Anspruch, den ersten ernstzunehmenden Sportwagen Englands zu bauen, präsentiert. Der drei Liter große Vierzylinder, der ab 1921 zu kaufen war, leistete 80 PS und verfügte über Vierventil-Zylinderkopf und obenliegende Nockenwelle. Getreu dem Motto „win on sunday – sell on monday" erreichte das junge Unternehmen schnell beachtliche Renn- und Verkaufserfolge – zwischen 1924 und 1930 gewannen fünf Mal Bentleys das 24-Stunden-Rennen von Le Mans. Das half aber Ende der Zwanziger nicht mehr: Der 6 1/2 litre mit 147 PS sollte die Antwort auf den Rückgang der Nachfrage nach straßentauglichen Rennwagen sein und ab 1928 mit Rolls-Royce und Hispano-Suiza konkurrieren. Auch eine auf 180 PS erstarkte Version konnte aber die Zahlungsunfähigkeit 1931 nicht mehr verhindern. Rolls-Royce kaufte Bentley auf und legte Entwicklung und Produktion zusammen: das erste „Badge-Engineering" der Automobilgeschichte.

Bugatti Typ 57

Land	Frankreich
Marke	Bugatti
Baujahr	1934-1940
Motor-Bauart	Achtzylinder (Reihe)
Lage	Front
Antrieb	Heck
Hubraum (ccm)	3257
Leistung (PS/U/min)	135 bei 5000
Vmax (km/h)	160
Bauart	Coupé, Cabriolet
Material	Stahlblech
Produktionszahl	725

Der Typ 57 sollte der letzte Bugatti sein, der für eine Serienfertigung entwickelt wurde. Der von Bugatti-Sohn Jean entworfene Sportwagen wurde 1934 vorgestellt und bis 1940 im elsässischen Molsheim immerhin 725 Mal gebaut. Sein Reihenachtzylinder unter der endlos langen Motorhaube ist ein technisches Meisterwerk. Das 3,3-Liter-Aggregat leistete 135 PS, seine beiden obenliegenden Nockenwellen wurden von Zahnrädern angetrieben. Zahlreiche Varianten entstanden, legendär wurden die „Atalante"- und „Atlantic"-Modelle, die mit einem Kompressor beatmet auf bis zu 200 PS kamen. Nach dem Krieg wurde versucht, eine Produktion auf Basis des Typ 57 wieder aufzunehmen. Die inzwischen veraltete Technik stand einem Erfolg jedoch im Weg: Insgesamt entstanden bis 1956 ganze sechs Typ 101.

Adler 2,5 Liter („Adler Autobahn")

[**ca. 200.000 €**]

Land	Deutschland
Marke	Adler
Baujahr	1937-1940
Motor-Bauart	Sechszylinder (Reihe)
Lage	Front
Antrieb	Heck
Hubraum (ccm)	2499
Leistung (PS/U/min)	58 bei 3800
Vmax (km/h)	125
Bauart	Limousine (4-türig), Cabriolet (2-türig)
Material	Stahlblech
Produktionszahl	5300

Zu einer der erfolgreichsten Vorkriegs-Marken zählten die Frankfurter Adler-Werke, die von 1900 an vom Schreibmaschinen-Fabrikanten zum Auto-produzenten wurden. Ab 1937 war der Adler 2,5 Liter, der unter dem Zusatznamen „Autobahn" verkauft wurde, der Star im Modellangebot. Mit Fahr-zeugen wie ihm sollten die Reichsautobahnen dereinst beschickt werden: Während die Standardversion mit 58 PS schon relativ gut motorisiert war und eine Geschwindigkeit von immerhin 125 km/h ermöglichte, wäre die „Sport"-Version auch mehr als zwanzig Jahre später noch ein ernsthafter Aspirant für die linke Spur gewesen. 80 PS reichten in Verbindung mit der bei Karmann in Osnabrück hergestellten stromlinienförmigen Karosserie für 150 km/h – ein Wert, den ein Volkswagen erst Ende der Sechziger erreichen sollte. Trotzdem war nach dem Krieg kein Wiederanfang möglich. Adler baute wieder Schreibmaschinen und ging später in der AEG auf.

Fiat 500 (Serie A, „Topolino")

[**ca. 17.500 €**]

Land	Italien
Marke	Fiat
Baujahr	1936-1948
Motor-Bauart	Vierzylinder (Reihe)
Lage	Front
Antrieb	Heck
Hubraum (ccm)	569
Leistung (PS/U/min)	13 bei 4000
Vmax (km/h)	85
Bauart	Limousine (2-türig), Roadster
Material	Stahlblech
Produktionszahl	122.000

Der Fiat Balilla hatte bereits seinen Beitrag zur Motorisierung in Italien geleistet. Mit dem 1938 vorgestellten Topolino („Mäuschen") wurde das Auto für noch größere Bevölkerungsschichten erschwinglich. Der von dem Designer Dante Giacosa eingekleidete Topolino stand für automobilen Minimalismus, ohne dabei ärmlich zu wirken. Ganz im Gegenteil: Mit seinem schräg gestellten Kühlergrill brachte er sogar modisch-aerodynamischen Schwung in die Kleinwagenklasse. Funktional war der kleinste Fiat ebenfalls. Beide Sitzplätze waren genau zwischen den Achsen positioniert, was dem Fahrkomfort zugutekam. Der 500-ccm-Vierzylinder mit 13 PS war zugunsten einer ausgewogenen Gewichtsverteilung weit vorne angebracht, während hinten ein großer Kofferraum zur Verfügung stand. Kein Wunder, dass der Topolino sich bis 1949 im Programm hielt und noch jahrzehntelang zum typisch italienischen Straßenbild gehörte.

ca. 24.000 €

Opel Olympia

Der 1935 vorgestellte Opel Olympia war eine echte Sensation: Die sonst nicht als innovativ geltenden Rüsselsheimer hatten sich dazu entschlossen, das erste Fahrzeug mit einer selbsttragenden Karosserie für eine Großserie zu entwickeln – im Nachhinein eine mutige und wegweisende
Entscheidung. Für Opel war der Olympia ein großer Erfolg: Dank des niedrigen Preises von 2500
Reichsmark sicherte sich der kompakte, aber geräumige Mittelklassewagen schnell die Sympa-
thien. Mit 24 PS aus 1,3 Litern war zügiges Fortkommen mit 100 km/h garantiert. 1937 gab es einen
völlig neuen OHV-Motor, der aus 1,5 Litern 37 PS bereitstellte und den Olympia auf immerhin 112
km/h trieb. Bis 1940 wurden fast 168.000 Olympioniken verkauft. Ab 1947 wurde der Olympia im
wieder aufgebauten Rüsselsheimer Werk fast unverändert weiterproduziert, um von 1949 bis 1953
stark modifiziert nochmal richtig durchzustarten und Opel mit 157.000 Fahrzeugen Platz 2 der
Zulassungsstatistik zu sichern.

Land	Deutschland
Marke	Opel
Baujahr	1935-1940
Motor-Bauart	Vierzylinder (Reihe)
Lage	Front
Antrieb	Heck
Hubraum (ccm)	1288, 1488
Leistung (PS/U/min)	24 bei 3300 bis 37 bei 3500
Vmax (km/h)	100 bis 112
Bauart	Limousine (2-/4-türig), Cabrio-Limousine
Material	Stahlblech
Produktionszahl	167.974

BMW 326

Der BMW 326 läutete 1936 eine neue Epoche für BMW ein und darf als stilbildend für die Marke gelten. Als komplette Neukonstruktion war er deutlich erwachsener und repräsentativer als seine Vorgänger. Den Sechszylinder-Reihenmotor hatte er von seinem Vorgänger, dem BMW 319, geerbt. Das Zweiliter-Aggregat begeisterte mit seidenweichem Lauf und hervorragendem Durchzug – die 50 PS reichten dank Stromlinienform für 120 km/h. Vier Gänge und eine hydraulische Bremsanlage untermauerten den technischen Anspruch. Das Konzept war erfolgreich: Bis 1941 wurden fast 16.000 Exemplare ausgeliefert. Diesem Triebwerk sollte ein langes Leben bis weit in die 1950er Jahre beschieden sein. Der BMW 326 erlebte nach dem Zweiten Weltkrieg unter sowjetischer Besatzung seine Wiedergeburt: Zunächst unter seinem alten Namen, ab 1949 lief er bis 1955 als EMW 340 in Eisenach vom Band.

Land	Deutschland
Marke	BMW
Baujahr	1936-1941
Motor-Bauart	Sechszylinder (Reihe)
Lage	Front
Antrieb	Heck
Hubraum (ccm)	1971
Leistung (PS/U/min)	50 bei 3750
Vmax (km/h)	120
Bauart	Limousine (4-türig), Cabriolet (2-türig), Cabriolet (4-türig), Coupé
Material	Stahlblech
Produktionszahl	rund 16.000

ca. 150.000 €

Mercedes-Benz 260 D (W 138)

Als erster Diesel-Serienpersonenwagen der Welt war der 260 D 1936 tatsächlich ein automobiler Meilenstein – wenngleich es nahezu 50 Jahre dauerte, bis sich dieses Verbrennungsprinzip auf breiter Front im Personenwagenbau durchsetzen konnte. Schon 1933 hatte Mercedes mit Diesel-Pkw experimentiert – die heftigen Vibrationen hatten aber in Dauerversuchen zu Rahmenbrüchen geführt. Erst die Erfindung der Vorkammer-Einspritzung konnte die ausgeprägten Schwingungen besänftigen, und man wagte eine Pilotserie von 170 Fahrzeugen auf Basis des Typ 230, die ausschließlich als Taxis eingesetzt wurden. Der Test verlief zufriedenstellend: Mit seinen 45 PS schaffte der Selbstzünder immerhin 95 km/h und zeigte sich für einen Dieselmotor sehr kultiviert. Die Kostenersparnis lag damals schon bei 60 Prozent – so ist es kein Wunder, dass der 260 D als Urahn der weltweit erfolgreichen Mercedes-Taxis gilt.

Land	Deutschland
Marke	Mercedes-Benz
Baujahr	1936-1940
Motor-Bauart	Vierzylinder (Reihe)
Lage	Front
Antrieb	Heck
Hubraum (ccm)	2545
Leistung (PS/U/min)	45 bei 3000
Vmax (km/h)	95
Bauart	Limousine (4-türig), Landaulet, Cabriolet
Material	Stahlblech
Produktionszahl	1967

[ca. 55.000 €]

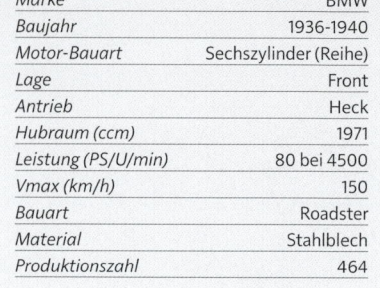

Land	Deutschland
Marke	BMW
Baujahr	1936-1940
Motor-Bauart	Sechszylinder (Reihe)
Lage	Front
Antrieb	Heck
Hubraum (ccm)	1971
Leistung (PS/U/min)	80 bei 4500
Vmax (km/h)	150
Bauart	Roadster
Material	Stahlblech
Produktionszahl	464

[ca. 800.000 €]

BMW 328

Der BMW 328 war „der" deutsche Sportwagen vor dem Krieg. Den
ersten öffentlichen Auftritt hatte er beim Eifelrennen 1936, in dem er
gleich seine Klasse dominierte. 1937 wurde die Serienversion zum Preis
von 7400 RM präsentiert. Dem überarbeiteten Zweiliter-Sechszylinder
des 326 hatten die Münchner Ingenieure 80 PS entlockt. Drei statt zwei
Vergaser, eine höhere Verdichtung sowie optimierte, halbkugelähnliche
Brennräume waren die wesentlichen Maßnahmen. Die Drehzahl musste
mit 4500 U/min relativ zahm bleiben – auf obenliegende Nockenwellen
hatte man aus Kostengründen verzichtet. Keineswegs selbstverständlich waren 1937 hydraulische Bremsen an allen vier Rädern. Zahlreiche
Sportversionen entstanden – so die stromlinienförmigen Coupés, die
auf der Mille Miglia 1938 eingesetzt wurden und die Plätze 1 und 3 be-
legten.

Tatra 77, 87

Land	Tschechoslowakei
Marke	Tatra
Baujahr	1937-1950
Motor-Bauart	V8
Lage	Heck
Antrieb	Heck
Hubraum (ccm)	2958
Leistung (PS/U/min)	60 bei 3500
Vmax (km/h)	145
Bauart	Limousine (4-türig), Kombi (3-türig), Cabriolet
Material	Holz/Stahl
Produktionszahl	15.864

[ca. 200.000 €]

Ein in jeder Hinsicht unkonventionelles Fahrzeug war das Modell 77 der tschechischen Firma Tatra, das 1934 vorgestellt wurde und dessen Konstruktionsprinzip bis 1999 beibehalten werden sollte. Im Heck, hinter der Hinterachse des konsequent stromlinienförmig gestalteten Wagens, arbeitete ein luftgekühlter V8-Motor, der aus seinen drei Litern Hubraum zunächst relativ bescheidene 60 PS herausholte. Eine vertikale Heckflosse sollte den Geradeauslauf verbessern. Trotz aufwändiger Einzelradaufhängung waren die Fahreigenschaften des hecklastigen Tatra aber nicht ganz unkritisch. Abgelöst wurde der Tatra 77 im Jahr 1936 vom Typ 87, der konstruktiv deutlich verbessert und mit 75 PS nahezu 160 km/h schnell war. Etwas mehr als 3000 Fahrzeuge wurden von beiden Typen bis 1950 gebaut und hatten so prominente Besitzer wie Felix Wankel oder John Steinbeck.

Peugeot 202

[ca. 18.500 €]

Land	Frankreich
Marke	Peugeot
Baujahr	1938-1949
Motor-Bauart	Vierzylinder (Reihe)
Lage	Front
Antrieb	Heck
Hubraum (ccm)	1133
Leistung (PS/U/min)	30 bei 4000
Vmax (km/h)	100
Bauart	Limousine (2-/4-türig), Cabrio-Limousine, Cabriolet
Material	Stahlblech
Produktionszahl	122.878

Die Marke mit dem vielleicht ältesten Logo der Welt: Der Löwe zierte Peugeot-Produkte bereits 1850. Damals produzierten die Franzosen jedoch ausschließlich Sägeblätter, später – bis heute – Fahrräder und ab 1889 auch Autos. Der Peugeot 202 fiel durch sein avantgardistisches Design auf. Die hinter der Frontmaske versteckten Scheinwerfer sollten jahrelang das typische Peugeot-Gesicht formen. Die verkleideten Hinterräder setzten die aerodynamische Linie konsequent fort. Auch unter dem Blech zeigte sich die Konstruktion mit Torsionsstabfederung und vorderer Einzelradaufhängung durchaus modern. Mit seinem 1,1-Liter-Aggregat und 30 PS erreichte der Mittelklasse-Franzose zeitgemäße 100 km/h und wurde ein großer Erfolg, der durch den Krieg zwischen 1940 und 1945 zwar unterbrochen wurde, aber letztlich bis 1949 andauerte.

Schwieriger Neubeginn

Mit Vorkriegskonstruktionen wagten die meisten europäischen Automobilhersteller den Neuanfang nach 1945. Erst Ende der Vierziger Jahre konnte überhaupt wieder von einer regulären Produktion gesprochen werden. Auch in Ländern, die nicht so stark unter den Kriegsfolgen zu leiden hatten, bestimmte Materialknappheit Produktion und technische Lösungen. So war der automobile Fortschritt zwischen 1938 und 1952 nahezu zum Stillstand gekommen – ehe Pontonkarosserien und moderne Konstruktionsprinzipien für eine neue Ära sorgten.

Viele glorreiche Marken wie Adler oder Horch hatten den Krieg erst gar nicht überlebt. Andere gerieten in existenzbedrohende Turbulenzen wie BMW oder DKW. Kleinere Brötchen wurden gebacken – auch im Luxussegment, wo sich 1951 selbst ein Adenauer-Mercedes gegenüber dem „Großen Mercedes" aus den Dreißigern wie ein Kompaktwagen ausnahm. Für Marken, die von ihrer Größe und Exklusivität gelebt hatten wie Bugatti, Duesenberg oder Hispano-Suiza, bedeutete das, nicht mehr an die Vorkriegs-Erfolge anknüpfen zu können – und damit das Aus. Die Scheichs im Nahen Osten waren als Zielgruppe noch nicht entdeckt.

Die Volksmotorisierung war immer noch hehres Ziel – und für viele das eigene Auto ein nahezu unerfüllbarer Traum. Diesem näher zu kommen, versprachen die zahlreichen skurrilen Kleinstwagenkonstruktionen jener Zeit, von denen sich die am besten verkaufen ließen, die wenigstens formal so taten, als seien sie „richtige" Autos. Die Goggos und Isettas konnten freilich nicht verhindern, dass die wahren Volkswagen ihren Siegeszug antraten – seien es der „Volkswagen" in Deutschland, der Renault 4CV in Frankreich, der Fiat 500 in Italien oder der Morris Minor in England.

Citroën 2 CV („Wellblechente"; A, AZ, AZ Berline, AU, AZU, AZLP)

Der Entwicklungsauftrag für den 2CV lautete angeblich, ein Auto zu bauen, das 60 km/h fahren konnte, zwei Bauern mit Stiefeln und einem Fässchen Wein Platz bieten konnte und dabei so gut gefedert war, dass in einem an Bord befindlichen Korb mit Eiern auch auf schlechten Wegstrecken keines kaputtgehen würde. Es lag nicht nur an der Schwere der Aufgabe, dass von den ersten Skizzen 1934 bis zur Präsentation auf dem Pariser Salon 1948 viel Zeit vergehen sollte. Die ersten Prototypen entstanden 1939, viele davon wurden jedoch wegen der deutschen Besetzung vernichtet, andere tauchten erst Jahrzehnte später wieder auf. Bis 1949 dauerte es, bis die ersten „Wellblech-Enten" zu den Händlern rollten. Häme und Spott, die sich über den französischen Automobilminimalismus ergossen, taten dem Erfolg keinen Abbruch. Wegen Materialengpässen kam es zu Wartezeiten von bis zu sechs Jahren. Bis zum Produktionsende 1990 verkaufte sich das Kultmobil mehr als fünf Millionen Mal.

Land	Frankreich
Marke	Citroën
Baujahr	1949-1960
Motor-Bauart	Zweizylinder (Boxer)
Lage	Front
Antrieb	Front
Hubraum (ccm)	375, 425, 602
Leistung (PS/U/min)	9 bei 3500
	bis 29 bei 5750
Vmax (km/h)	65 bis 115
Bauart	Cabriolimousine (4-türig),
	Kombi (3-türig)
Material	Stahlblech
Produktionszahl	676.504 (ohne Kombi)

[ca. 21.000 €]

DKW Meisterklasse (F 89)

Dass der DKW-Neuanfang bis 1950 dauerte, lag nicht daran, dass mit der Entwicklung des F89 erst lange nach Kriegsende begonnen werden konnte. Tatsächlich war die rundliche Karosserie des ersten Nachkriegs-DKW 1939 fertig konstruiert und sollte ab 1940 von den Bändern im sächsischen Zwickau laufen. Aber nach 1945 mussten für den Fortbestand der Automobilproduktion erst einmal neue Fertigungsstätten gesucht werden. Die alten standen unter sowjetischer Besatzung und damit nicht mehr zur Verfügung. Fündig wurde man in Düsseldorf-Derendorf, wo ein ehemaliges Rüstungswerk der Rheinmetall-Borsig leer stand. Den Zweizylinder-Zweitakter übernahm der F89 von seinem Vorgänger. Mit der 870 Kilogramm schweren Karosse hatte der 23 PS leistende 700-ccm-Motor seine liebe Mühe. Im Volksmund wurde aus der „Meisterklasse" daher schnell die „Kleistermasse".

Land	Deutschland
Marke	DKW
Baujahr	1950-1954
Motor-Bauart	Zweizylinder-Zweitaktmotor
Lage	Front
Antrieb	Front
Hubraum (ccm)	684
Leistung (PS/U/min)	23 bei 4200
Vmax (km/h)	100
Bauart	Limousine (2-türig), Coupé, Cabriolet, Kombi (3-türig)
Material	Stahlblech
Produktionszahl	59.475

[ca. 30.000 €]

Ford Taunus („Buckel-Taunus")

Land	Deutschland
Marke	Ford
Baujahr	1948-1952
Motor-Bauart	Vierzylinder (Reihe)
Lage	Front
Antrieb	Heck
Hubraum (ccm)	1172
Leistung (PS/U/min)	34 bei 4250
Vmax (km/h)	95 bis 105
Bauart	Limousine (2-türig), Kombi (3-türig), Cabriolet, Sonderkarosserie
Material	Stahlblech
Produktionszahl	76.590

[ca. 22.000 €]

Die Ford-Werke gehörten zu den zahlreichen Firmen, die Ende der 1940er Jahre ihre Vorkriegsmodelle wieder aufleben ließen, um eine Pkw-Produktion überhaupt wieder in Schwung zu kriegen. So repräsentierte der „Buckel-Taunus" zum Produktionsbeginn im November 1948, wie nicht anders zu erwarten, technisch den Standard der Dreißiger. Der seitengesteuerte Motor von 1934 – der allerdings im 12M noch die Sechziger erleben sollte – sowie die vorderen und hinteren Starrachsen ließen daran nicht den geringsten Zweifel. Seinem Verkaufserfolg tat das keinen Abbruch: Robustheit und niedrige Unterhaltskosten waren in den Jahren vor dem Wirtschaftswunder wichtiger als technische Raffinesse oder optischer Chic.

Renault 4 CV ("Cremeschnittchen")

Eine echte Neukonstruktion war der Renault 4 CV, der 1946 vorgestellt wurde und radikal mit Konstruktionsprinzipien der Vorkriegszeit brach. Sein 760 ccm großer wassergekühlter Vierzylindermotor war im Heck untergebracht und leistete zunächst 18, später in der „Sport"-Version bis zu 42 PS. Weil zu Anfang nur ein Beige aus Restbeständen des deutschen Afrika-Corps lieferbar war, nannten die Franzosen das Fahrzeug schnell „Motte de Beurre", ein „Stück Butter". Im Saarland, wo der 4 CV wegen der Zollunion fast 3/4 aller Fahrzeuge ausmachte, wurde daraus schnell der Spitzname „Cremeschnittchen". Der kleine Viertürer leitete eine ganze Ära von Heckmotor-Renaults ein, die bis in die 1970er Jahre andauerte. Sein Antriebsstrang trieb – von hinten nach vorn versetzt – ab 1961 den R4 an und blieb so bis 1992 im Programm. Für den 4 CV war nach 14 Produktionsjahren Schluss – nach mehr als 1,1 Millionen Exemplaren.

Land	Frankreich
Marke	Renault
Baujahr	1947-1961
Motor-Bauart	Vierzylinder (Reihe)
Lage	Heck
Antrieb	Heck
Hubraum (ccm)	760, 747
Leistung (PS/U/min)	18 bei 4000
	bis 42 bei 6000
Vmax (km/h)	95 bis 140
Bauart	Limousine (4-türig), Cabrio-Limousine
Material	Stahlblech
Produktionszahl	1.105.543

[ca. 21.000 €]

Land	Deutschland
Marke	Volkswagen
Baujahr	1945-1953
Motor-Bauart	Vierzylinder (Boxer)
Lage	Heck
Antrieb	Heck
Hubraum (ccm)	1131
Leistung (PS/U/min)	25 bei 3300
Vmax (km/h)	105
Bauart	Limousine (2-türig)
Material	Stahlblech
Produktionszahl	ca. 400.000

[ca. 71.500 €]

Volkswagen Standard und Export

Von 1932 an war Ferdinand Porsche von dem Gedanken besessen, ein Fahrzeug zu bauen, das mit modernen Konstruktionsprinzipien den Massenmarkt erobern sollte. Nach Prototypenversuchen mit Zündapp entstand 1934 eine für NSU entwickelte Studie, die dem späteren Käfer sehr nahe kam. Er bot das Projekt den neuen Machthabern an und die nutzten den nun KdF-Wagen genannten Viersitzer vor allem für propagandistische Zwecke. Von 1938 an konnte bestellt und angespart werden – der Krieg kam dem Serienanlauf jedoch in die Quere. 1946 wurden schließlich – noch unter britischer Besatzung – die ersten Käfer montiert. 1948 begann die Serienproduktion. Der Käfer entwickelte sich zum größten Erfolg der Automobilgeschichte. Immer wieder modifiziert, aber im Kern unverändert, konnte er 1972 mit mehr als 15 Millionen Exemplaren den Rekord des Ford T-Modells einstellen.

Land	GB
Marke	Morris
Baujahr	1948-1971
Motor-Bauart	Vierzylinder (Reihe)
Lage	Front
Antrieb	Heck
Hubraum (ccm)	803 bis 1098
Leistung (PS/U/min)	27 bei 4400
	bis 48 bei 5100
Vmax (km/h)	100 bis 125
Bauart	Limousine (2-/4-türig)
Material	Stahlblech
Produktionszahl	1.015.218

[ca. 14.500 €]

Morris Minor Saloon

Der Morris Minor – vom legendären Mini-Entwickler Alec Issigonis entworfen – war eine komplette Neukonstruktion, verfolgte aber einen konventionellen Ansatz. Der wassergekühlte 800-ccm-Vierzylinder mit 27 PS Leistung war vorn untergebracht und trieb die Hinterräder an. Neben dem adretten Aussehen sprachen für den Morris Minor sein gutes Raumangebot, die robuste und zuverlässige Technik sowie die niedrigen Unterhaltskosten. Der Minor ist in England eine ähnliche Ikone wie der Käfer in Deutschland – und wurde auch annähernd so lange gebaut. Erst 1971 – mit mittlerweile 1,1 Liter Hubraum und 48 PS – war Schluss, nach mehr als einer Million Exemplaren. Noch heute zählt er auf der Insel zum Straßenbild, weil viele Werkstätten sich auf die Erhaltung der liebevoll gepflegten Klassiker spezialisiert haben.

Alfa Romeo 1900 Berlina
(Alfa Romeo 1900, 1900 TI, 1900 Super, 1900 TI Super, 1900 Primavera)

Mit mondänen Luxuskarossen und exklusiven 6- und 8-Zylinder-Sportmodellen hatte Alfa Romeo sich vor dem Krieg einen Namen gemacht. Die Mailänder besaßen aber genügend Gespür zu wissen, damit nach 1945 nicht übergangslos weitermachen zu können. So fiel bald nach Kriegsende die Entscheidung, sich künftig auch mit kleineren Fahrzeugen zu befassen und es entstand der erste Alfa Romeo überhaupt, für dessen Blechkleid – eine selbsttragende Ponton-Karosserie – und Technik die Mailänder die komplette Produktion übernahmen. Die sportlichen Gene hatte der 1950 vorgestellte Alfa Romeo 1900 freilich von seinen Vorgängern geerbt: Der vollkommen neukonstruierte Doppelnockenwellen-Vierzylinder leistete 90 PS und hatte mit der 900 Kilogramm schweren Karosserie leichtes Spiel. Er begründete Alfas Ruf als Hersteller sportlicher Limousinen.

Land	Italien
Marke	Alfa Romeo
Baujahr	1950-1958
Motor-Bauart	Vierzylinder (Reihe)
Lage	Front
Antrieb	Heck
Hubraum (ccm)	1885, 1975
Leistung (PS/U/min)	90 bei 5200
	bis 115 bei 5500
Vmax (km/h)	150 bis 180
Bauart	Limousine (4-türig)
Material	Stahlblech
Produktionszahl	17.243

[ca. 47.000 €]

Borgward Hansa (Hansa 1500, Hansa 1800, Hansa 1800 Diesel)

Land	Deutschland
Marke	Borgward
Baujahr	1949-1954
Motor-Bauart	Vierzylinder (Reihe)
Lage	Front
Antrieb	Heck
Hubraum (ccm)	1498 bis 1758
Leistung (PS/U/min)	42 bei 3700
	bis 60 bei 4400
Vmax (km/h)	105 bis 150
Bauart	Limousine (2-/4-türig), Kombi (2-türig), Cabriolet
Material	Stahlblech
Produktionszahl	23.140; 8531

[ca. 21.000 €]

Carl F.W. Borgward hatte zwar schon vor 1925 seine „Blitzkarren" in Bremen gebaut, richtige Autos aber erst mit der Übernahme der Hansa-Lloyd-Werke 1929. Der Markenname „Borgward" wurde 1939 eingeführt – während des gesamten Krieges durften in Bremen aber keine Autos, sondern ausschließlich Rüstungsgüter gebaut werden. Nicht zuletzt deshalb wurde der Firmeninhaber von 1945 bis 1948 interniert – wo er offenbar genug Zeit und Muße fand, mit dem Borgward Hansa 1500 Deutschlands erstes Nachkriegs-Auto mit Ponton-Karosserie – auf einem Zentralrohrrahmen – zu konstruieren. Im März 1949 war Weltpremiere in Genf, ab Oktober lief die Produktion. Die Ponton-Bauweise ermöglichte mehr Innenraum bei gleicher Außenbreite: Sechs Personen fanden im Hansa 1500 Platz. Auch der Anderthalbliter-OHV-Motor mit 48 PS war eine moderne Konstruktion, die ab 1952 ein 1,8-Liter-Triebwerk mit 60 PS ersetzte. Von 1953 an gab es gar wahlweise einen 1,8-Liter-Diesel mit 42 PS.

Land	Deutschland
Marke	Borgward
Baujahr	1955-1961
Motor-Bauart	Vierzylinder (Reihe)
Lage	Front
Antrieb	Heck
Hubraum (ccm)	1493
Leistung (PS/U/min)	60 bei 4700
	bis 75 bei 5200
Vmax (km/h)	135 bis 150
Bauart	Limousine (2-türig), Kombi (2-türig), Coupé (2-türig)
Material	Stahlblech
Produktionszahl	202.872

Borgward Isabella (Isabella, Isabella TS, Isabella de luxe, Isabella Combi)

ca. 29.000 €

„Schreibt meinetwegen Isabella drauf" soll Carl F.W. Borgward gesagt haben, als er gefragt wurde, ob die Prototypen des neuen Mittelklasse-Borgward eine Bezeichnung erhalten sollten. Der südländische Frauenname trug sicherlich neben der raffinierten Borgward-Werbung und der gefälligen Karosserie dazu bei, dass die Isabella von 1954 an auf viele Männer eine geradezu erotische Ausstrahlung hatte. Tatsächlich fuhr die Bremerin mit ihren 60 PS aus 1,5 Litern Hubraum, ab 1957 im Isabella TS sogar 75 PS, ihren Wettbewerbern auf und davon. 150 km/h Spitze waren Mitte der fünfziger Jahre auf dem Niveau eines Porsche 356. War die Limousine der Isabella schon ein automobiler Traum der Fünfziger, galt das in noch stärkerem Maße für das ab 1957 lieferbare Coupé. Die Isabella wurde sogar über das Ende des Borgward-Konzerns hinaus produziert. Die letzten Exemplare entstanden 1962 aus vorhandenen Einzelteilen der Konkursmasse.

Land	Deutschland
Marke	Ford
Baujahr	1952-1958
Motor-Bauart	Vierzylinder (Reihe)
Lage	Front
Antrieb	Heck
Hubraum (ccm)	1172 bis 1498
Leistung (PS/U/min)	38 bei 4250 bis 55 bei 4250
Vmax (km/h)	105 bis 130
Bauart	Limousine (2-türig), Kombi (3-türig), Cabriolet, Sonderkarosserie
Material	Stahlblech
Produktionszahl	430.736

ca. 18.000 €

Ford Taunus 12, 12 M (Werkscode G 13, „Weltkugel-Taunus")

Der Taunus 12 M läutete 1952 am Rhein als erste Neukonstruktion die Nachkriegs-Ära ein. Als erstes deutsches Automobil mit selbsttragender Ponton-Karosserie ist er gar ein echter technischer Meilenstein. Allerdings entstand der Entwurf der mit einem emaillierten Globus über dem Kühlergrill verzierten Limousine nicht in Köln, sondern im US-amerikanischen Dearborn. Der als Limousine und Kombi lieferbare 12 M bot viel Platz und einen riesigen Kofferraum – unter der Motorhaube aber nur den 1,2-Liter-Motor mit inzwischen 38 PS, der schon 1934 den Ford Eifel angetrieben hatte. Ab 1955 erhörten die Ford-Chefs den Ruf nach mehr Leistung und lancierten unter der Bezeichnung 15 M einen Zwilling, der dank neu konstruiertem Motor mit 55 PS deutlich mehr Leistung bot. Mehrfach modifiziert blieb die Baureihe bis 1962 im Programm.

Land	Italien
Marke	Lancia
Baujahr	1950-1958
Motor-Bauart	V6
Lage	Front
Antrieb	Heck
Hubraum (ccm)	1754, 1991, 2266
Leistung (PS/U/min)	57 bei 4700
	bis 85 bei 4800
Vmax (km/h)	135 bis 160
Bauart	Limousine (4-türig), Cabriolet
Material	Stahlblech
Produktionszahl	12.784

[ca. 45.000 €]

Lancia Aurelia

So sah italienische Premium-Mittelklasse der 1950er Jahre aus: Die Aurelia von Lancia zeigte bei ihrer Vorstellung 1950 eine ganze Reihe innovativer Konstruktionsmerkmale – und sah auch noch hinreißend aus. Der 1,8-Liter-V6 gab seine Kraft von 57 PS über eine Welle an das auf Höhe der Hinterachse angebrachte Getriebe ab. Die „Transaxle"-Bauweise verbesserte Gewichtsverteilung und Straßenlage. Die Schräglenkerhinterachse war 1950 eine Weltpremiere – erst ein Jahrzehnt später gab es auch deutsche Pkw mit dieser Konstruktion. Bis 1958 sollte die Aurelia in Produktion bleiben. Das Interesse wach hielten ständige Modellpflegemaßnahmen: So wuchs beim B20 GT der Hubraum bis auf 2,5 Liter und die Leistung betrug zum Schluss 118 PS – gut für 160 km/h Spitze. Für dieses Top-Modell werden Preise bis zu 175.000 Euro aufgerufen.

Mercedes-Benz 180 (180 a, b, c und 180 D) (W 120)

Dem Trend zur Ponton-Karossiere konnte sich auch Mercedes nicht widersetzen. 1953 präsentierten die Schwaben ihre erste Konstruktion mit selbst-tragender Karosserie unter der Bezeichnung Mercedes 180 respektive Mercedes 190. Bei der Konstruktion der viertürigen Limousine flossen erstmals Sicherheitsmerkmale ein, an denen der Konstrukteur Béla Barényi bereits seit den 1930er Jahren gearbeitet hatte. So besaß der Mercedes 180 als erstes Auto vordere und hintere Knautschzonen, die im Falle eines Unfalles Energie aufnehmen sollten. Aus den Dreißigern stammte auch die Konst-ruktion des 1,8-Liter-Basismotors, während der optisch nur leicht veränderte 190 bereits über einen neu konstruierten 1,9-Liter-Vierzylinder mit 75 PS verfügte. Wahlweise gab es auch einen 1,8-Liter-Diesel mit 40 PS – über den sich vor allem die Taxifahrer freuten.

ca. 45.000 €

Land	Deutschland
Marke	Mercedes-Benz
Baujahr	1953-1962
Motor-Bauart	Vierzylinder (Reihe)
Lage	Front
Antrieb	Heck
Hubraum (ccm)	1767, 1897, 1988
Leistung (PS/U/min)	40 bei 3200
	bis 68 bei 4400
Vmax (km/h)	112 bis 136
Bauart	Limousine (4-türig)
Material	Stahlblech
Produktionszahl	118.234,
	152.983 (180 D)

Land	Deutschland
Marke	Opel
Baujahr	1948-1951
Motor-Bauart	Sechszylinder (Reihe)
Lage	Front
Antrieb	Heck
Hubraum (ccm)	2473
Leistung (PS/U/min)	55 bei 3500
Vmax (km/h)	125
Bauart	Limousine (4-türig)
Tragstruktur	selbsttragend
Material	Stahlblech
Produktionszahl	ca. 30.000

ca. 42.000 €

Opel Kapitän (Modell 1949)

Der Opel Kapitän war der letzte Pkw, der vor dem Krieg in Rüsselsheim konstruiert wurde, und feierte auf dem Genfer Salon 1939 seine Weltpremiere. Bis zum Herbst 1940 wurden mehr als 25.000 Exemplare hergestellt. Kein Wunder also, dass man am Main das erfolgreiche Konzept 1948 wieder aufleben ließ, so wie man es ein Jahr zuvor mit dem Olympia getan hatte. Nur leicht modifiziert wurden bis Februar 1951 fast 30.000 Kapitäne vom Stapel gelassen – für ein Oberklasse-Fahrzeug ein enormer Erfolg. Den konnte das immer noch auf der Vorkriegs-Konstruktion basierende Nachfolge-Modell von 1951 noch toppen. Der 2,5-Liter-Sechszylinder leistete nun 58 statt 55 PS – außerdem trug der Kapitän deutlich mehr Chromschmuck. Bis Juli 1953 entschieden sich nochmals fast 50.000 Käufer für den großen Opel.

Land	Deutschland
Marke	Opel
Baujahr	1953-1954
Motor-Bauart	Vierzylinder (Reihe)
Lage	Front
Antrieb	Heck
Hubraum (ccm)	1488
Leistung (PS/U/min)	40 bis 45 bei 3800
Vmax (km/h)	115 bis 120
Bauart	Limousine (2-türig),
	Cabrio-Limousine,
	Kombi (3-türig)
Material	Stahlblech
Produktionszahl	136.028

[ca. 20.000 €]

Opel Olympia Rekord (Modell 1954)

Auch in Rüsselsheim startete die Nachkriegs-Ära erst mit Verspätung. 1953 löste der erste nach dem Krieg komplett neukonstruierte Pkw den Olympia von 1936 endgültig ab. Um den Neuanfang auch äußerlich zu dokumentieren, gab es einen neuen Namen: Der Olympia 1953 trug die Zusatzbezeichnung „Rekord", die bis 1986 für alle Mittelklasse-Opel beibehalten werden sollte. Mit Ponton-Karosserie und Chromschmuck zeigte er sich betont zeitgemäß, die Technik war wenig spektakulär. Bis 1957 wurde der Olympia Rekord produziert – und jedes Jahr optisch zumeist am Kühlergrill so verändert, dass das Auto des Vorjahres plötzlich überholt und alt wirkte. Obwohl diese Maßnahme einige Kunden vergrätzt haben dürfte, konnte sich der Olympia Rekord auf Anhieb als die Nummer eins der Mittelklasse profilieren.

Opel Olympia

Land	Deutschland
Marke	Opel
Baujahr	1947-1949
Motor-Bauart	Vierzylinder (Reihe)
Lage	Front
Antrieb	Heck
Hubraum (ccm)	1488
Leistung (PS/U/min)	37 bei 3500
Vmax (km/h)	112
Bauart	Limousine (2-türig)
Material	Stahlblech
Produktionszahl	29.952

[ca. 25.500 €]

Obwohl die Zerstörungen im Rüsselsheimer Opel-Werk gewaltig gewesen waren, vermochten die Hessen als einer der ersten Autohersteller die Produktion wieder aufzunehmen. Vielleicht lag es daran, dass lange unklar war, ob GM sich erneut in Deutschland engagieren oder Opel aufgeben würde. Die verbliebenen Opelaner jedenfalls schufen Fakten: Im Dezember 1947 lief der erste Olympia vom wiederaufgebauten Fließband. Stolze 6785 D-Mark kostete der äußerlich und innerlich weitgehend auf dem Stand von 1938 basierende Olympia nach der Währungsreform. Dabei war er in der Ausstattung etwas schlichter als sein Vorgänger. Erst 1950 – als sich das Wirtschaftswunder anzukündigen begann – durfte der Olympia mit Chromgrill und ausgeformten Kotflügeln ein neues Selbstbewusstsein demonstrieren. Neue Technik gab's dagegen erst 1953.

Land	Frankreich
Marke	Peugeot
Baujahr	1948-1960
Motor-Bauart	Vierzylinder (Reihe)
Lage	Front
Antrieb	Heck
Hubraum (ccm)	1290
Leistung (PS/U/min)	42 bei 4500
	bis 45 bei 4500
Vmax (km/h)	105 bis 120
Bauart	Limousine (2-/4-türig),
	Cabrio-Limousine, Cabriolet,
	Coupé, Kombi (5-türig)
Material	Stahlblech
Produktionszahl	685.828

[ca. 40.500 €]

Peugeot 203

Peugeot ging einen anderen Weg als die meisten europäischen Automobilproduzenten: Zwar war schon 1945 die Herstellung des populären 202 wieder aufgenommen worden – aber der 203, der 1948 präsentiert wurde, war eine komplette Neuentwicklung. So kennzeichnen ihn viele Konstruktionsmerkmale, die in anderen Automobilen der Mittelklasse erst später Einzug hielten: selbsttragende Karosserie, hydraulische Bremsen, Einzelradaufhängung vorn, synchronisiertes Vierganggetriebe und 12-Volt-Elektrik. Auch der Motor zeigte sich als OHV-Konstruktion mit Leichtmetallzylinderkopf durchaus modern. Kein Wunder, dass der 203 zwölf Jahre lang im Angebot der Franzosen blieb und sich mit fast 700.000 Einheiten als echter Erfolgstyp feiern lassen konnte.

Land	Schweden
Marke	Saab
Baujahr	1949-1955
Motor-Bauart	Zweizylinder-Zweitaktmotor
Lage	Front
Antrieb	Front
Hubraum (ccm)	764
Leistung (PS/U/min)	25 bei 3800
Vmax (km/h)	100
Bauart	Limousine (2-türig)
Material	Stahlblech
Produktionszahl	20.128

[k.A.]

Saab 92

Saab war ein schwedisches Unternehmen, das seit 1937 erfolgreich Flugzeuge baute. Der Markt für Jagdbomber war nach dem Zweiten Weltkrieg allerdings zusammengebrochen und so begann man, sich in Trollhättan nach anderen Optionen umzusehen. Im Automobilbau glaubte man am ehesten das vorhandene Know-How einsetzen zu können. Ab 1946 entwickelte man unter der Projektnummer 92 einen Fronttriebler mit Zweizylinder-Zweitaktmotor, dessen Optik zu Beginn der Serienfertigung 1949 radikal wirkte und dessen Silhouette an das Profil eines Flugzeugflügels erinnerte. Der Saab 92 wurde 1955 durch den Nachfolgetyp 93 ersetzt, der keine wirkliche Neuentwicklung darstellte, aber im Rallyesport enorme Erfolge feiern konnte. In seiner Grundform wurde der erste Saab als Typ 96 bis 1980 fast eine halbe Million Mal gebaut.

Volvo PV 444 („Buckel-Volvo")

ca. 22.500 €

Land	Schweden
Marke	Volvo
Baujahr	1947-1958
Motor-Bauart	Vierzylinder (Reihe)
Lage	Front
Antrieb	Heck
Hubraum (ccm)	1414, 1585
Leistung (PS/U/min)	40 bei 3800,
	85 bei 5500
Vmax (km/h)	110 bis 150
Bauart	Limousine (2-türig)
Material	Stahlblech
Produktionszahl	196.005

Ein neues Pkw-Modell zu präsentieren war im Europa des Jahres 1944 nur im neutralen Schweden möglich. Volvo hatte als Hersteller hochwertiger und exklusiver Fahrzeuge auch den Trend zur Volksmotorisierung rechtzeitig erkannt. So entstand Anfang der 1940er Jahre ein Viersitzer mit selbsttragender Karosserie in typischer Buckelform, der dank 40 PS aus einem 1,4-Liter-Vierzylinder 110 km/h schnell war. Der Wagen stieß auf begeisterte Resonanz – nicht nur wegen des niedrigen Preises von 4800 schwedischen Kronen, sondern auch wegen seiner Solidität. Aufgrund kriegsbedingter Materialknappheit, der sich auch Schweden nicht entziehen konnte, kam die Produktion jedoch erst 1947 und sehr langsam in Gang. Der PV 444 und sein Nachfolger PV 544 waren mit 440.000 Exemplaren, die bis 1965 vom Band liefen, nicht nur im Verkauf erfolgreich. Im Rallyesport, aber auch auf der Rundstrecke und am Berg zählten sie bis Ende der Sechziger zu den Siegertypen.

ca. 67.000 €

BMW 501 V8 (501 V8, 502, 2600, 3200 L, 3200 S)

Statt mit einem Nachfolger für den beliebten, zu seiner Zeit durchaus sportlichen BMW 326 in die Nachkriegsära zu starten, suchte man bei BMW – wo in München ja bis dato niemals Automobile vom Band gelaufen waren – mit dem 501 das Glück in Form einer repräsentativen Oberklasse-Limousine, die formal die 1930er Jahre zitierte. Das musste schiefgehen. Daran konnte auch der 1954 vorgestellte, brillante 2,5-Liter-Achtzylinder nichts ändern, der im Laufe seiner Bauzeit auf 3,2 Liter aufgebohrt wurde und bis zu 160 PS erreichte. Nie gelang es, den Status von Mercedes zu erreichen, und spätestens im Vergleich mit den Ponton-Karosserien der Wettbewerber wirkte der Barockengel auch als BMW 3200 L wie der Vertreter einer vergangenen Epoche – in einer Zeit, in der Nostalgie ein Fremdwort war. 1964 war Schluss für die großen BMW – mehr als sechs Zylinder sollte es erst 1987 wieder geben.

Land	Deutschland
Marke	BMW
Baujahr	1954-1964
Motor-Bauart	V8
Lage	Front
Antrieb	Heck
Hubraum (ccm)	2580, 3168
Leistung (PS/U/min)	100 bei 4800
	bis 160 bei 5600
Vmax (km/h)	162 bis 190
Bauart	Limousine (4-türig),
	Cabriolet (2-türig),
	Cabriolet (4-türig), Coupé
Material	Stahlblech
Produktionszahl	ca. 13.224

Land	Deutschland
Marke	Mercedes-Benz
Baujahr	1951-1957
Motor-Bauart	Sechszylinder (Reihe)
Lage	Front
Antrieb	Heck
Hubraum (ccm)	2996
Leistung (PS/U/min)	115 bei 4600
	bis 160 bei 4500
Vmax (km/h)	155 bis 163
Bauart	Limousine (4-türig),
	Cabriolet (4-türig)
Material	Stahlblech
Produktionszahl	7646, 642 (Cabriolet)

Mercedes-Benz 300
(300, 300 b, 300 c (W 186), 300d (W 189))

ca. 162.500 €

Für ein Jahrzehnt repräsentierte der Mercedes 300 die Spitze des deutschen Automobilbaus. Die inoffizielle Zusatzbezeichnung „Adenauer" rührt daher, dass sich der damalige Bundeskanzler für den 1951 vorgestellten Mercedes als Staatslimousine entschied – wie zahlreiche andere Repräsentanten in aller Welt. Gegenüber automobilen Vorkriegs-Giganten vom Schlag eines Mercedes 770 gab sich Mercedes 300 mit weniger als fünf Metern Außenlänge regelrecht bescheiden. Technisch basierte er auf dem Fahrgestell des bis 1943 gebauten Mercedes 230. Dagegen war der Dreiliter-Sechszylinder mit 115 PS eine Neukonstruktion und stempelte den größten deutschen Pkw mit fast 160 km/h bei seiner Präsentation auch zum schnellsten. In seiner letzten Version, als 300d, leistete der Dreiliter dank Saugrohr-Einspritzung sogar 160 PS.

Jaguar Mk VII, VII M, VIII

Der Jaguar MK VII verkörperte ab 1950 Oberklasse „made in England". Die Karosserie ruhte auf einem Kastenrahmen, orientierte sich allerdings ohne freigestellte Kotflügel und mit integrierten Scheinwerfern an der aufkommenden Ponton-Mode. Unter der Motorhaube fauchte der 3,4 Liter große DOHC-Sechszylinder des Sportwagens XK 120 mit 160 PS, der den MK (sprich: Mark) VII auf bis zu 180 km/h beschleunigte. Der Jaguar Mark VII brachte einen völlig neuen Stil in die automobile Oberklasse: luxuriös verpackte Sportlichkeit statt staatsmännischer Repräsentation. In Verbindung mit den günstigen Preisen kam das Konzept an und begründete den steilen Aufstieg der Marke aus Coventry.

Land	GB
Marke	Jaguar
Baujahr	1950-1959
Motor-Bauart	Sechszylinder (Reihe)
Lage	Front
Antrieb	Heck
Hubraum (ccm)	3442
Leistung (PS/U/min)	162 bei 5200
	bis 213 bei 5750
Vmax (km/h)	170 bis 180
Bauart	Limousine (4-türig)
Material	Stahlblech
Produktionszahl	37.181

[**ca. 52.500 €**]

Tucker (Torpedo)

Land	USA
Marke	Tucker
Baujahr	1946-1948
Motor-Bauart	Sechszylinder (Boxer)
Lage	Heck
Antrieb	Front
Hubraum (ccm)	5500
Leistung (PS/U/min)	166 bei 2700
Vmax (km/h)	220
Bauart	Limousine (4-türig)
Material	Stahlblech
Produktionszahl	51

[ca. 2.200.000 €]

Preston Tucker war seiner Zeit weit voraus. Der US-Geschäftsmann hatte von 1946 an Investoren gesucht, um „das Auto der Zukunft" zu bauen. Tatsächlich gelang es ihm, 26 Millionen Dollar als Vorfinanzierung aufzutreiben. Das rassige Design des 1948 vorgestellten Tucker mit einem cw-Wert von 0,3 erregte beträchtliches Aufsehen, während die verstärkte Fahrgastzelle, ein gepolstertes Armaturenbrett, Sicherheitsgurte und eine lösbare Frontscheibe konstruktive Ernsthaftigkeit bewiesen. Für die Motorisierung war ursprünglich ein 9,6-Liter-Sechszylinder im Heck vorgesehen, dessen Haupt-Entwicklungsziel maximale Haltbarkeit sein sollte. Zum Einsatz kam aber ein 5,5-Liter-Sechszylinder-Boxer mit 166 PS. Newcomer Tucker wurde Opfer einer massiven Kampagne der „Big Three", die das Unternehmen nach nur 51 gebauten Exemplaren in die Pleite treiben sollte und später Stoff für einen Kinofilm lieferte.

AC Ace, Ace Bristol

ca. 320.500 €

Land	GB
Marke	AC
Baujahr	1953-1963
Motor-Bauart	Sechszylinder (Reihe)
Lage	Front
Antrieb	Heck
Hubraum (ccm)	1991, 1971
Leistung (PS/U/min)	86 bei 4500
	bis 130 bei 5750
Vmax (km/h)	160 bis 200
Bauart	Roadster
Material	Aluminium
Produktionszahl	226, 466

AC war ein englischer Hersteller, der schon 1913 Automobile baute und dafür 1919 einen Leichtmetall-Sechszylinder mit zwei Litern Hubraum entwickelte, der bis 1963 verwendet werden sollte. 1953 entschied man sich, die Sportwagentradition aus der Vorkriegszeit fortzusetzen. Rennwagen-Konstrukteur John Tojeiro entwickelte einen Gitterrohrrahmen, über den eine Aluminium-Karosserie gezogen wurde, die nicht ganz zufällig Ähnlichkeiten mit zeitgenössischen Ferrari-Typen hatte. Die Räder waren einzeln aufgehängt, während man als Antrieb den altbekannten Sechszylinder mit 86 PS wählte, mit dem man immerhin 160 km/h schnell sein konnte. Alternativ gab es ein anderes Vorkriegs-Triebwerk: den Zweiliter aus dem BMW 328, der bei der englischen Firma Bristol verbaut wurde. Der AC Ace sollte der Ahne des legendären AC Cobra werden, der ab 1962 die Automobilwelt mit gigantischen Fahrleistungen aufmischte.

Land	GB
Marke	Austin-Healey
Baujahr	1953-1956
Motor-Bauart	Vierzylinder (Reihe)
Lage	Front
Antrieb	Heck
Hubraum (ccm)	2660
Leistung (PS/U/min)	91 bei 4000
	bis 134 bei 4700
Vmax (km/h)	160 bis 200
Bauart	Roadster
Material	Stahlblech
Produktionszahl	12.853

ca. 82.000 €

Austin-Healey 100 („100/4", „Hundred")

Der Name „Hundred" der Studie des englischen Konstrukteurs Donald Healey, die auf der London Motor Show 1952 präsentiert wurde, sollte den Stolz darüber ausdrücken, dass es dem mit einem 2,7 Liter großen Austin-Triebwerk ausgerüsteten Wagen gelang, die magische Marke von 100 Meilen pro Stunde zu reißen. Einer der vielen, die Interesse an dem Fahrzeug zeigten, war Sir Leonard Lord, Chef der Austin-Werke in Longbridge. Er wollte aber nicht das Auto kaufen, sondern das gesamt Konzept und die Fertigung übernehmen – so begeistert war er von dem perfekt gestylten Zweisitzer. Tatsächlich kam es zu einer Kooperation zwischen Healey und Austin, und 1953 wurde die Produktion gestartet. Bis 1956 wurden fast 13.000 Exemplare des puristischen Roadsters verkauft – das Nachfolgemodell lief gar bis 1968 vom Band.

ca. 183.000 €

Chevrolet Corvette C1

Manchmal haben auch Legenden einen schwierigen Start. Dem großen Erfolg, den offene Autos aus Deutschland, England oder Italien in den USA hatten, wollte GM nicht länger tatenlos zusehen. So präsentierte man 1953 die erste Corvette – ein Fahrzeug, das auf einem Kastenrahmen eine Kunststoffkarosserie trug, die heute ansprechend wirkt, damals aber den Zeitgeist nicht zu treffen schien. In der Lücke zwischen opulenten US-Cabrios und puristischen Roadstern war offenbar wenig Platz. Außerdem kostete die Corvette mehr als ein vergleichbarer Jaguar. Sicher verhinderte auch der Gusseisen-Sechszylinder mit anfänglich 150 PS einen nachhaltigen Erfolg. Es ist GM hoch anzurechnen, dass man das kommerzielle Desaster nicht zum Anlass nahm, sich von dem Sportwagenprojekt zu verabschieden, sondern sich entschloss, beim Nachfolger alles besser zu machen.

Land	USA
Marke	Chevrolet
Baujahr	1953-1955
Motor-Bauart	Sechszylinder (Reihe)
Lage	Front
Antrieb	Heck
Hubraum (ccm)	3859, 4342
Leistung (PS/U/min)	150 bei 4200
	bis 195 bei 5000
Vmax (km/h)	165 bis 175
Bauart	Roadster
Material	Kunststoff
Produktionszahl	4640

Ferrari 212 Inter

Am 11. Mai 1947 war erstmals in Piacenza ein Ferrari bei einem Automobilrennen gestartet, und in den Folgejahren gab es eine kaum überschaubare Serie von Einzelexemplaren oder Kleinserien, die bei diversen italienischen Karosserieschmieden entstanden. Allen gemeinsam war der kleine Zwölfzylindermotor, der ursprünglich nur 1,5 Liter Hubraum und 72 PS hatte. Im ersten „Serien"-Ferrari, dem 212 Inter, der ab 1950 in immerhin hohen zweistelligen Stückzahlen produziert wurde, war das Aggregat auf 2,5 Liter und 130 PS angewachsen. In den 1950er Jahren war der V12, den der ehemalige Alfa-Romeo-Ingenieur Gioacchino Colombo entwickelt hatte, der einzige Zwölfzylinder in einem Serienauto. Vielfach modifiziert blieb er bis 1975 im Programm der Sportwagen aus Maranello.

ca. 2.000.000 €

Land	Italien
Marke	Ferrari
Baujahr	1950-1953
Motor-Bauart	V12
Lage	Front
Antrieb	Heck
Hubraum (ccm)	2562
Leistung (PS/U/min)	130 bei 6500
	bis 170 bei 6600
Vmax (km/h)	180
Bauart	Coupé, Roadster
Material	Stahlblech/Aluminium
Produktionszahl	k.A.

Jaguar XK 120

ca. 110.500 €

Land	GB
Marke	Jaguar
Baujahr	1948-1954
Motor-Bauart	Sechszylinder (Reihe)
Lage	Front
Antrieb	Heck
Hubraum (ccm)	3442
Leistung (PS/U/min)	162 bei 5200
	bis 213 bei 5800
Vmax (km/h)	190 bis 265
Bauart	Roadster, Coupé
Material	Aluminium,
	Aluminium/Stahlblech
Produktionszahl	12.087

Vor allem in den USA erfolgreich war der Jaguar XK 120, der schon 1948 in Coventry gebaut wurde. Das Styling des Roadsters ist auch heute noch atemberaubend und lässt viele Parallelen zum BMW 328 erkennen. Technisch war der XK 120 durchaus avantgardistisch: Sein 3,4-Liter-Reihensechszylinder verfügte bereits über doppelte obenliegende Nockenwellen. Die ersten Exemplare des Triebwerks wurden in Handarbeit montiert. Der Verkaufserfolg war derart überwältigend, dass bald auf eine Serienfertigung des robusten Sechszylinders umgestellt wurde, der im Übrigen in seinen Grundzügen bis 1992 im Programm der englischen Firma blieb. Die ersten XK 120 hatten noch einen Holzrahmen. Auch hier musste aufgrund der großen Nachfrage umgestellt werden: Ab April 1950 gab's die Stahlblechvariante, ab 1951 auch das XK 120 Coupé.

ca. 145.500 €

Land	Deutschland
Marke	Mercedes-Benz
Baujahr	1955-1963
Motor-Bauart	Vierzylinder (Reihe)
Lage	Front
Antrieb	Heck
Hubraum (ccm)	1897
Leistung (PS/U/min)	105 bei 5700
Vmax (km/h)	171
Bauart	Cabriolet
Material	Stahlblech
Produktionszahl	25.881

Mercedes-Benz 190 SL (W 121)

Dass es einen Markt für einen sportlichen Mercedes unterhalb des 300 SL geben würde, war dem amerikanischen Mercedes-Importeur Max Hoffman schon beim Erscheinen des Flügeltürers klar. Seine Vorschläge für einen Roadster fanden offene Ohren in Stuttgart. 1954 wurde die erste Studie in New York präsentiert, und 1955 startete die Produktion des 190 SL. Der neu entwickelte Vierzylinder-OHC-Motor leistete 105 PS und ermöglichte standesgemäße 170 km/h. Mit 16.500 Mark war der 190 SL zwar nur für gutbetuchte Kunden erschwinglich – aber doch immerhin nur wenig mehr als halb so teuer wie ein 300 SL. Zu den Kuriositäten der Automobilgeschichte zählt aber, dass der 190 SL bis heute untrennbar mit dem Frankfurter Edel-Callgirl Rosemarie Nitribitt verbunden wurde, die einen schwarzen 190 SL fuhr und 1957 ermordet wurde.

Land	Deutschland
Marke	Mercedes-Benz
Baujahr	1954-1957
Motor-Bauart	Sechszylinder (Reihe)
Lage	Front
Antrieb	Heck
Hubraum (ccm)	2996
Leistung (PS/U/min)	215 bei 5800
Vmax (km/h)	235
Bauart	Coupé
Material	Stahlblech
Produktionszahl	1400
	(davon 29 mit Alu-Kar.)

[ca. 1.400.000 €]

Mercedes-Benz 300 SL Coupé, „Flügeltürer", „Gullwing" (W 198 I)

Schon in den frühen 50ern hatte man bei Mercedes erkannt, dass ein Anknüpfen an die Motorsport-Aktivitäten den Ruhm der Produkte mit dem Stern weltweit mehren würde. So wurde mit dem 300 SL ein Rennsportwagen entwickelt, der 1952 auf Anhieb zahlreiche Erfolge einfuhr. Das weckte die Begierde nach einer Straßenversion, die im Frühjahr 1954 in New York präsentiert wurde. Der 300 SL war optisch und technisch eine Sensation. Seine Konstrukteure hatten die Gitterrohr-Bauweise des Rennwagens beibehalten, was die charakteristischen Flügeltüren notwendig machte. Mit drei Litern Hubraum und einer Leistung von 215 PS, die auch dank der erstmals in einem Serienfahrzeug verwendeten Benzineinspritzung möglich war, schaffte der Über-Sportwagen bis zu 235 km/h und sprengte alle bis dahin gültigen Maßstäbe. In Deutschland war der Silberpfeil mit 29.000 Mark nahezu unerschwinglich. Fast 80 Prozent der Produktion des schnellsten Sportwagens der Welt gingen in die USA.

Land	Deutschland
Marke	Porsche
Baujahr	1949-1955
Motor-Bauart	Vierzylinder (Boxer)
Lage	Heck
Antrieb	Heck
Hubraum (ccm)	1086 bis 1488
Leistung (PS/U/min)	40 bei 4000
	bis 70 bei 5000
Vmax (km/h)	140 bis 175
Bauart	Coupé, Cabriolet, Speedster
Material	Stahlblech
Produktionszahl	7627

[ca. 710.000 €]

Porsche 356, 356 Super

Aus heutiger Sicht kaum zu glauben: Mit 40 PS aus 1,1 Litern Hubraum und einer Höchstgeschwindigkeit von 140 km/h begründete der 356 im April 1950 den Porsche-Mythos. Technisch basierten viele Komponenten zunächst auf dem VW Käfer. Permanente Modellpflegemaßnahmen und konstruktive Änderungen schufen jedoch immer mehr das charakteristische Porsche-Feeling. Schon nach einem Jahr folgte der stärkere 1,3-Liter mit immerhin 44 PS. Dann ging es Schlag auf Schlag: 1953 war man bei 1,5 Litern und 70 PS angelangt – gut für 170 km/h. 1955 folgte die zweite Serie, der 356 A, während parallel die Sportversion „Carrera" mit einem vollkommen neu konstruierten Kurzhub-Boxer mit Königswellenantrieb und Doppelzündung erschien. Der 1,5-Liter-Boxer mobilisierte 100 PS und trieb den Zuffenhausener Sportler auf 200 km/h.

Porsche Spyder 550, Spyder 550 A

je nach Originalität und Historie bis zu 4 Mio €

Land	Deutschland
Marke	Porsche
Baujahr	1954-1957
Motor-Bauart	Vierzylinder (Boxer)
Lage	Heck
Antrieb	Heck
Hubraum (ccm)	1498
Leistung (PS/U/min)	110 bei 6200, 135 bei 7200
Vmax (km/h)	220, 240
Bauart	Speedster
Material	Stahlblech
Produktionszahl	90

Neben den „Normalmodellen" sind es bei Porsche oft die Kleinserien gewesen, die maßgeblich zur Legendenbildung beitrugen. Das gilt in besonderer Weise für den 550 Spyder, der nur drei Jahre lang in einer Auflage von 90 Stück gebaut wurde. Der 1,5 Liter große Vierzylinder-Boxer mit Doppel-Königswellenantrieb und Doppelzündung war vom Heck vor die Hinterachse gewandert. Damit war Porsche einer Idee des Frankfurter Porsche-Händlers Glöckler gefolgt, der einen ähnlich konzipierten Rennwagen mit Mittelmotor ab 1952 eingesetzt hatte. Dank seiner flachen, aerodynamischen Aluminiumkarosserie schaffte der erste serienmäßige Mittelmotor-Porsche 220 km/h Spitze. Gedacht war der 550 Spyder, der tatsächlich auch nur 550 kg wog, als Basismodell für den Motorsport. In seinem eigenen 550 kam US-Schauspielerikone James Dean ums Leben.

Triumph TR 2, TR 3, TR 3A

Land	GB
Marke	Triumph
Baujahr	1953-1961
Motor-Bauart	Vierzylinder (Reihe)
Lage	Front
Antrieb	Heck
Hubraum (ccm)	1991, 2138
Leistung (PS/U/min)	90 bei 4800 bis 100 bei 5000
Vmax (km/h)	160 bis 165
Bauart	Roadster
Material	Stahlblech
Produktionszahl	80.241

Die Triumph TR-Modelle gelten als Inkarnation der Idee des englischen Roadsters. Die rundlich-schwungvolle Karosserie des TR2 von 1953 fand nahezu überall ihre Liebhaber, während die kleine Frontscheibe und die tief ausgeschnittenen Türen für maximales Feeling beim Offen-Fahren sorgten. Zum Erfolgsrezept gehörte, dass man bei Triumph auf einfache Technik setzte. Der Reihenvierzylinder mit zwei Litern Hubraum leistete 90 PS und garantierte bei 830 kg Leergewicht sportliche Fahrleistungen. Zusammen mit seinem nur leicht modifizierten und auf 100 PS erstarkten Nachfolger, dem TR3, wurde die Baureihe bis 1961 zum weltweit erfolgreichsten Roadster. Dabei gingen nahezu zwei Drittel der Produktion nach Übersee: Für den ewigen Sommer Kaliforniens schienen die britischen Urgesteine wie gemacht!

ca. 47.000 €

Volkswagen Bus T1 („Bulli")

Manche geniale Ideen entstehen fast zufällig. Der holländische VW-Importeur Ben Pon hatte 1947 bei einem Besuch in Wolfsburg „Plattenwagen" auf Basis des Käfer-Chassis gesehen, die für den Werkstransport eingesetzt wurden. Spontan kam ihm die Idee der Kommerzialisierung und wenig später entstand die erste Skizze, die bereits das spätere Konzept – Fahrer ganz vorn, Motor ganz hinten – vorwegnahm. Nach nur 51 Wochen Entwicklungszeit wurden im November 1949 der Kastenwagen sowie ein Bus mit drei Sitzbänken vorgestellt, vier Monate später begann die Produktion mit dem 24,5-PS-Boxermotor des Käfers. So wie der als Personenwagen zur Ikone des Wirtschaftswunders wurde, galt das für den T1 im kommerziellen Bereich. Keine Baustelle war ohne den T1 vorstellbar, und er dominierte mehr als 60 Prozent des Transport-Markts. Bis 1967 entstanden – ab 1956 im eigens gebauten Transporter-Werk in Hannover – mehr als 1,8 Millionen Exemplare.

Land	Deutschland
Marke	Volkswagen
Baujahr	1950-1967
Motor-Bauart	Vierzylinder (Boxer)
Lage	Heck
Antrieb	Heck
Hubraum (ccm)	1131, 1192
Leistung (PS/U/min)	25 bei 3300
	bis 44 bei 4000
Vmax (km/h)	80 bis 100
Bauart	Kleinbus
Material	Stahlblech
Produktionszahl	1,85 Mio.

[ca. 80.500 €]

Land Rover (Series I, II, III, Tdi, Defender)

Die wahrscheinlich nachhaltigste Idee der Automobilgeschichte hatte 1947 Maurice Wilks, technischer Direktor der Rover-Werke, als er auf seinem Landsitz erkennen musste, dass der dort verwendete Willys Jeep bald das Zeitliche segnen würde. In nur wenigen Wochen entstand auf einem Willys-Chassis der Prototyp eines „Land-Rover", dessen Bleche aus Duraluminium – Stahl war knapp – gefertigt waren. Die Konzernleitung gab grünes Licht zur Serienentwicklung. Im April 1949 debütierte der „Landy" auf der Motorshow in Amsterdam – ausgerüstet mit dem 1,6-Liter-Vierzylinder aus dem Rover-Regal. Schon die Reaktionen auf der Messe zeigten, dass die Entscheidung goldrichtig gewesen war. In aller Welt bestand Bedarf nach einem robusten, geräumigen und geländegängigen Fahrzeug mit niedrigen Unterhaltskosten. Noch mehr als 60 Jahre später wird der Land Rover, der sich inzwischen „Defender" nennt, gebaut – und ein Ende ist nicht abzusehen.

Land	GB
Marke	Rover
Baujahr	1948-heute
Motor-Bauart	Vierzylinder (Reihe),
	Fünfzylinder (Reihe), V8
Lage	Front
Antrieb	4x4
Hubraum (ccm)	1595 bis 3500
Leistung (PS/U/min)	51 bei 4000
	bis 122 bei 4200
Vmax (km/h)	90 bis 130
Bauart	Kombi (2-türig), Cabriolet
Material	Stahlblech/Aluminium
Produktionszahl	k.A.

[k.A.]

Land	GB
Marke	Austin
Baujahr	1959-1967
Motor-Bauart	Vierzylinder (Reihe)
Lage	Front
Antrieb	Front
Hubraum (ccm)	848, 998
Leistung (PS/U/min)	37,5 bei 5500
Vmax (km/h)	120
Bauart	Limousine (2-türig), Kombi (3-türig), Pick-Up
Material	Stahlblech
Produktionszahl	k.A.

Austin Seven, Austin Mini 850, Morris 850 („Mini")

Ob Sir Alec Issigonis wusste, dass er eine automobile Legende schaffen würde, als er auf einer Papiertischdecke das Layout des Mini entwarf, ist nicht überliefert. Der Mini war radikal auf Platzökonomie ausgelegt. Sein Frontantriebskonzept sollte sich als wegweisend erweisen. Trotz nur etwas mehr als drei Metern Außenlänge fanden vier Personen Platz. Der Mini hatte nicht nur erstmals einen quer eingebauten Frontmotor, sondern auch noch das Getriebe darunter angeflanscht. Auch die Einzelradaufhängung in Verbindung mit der Gummi-Federung trug zur Raumökonomie bei. Dass der Mini auch noch „knuffig" aussah, schon mit dem spritzigen 37,5-PS-Motor wieselflink zu bewegen war und als „Cooper" richtig sportlich wurde, lieferte das Fundament für einen Kult, der bis heute anhält. Mehr als fünf Millionen Mini wurden bis 2000 gebaut.

AWZ P50 Trabant, AWZ P50/1 Trabant (auch: Trabant 500)

Land	DDR
Marke	IFA
Baujahr	1957-1962
Motor-Bauart	Zweizylinder-Zweitaktmotor
Lage	Front
Antrieb	Front
Hubraum (ccm)	499
Leistung (PS/U/min)	18 bei 3750, 20 bei 3900
Vmax (km/h)	90, 95
Bauart	Limousine (2-türig), Kombi
Material	Kunststoff
Produktionszahl	131.495

Mitte der 1950er Jahre unterschieden sich die Kleinwagen-Konzepte in Ost und West kaum voneinander. Der IFA AWZ P 50, der später als „Trabant" bekannt werden sollte, hätte 1957 auch von einem der zahlreichen Kleinwagenhersteller in Westeuropa kommen können. Seine Karosserie bestand wegen des Stahl-Embargos der westlichen Länder aus Duroplast. Unter der Motorhaube werkelte ein Zweizylinder-Zweitaktmotor, der konstruktiv auf die DKW-Motoren der Vorkriegs-Ära zurückging. 500 ccm lieferten zunächst 18 PS, die immerhin für 90 km/h sorgten. Bis 1962 verließen mehr als 130.000 Trabant 500, wie die spätere Bezeichnung lautete, das Werk in Zwickau.

[ca. 30.000 €]

Land	Deutschland
Marke	BMW
Baujahr	1955-1962
Motor-Bauart	Einzylinder-Viertaktmotor
Lage	Heck
Antrieb	Heck
Hubraum (ccm)	245, 298
Leistung (PS/U/min)	12 bei 5800, 13 bei 5200
Vmax (km/h)	85, 95
Bauart	Coupé
Material	Stahlblech
Produktionszahl	161.360

BMW Isetta 250, Isetta 300

Trotz des gigantischen Erfolgs des VW Käfer war in den 1950er Jahren für viele der Traum vom Automobil noch unerfüllbar. Das brachte insbesondere jene Hersteller auf den Plan, die auch Motorräder produzierten, ihr Know-How für die Entwicklung von Kleinstwagen einzusetzen, die die Lücke zwischen Motorrad und „richtigem" Auto schließen sollten. Bei BMW hatte man sich 1954 die Lizenz für den Nachbau des ISO-Mini-Mobils aus Italien gesichert. Ein Antriebsaggregat für das originelle Gefährt für zwei Personen, die durch eine große vordere Tür einstiegen, hatte man im Regal: den 250-ccm-Einzylinder aus dem Motorrad R25. Mit 12 PS erreichte man zwar maximal 85 km/h – blieb aber trocken! Die Isetta sollte ein durchschlagender Erfolg für BMW werden. Zwischen 1955 und 1962 entstanden mehr als 160.000 „Knutschkugeln" so viel wie von kaum einem anderen Kleinwagen dieser Ära.

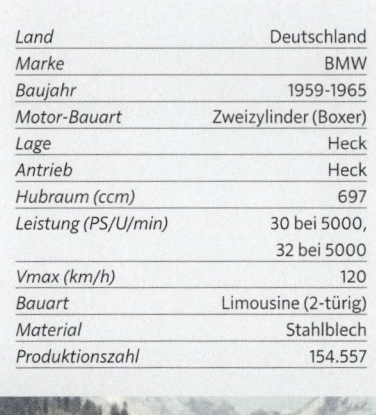

Land	Deutschland
Marke	BMW
Baujahr	1959-1965
Motor-Bauart	Zweizylinder (Boxer)
Lage	Heck
Antrieb	Heck
Hubraum (ccm)	697
Leistung (PS/U/min)	30 bei 5000,
	32 bei 5000
Vmax (km/h)	120
Bauart	Limousine (2-türig)
Material	Stahlblech
Produktionszahl	154.557

[ca. 15.000 €]

BMW 700 Limousine (700, LS)

Ohne Zweifel eines der wichtigsten Autos in der Geschichte von BMW. Mit der Produktion der aufwändigen V8-Modelle verlor man jenes Geld, das man mit der Isetta mühsam verdient hatte. So konnte es nicht weitergehen und BMW stand 1959 kurz vor der Übernahme durch Mercedes-Benz. Nur der sich abzeichnende Erfolg des BMW 700 versetzte den Großindustriellen Quandt in die Lage, weiter in BMW zu investieren und an die Zukunft der Marke zu glauben. Der Kleinwagen mit dem 700 ccm großen Boxermotor im Heck, der auf den Motorradmotoren des Hauses basierte, war 1959 auf den Markt gekommen und hatte mit seinen 30 PS und dem attraktiven Design sportliche Akzente in der Kleinwagenklasse gesetzt. Der 700 spülte jenes Geld in die Kasse, das für die Entwicklung der „Neuen Klasse" dringend gebraucht wurde.

DKW Junior und Junior de Luxe

In den Vorkriegsjahren hatte es stets erschwingliche, preiswerte Fahrzeuge von DKW gegeben. Nach dem Krieg wurden diese von den Anhängern der Marke schmerzlich vermisst, F89 und F91 waren eindeutig in der Mittelklasse positioniert. Zwar wurde der Junior bereits auf der IAA 1957 gezeigt, aber es sollte zwei weitere Jahre dauern, bis er von den Bändern des Ingolstädter Werks rollte – und da war es eigentlich schon zu spät. Denn trotz seines modernen Äußeren, dem großzügigen Platzangebot und dem modernen Fahrwerk war die Zeit des Zweitaktmotors abgelaufen. Daran konnten auch die ab 1961 lieferbare Frischöl-Automatik, die das Beimischen des Schmieröls an der Tankstelle überflüssig machte, und die guten Fahrleistungen des 40-PS-Motors nichts mehr ändern. 1965 war die Geschichte der Marke DKW beendet.

Land	Deutschland
Marke	DKW
Baujahr	1959-1963
Motor-Bauart	Dreizylinder-Zweitaktmotor
Lage	Front
Antrieb	Front
Hubraum (ccm)	741, 796
Leistung (PS/U/min)	34 bis 40 bei 4300
Vmax (km/h)	115
Bauart	Limousine (2-türig)
Material	Stahlblech
Produktionszahl	237.587

[ca. 16.500 €]

Daf 600, 750, Daffodil, 33

Land	NL
Marke	Daf
Baujahr	1959-1974
Motor-Bauart	Zweizylinder (Boxer)
Lage	Front
Antrieb	Heck
Hubraum (ccm)	590, 746
Leistung (PS/U/min)	19 bei 4000
	bis 32 bei 5000
Vmax (km/h)	90 bis 120
Bauart	Limousine (2-türig),
	Kombi (3-türig)
Material	Stahlblech
Produktionszahl	312.367

[ca. 11.000 €]

Die Niederlande haben keine große Tradition im Automobilbau. Der einzige Pkw-Serienhersteller in der Geschichte des Landes, die „van Doorne's Automobilfabriken" waren aus einer Anhänger-fabrik hervorgegangen und hatten ab 1950 Last-wagen produziert. Ende der Fünfziger entstanden die Pläne für einen Kleinwagen, der 1958 vorgestellt wurde. Der DAF 600 war eine zeitgemäße Konstruktion mit selbsttragender Karosserie und Platz für vier Personen, die von einem eigens konstruierten Zweizylinder-Boxermotor mit 19 PS an-getrieben wurde. Nichts Besonderes also, wäre da nicht die stufenlose Automatik gewesen, welche die Kraft mittels zweier Kunststoffriemen auf die Hinterachse übertrug. Die Variomatic stempelte die holländischen Kleinwagen zum Auto für ältere Damen und Rentner. Daran änderte auch nichts, dass man mit dem DAF 600 genauso schnell rückwärts wie vorwärts fahren konnte.

Fiat 600 Multipla

Aus heutiger Sicht ist der Fiat Multipla von 1955 ein echter Pionier: die erste Großraumlimousine im Kompaktformat. Bis zu sechs Personen konnten im Multipla untergebracht werden – in drei Zweierreihen. Die hinteren Sitzbänke konnten umgelegt werden, was die Nutzung des Multipla äußerst variabel gestaltete. Die technische Basis lieferte der Fiat 600, mit dem der Multipla sich auch den Motor teilte. Zunächst mussten sich 19 PS aus 633 ccm mit der italienischen Großfamilie abmühen, ab 1960 kam der 767 ccm große Vierzylinder mit 29 PS aus dem Fiat 770 zum Einsatz, der den Multipla allerdings auch noch nicht beflügelte. Bis 1969 blieb das auch als Taxi beliebte, skurrile Fahrzeug, von dem es auch eine Campingversion gab, im Programm. Mit seinem 1999 vorgestellten Namensvetter teilt er jedoch das Schicksal, keinesfalls als ästhetischer Meilenstein zu gelten.

Land	Italien
Marke	Fiat
Baujahr	1955-1969
Motor-Bauart	Vierzylinder (Reihe)
Lage	Heck
Antrieb	Heck
Hubraum (ccm)	633, 767
Leistung (PS/U/min)	19 bei 4600
	bis 29 bei 4800
Vmax (km/h)	95 bis 110
Bauart	Limousine (2-türig)
Material	Stahlblech
Produktionszahl	k.A.

[ca. 35.000 €]

Fiat 500 Nuova

[ca. 12.000 €]

Land	Italien
Marke	Fiat
Baujahr	1957-1975
Motor-Bauart	Zweizylinder (Reihe)
Lage	Heck
Antrieb	Heck
Hubraum (ccm)	479, 499, 594
Leistung (PS/U/min)	13 bei 4000
	bis 18 bei 4800
Vmax (km/h)	85 bis 105
Bauart	Limousine (2-türig), Kombi
Tragstruktur	selbsttragend
Material	Stahlblech
Produktionszahl	3.400.000

Wohl kaum einem Kleinwagen sind mit den Jahren so die Herzen zugeflogen wie dem „Nuova 500", der 1957 mit großem Aufwand in Turin präsentiert wurde. Dabei trat er ein schweres Erbe an: Der Topolino hatte sich seinen festen Platz in der italienischen Volksseele erobert. Das musste der Neue erst mal schaffen. Eingekleidet wurde er – wie sein Vorgänger – von Dante Giacosa. Technisch war aber alles anders: zwei gebläsegekühlte statt vier wassergekühlte Zylinder, dafür Platz für vier Personen statt zwei und der Motor hinten statt vorn. Das Erscheinungsbild des 500 blieb bis 1975 fast unverändert – während die Leistung immerhin von 13 PS auf 18 PS stieg. Mit mehr als 3,4 Millionen Exemplaren ist der 500 bis heute das erfolgreichste Auto in der über 100-jährigen Fiat-Geschichte. In Deutschland kostete der Fiat 500 1958 nur 2900 Mark - auch hierzulande war er einer der erfolgreichsten Kleinwagen.

Goggomobil TS 250, TS 300, TS 400 Coupé

Land	Deutschland
Marke	Glas
Baujahr	1957-1969
Motor-Bauart	Zweizylinder-Zweitaktmotor
Lage	Heck
Antrieb	Heck
Hubraum (ccm)	247, 296, 395
Leistung (PS/U/min)	13,6 bei 5400
	bis 20,0 bei 5000
Vmax (km/h)	84 bis 100
Bauart	Coupé
Material	Stahlblech
Produktionszahl	66.511

[ca. 17.000 €]

Der Landmaschinenhersteller Glas im niederbayrischen Dingolfing hatte von 1951 an mit dem „Goggo"-Motorroller am Zweiradboom partizipiert. Die Niederbayern hatten jedoch wie viele erkannt, dass das eigentliche Ziel der Begierde in jenen Jahren das eigene Auto – sei es auch noch so klein – war. Also konstruierten sie ab 1954 das Goggomobil, einen Kleinwagen mit einem 250-ccm-Zweitaktmotor im Heck, der 13,6 PS mobilisierte. Das auf der IFMA präsentierte Fahrzeug kostete 3500 Mark und verzichtete auf skurrile Ideen, stattdessen orientierte sich seine Formgebung an „richtigen" Autos. Außerdem hatten vier Personen Platz - wenn auch etwas beengt. Vielleicht war es genau diese Mischung, die das Goggomobil zum erfolgreichsten Kleinwagen der 1950er Jahre machte. Erst 1969 war Schluss – da hatte BMW längst Glas übernommen, und die letzten Käufer eines Goggomobil konnten sich über den Eintrag „BMW" in ihren Fahrzeugpapieren freuen.

Lloyd LP, LC 600, LS 600, LK 600, Lloyd Alexander, Lloyd Alexander TS

Den Trend weg vom Zweitakter erkannte Borgward – anders als etwa DKW in Ingolstadt – noch zur rechten Zeit. Als Ergebnis brachte Lloyd schon 1955 mit dem „600" einen modern konzipierten Zweizylinder-Viertaktmotor auf den Markt, der 19 PS leistete und den Bremer Kleinwagen deutlich aufwertete. Ein Übriges tat die ab 1957 eingeführte „Alexander"-Version, die sich durch eine erheblich verbesserte Ausstattung profilierte.

Der Lloyd Alexander TS stellte eine Interpretation des gediegenen Kleinwagens für höhere Ansprüche dar. Der Viertakt-Parallel-Twin mit 600 ccm, den Lloyd schon 1955 vorgestellt hatte, war im Alexander TS von 19 auf 25 PS erstarkt. Das reichte, um auf der Autobahn sogar die 30-PS-Käfer zu ärgern. Um dabei aus Geschwindigkeiten von 100 km/h und mehr nicht unversehens abzufliegen, hatten die Bremer Ingenieure dem Alexander TS eine Schräglenker-Hinterachse spendiert. Seit 1955 war auch die Karosserie in Ganzstahlbauweise ausgeführt. Der Lloyd Alexander TS galt als edler und besser verarbeitet als viele seiner Wettbewerber – bei extrem niedrigen Unterhaltskosten. Mit 4328 Mark lag er aber in der Anschaffung auch knapp über dem Standard-Käfer.

Land	Deutschland
Marke	Lloyd
Baujahr	1955-1961
Motor-Bauart	Zweizylinder (Reihe)
Lage	Front
Antrieb	Front
Hubraum (ccm)	596
Leistung (PS/U/min)	19 bei 4500 bis 25 bei 5000
Vmax (km/h)	95 bis 107
Bauart	Limousine (2-türig), Kombi (3-türig)
Material	Stahlblech
Produktionszahl	176.524.

[ca. 18.000 €]

NSU Prinz (Prinz I, II, III, 30 und 30 E)

NSU war in den Fünfzigern größter Motorradhersteller der Welt, und es war nur eine Frage der Zeit, bis man sich auch in Neckarsulm Gedanken über die Autoproduktion machen würde – zumal man selbst bis 1929 bereits Autos produziert hatte. Der Prinz war eigentlich als dreirädriges Rollermobil konzipiert worden und nutzte den verdoppelten Antrieb der NSU Max mit 600 ccm. Der Viertakter hatte eine Besonderheit: Seine obenliegende Nockenwelle wurde durch zwei Schubstangen angetrieben. Aus der dreirädrigen Studie wurde aber das vierrädrige Serienmodell. Zum Produktionsstart 1958 wäre ein Rollermobil auch nicht mehr zeitgemäß gewesen. Ab 1959 gab es die Sport-Version, die 30 statt 20 PS aus dem Parallel-Twin zauberte und 120 km/h ermöglichte. Mit fast 100.000 Prinzen, die das Neckartal bis 1962 verließen, war der kleine NSU einer der erfolgreichsten Kleinwagen seiner Zeit.

Land	Deutschland
Marke	NSU
Baujahr	1958-1962
Motor-Bauart	Zweizylinder (Reihe)
Lage	Heck
Antrieb	Heck
Hubraum (ccm)	583
Leistung (PS/U/min)	20 bei 4600
	bis 30 bei 5500
Vmax (km/h)	105 bis 118
Bauart	Limousine (2-türig)
Material	Stahlblech
Produktionszahl	94.549

[ca. 12.500 €]

Renault Dauphine (Dauphine, Dauphine Gordini, Dauphine 1093)

Die Dauphine setzte ab 1956 die erfolgreiche Ära des parallel weitergebauten 4CV fort und konnte sich als französischer Volkswagen profilieren. Zwar basierte sie technisch auf dem „Cremeschnittchen", bot aber dank eines längeren Radstandes deutlich mehr Platz im Innenraum. Auch die Motoren waren erstarkt: Der 845-ccm-Vierzylinder, der seine Arbeit im Heck verrichtete, leistete zunächst 27 PS, als Dauphine Gordini ab 1958 in Verbindung mit einem Vierganggetriebe gar 40 PS. Ein Homologationsmodell für den Einsatz im Motorsport brachte es auf 47 PS. Ebenso wie seinem Vorgänger sollte der Dauphine ein langes Leben beschieden sein. Erst 1968 lief die Produktion nach mehr als 2,1 Millionen Fahrzeugen aus. Mit R 8 und R10 sollte die Heckmotor-Ära bei Renault jedoch noch bis 1973 dauern …

Land	Frankreich
Marke	Renault
Baujahr	1956-1968
Motor-Bauart	Vierzylinder (Reihe)
Lage	Heck
Antrieb	Heck
Hubraum (ccm)	845
Leistung (PS/U/min)	27 bei 4250
	bis 47 bei 5600
Vmax (km/h)	115 bis 145
Bauart	Limousine (4-türig)
Material	Stahlblech
Produktionszahl	2.120.220

ca. 20.000 €

Land	Deutschland
Marke	Zündapp
Baujahr	1957-1958
Motor-Bauart	Einzylinder-Zweitaktmotor
Lage	Mitte
Antrieb	Heck
Hubraum (ccm)	248
Leistung (PS/U/min)	14 bei 5000
Vmax (km/h)	80
Bauart	Limousine (2-türig)
Material	Stahlblech
Produktionszahl	6902

[ca. 39.000 €]

Zündapp Janus

Auch der Motorrad-Hersteller Zündapp hatte früh erkannt, dass der Trend bei den Gebrauchsfahrzeugen weg vom Motorrad und hin zum Auto gehen würde. Ein Zündapp-Kleinstwagen sollte aber unbedingt vier Personen Platz und damit einen deutlichen Vorteil gegenüber der BMW Isetta bieten. Möglich wurde dies durch die skurrile Idee des Konstrukteurs Claudius Dornier, der die hinteren Passagiere entgegen der Fahrtrichtung platzierte. In der Mitte lärmte der 250-ccm-Zweitaktmotor mit 5000 U/min, der den Zündapp Janus auf 80 km/h beschleunigte. Der Einstieg musste über jeweils eine Tür hinten und vorne bewerkstelligt werden. Für das ungewöhnliche Konzept konnten sich nicht viele Kunden begeistern, trotz guter Fahreigenschaften. Nach nur einem Jahr verschwand der Janus von der Bildfläche – um im Jahr 2011 im Disney-Film „Cars 2" eine Wiedergeburt als computeranimierter Bösewicht zu erleben.

Alfa Romeo Giulietta Berlina

Hatte Alfa Romeo 1950 mit dem 1900 bereits radikal mit Vorkriegstraditionen gebrochen, gingen die Mailänder 1955 mit der Giulietta noch einen großen Schritt weiter. Die Giulietta sollte tatsächlich der erste Alfa fürs Volk werden. Als Coupé schon 1954 vorgestellt, spielte die Berlina als vielleicht erstes Fahrzeug überhaupt die Rolle des kompakten, sportlich ambitionierten Familienautos. Das fing beim konstruktiv eher einem Rennsport- als einem Alltagstriebwerk ähnelnden 1,3 Liter großen Doppelnockenwellen-Motor mit 53 PS an, aus dem in der TI-Version 65 PS und später 74 PS gekitzelt wurden. Das ging weiter beim agilen und spurtreuen Fahrwerk, das sich auch der höheren Leistung absolut gewachsen zeigte. Die Giulietta machte Alfa Romeo zum „richtigen" Serienproduzenten. Mit mehr als 160.000 Exemplaren – rechnet man das Coupé dazu – übertraf sie alles, was bisher das Mailänder Wappen tragen durfte, um das Zehnfache.

Land	Italien
Marke	Alfa Romeo
Baujahr	1955-1965
Motor-Bauart	Vierzylinder (Reihe)
Lage	Front
Antrieb	Heck
Hubraum (ccm)	1290
Leistung (PS/U/min)	53 bei 5200
	bis 74 bei 6200
Vmax (km/h)	140 bis 165
Bauart	Limousine (4-türig)
Material	Stahlblech
Produktionszahl	131.876

[ca. 47.000 €]

Chevrolet Corvair (Serie 1)

Der Erfolg, den kompakte europäische Fahrzeuge – allen voran der Käfer – auch in den USA hatten, ließ die GM-Manager nicht ruhen. Mit dem Corvair präsentierten sie 1959 ein Fahrzeug, das die GM-Palette nach unten ausbauen und den Europäern Paroli bieten sollte. Das Konzept war mutig: Ein luftgekühlter Sechszylinder-Boxer mit 2,3 Litern Hubraum, der wahlweise 81 oder 96 PS leistete, fand sich im Heck des mit 4,50 Metern dann doch nicht so kompakt ausgefallenen Corvair. Neben dem Viertürer gab es ein Coupé und einen fünftürigen Kombi. Das Konzept kam an: Bis 1964 fanden 1,3 Millionen Corvair einen Kunden, und die bootsähnlich betonte Gürtellinie hatte zahlreiche Nachahmer – von Neckarsulm bis in die Ukraine – gefunden. Vom US-Sicherheitsapostel Ralph Nader monierte Fahrsicherheitsmängel verhinderten jedoch den Erfolg einer zweiten Generation und GM trennte sich 1969 endgültig vom Heckmotor-Prinzip.

Land	USA
Marke	Chevrolet
Baujahr	1959-1964
Motor-Bauart	Sechszylinder (Boxer)
Lage	Heck
Antrieb	Heck
Hubraum (ccm)	2287
Leistung (PS/U/min)	80 bei 4400
	bis 96 bei 4400
Vmax (km/h)	140 bis 175
Bauart	Limousine (2-/4-türig),
	Kombi (5-türig), Cabriolet
Material	Stahlblech
Produktionszahl	1.271.089

[ca. 26.500 €]

Citroën DS 19

ca. 47.500 €

An eine Halluzination müssen viele Besucher des Pariser Salons im Oktober 1955 geglaubt haben, als sie den Citroën-Stand aufsuchten. Der DS sprengte alle bis dato gültigen Vorstellungen von Automobil-Stilistik und -Technik. Es war ein derart tiefer Einschnitt, dass nie der Versuch unternommen wurde, ihn zu kopieren. Die hydropneumatische Federung kombinierte Komfort und Sicherheit in einer nicht für möglich gehaltenen Weise. Automatische Kupplung, hydraulische Getriebebetätigung und hydraulisches Bremssystem waren weitere Technik-Highlights unter der futuristischen Karosserie. Schon am ersten Tag lagen mehr als 12.000 Bestellungen vor. Konstrukteur André Lefèbvre wurde gefragt, ob die „Déesse" (Göttin) das Auto von morgen sei und antwortete: „Das ist das Auto von heute. Die anderen sind von gestern."

Land	Frankreich
Marke	Citroën
Baujahr	1955-1968
Motor-Bauart	Vierzylinder (Reihe)
Lage	Front
Antrieb	Front
Hubraum (ccm)	1911
Leistung (PS/U/min)	75 bei 4500
	bis 84 bei 5250
Vmax (km/h)	150 bis 160
Bauart	Limousine (4-türig)
Material	Stahlblech
Produktionszahl	1.415.719

DKW 3=6 (F 93/94, „Großer DKW")

Die Kritik am zu schwachen F89 hatte man sich bei DKW zu Herzen genommen und 1953 den auf 34 PS erstarkten F 91 präsentiert. Dessen Dreizylinder-Zweitaktmotor übernahm der 3=6, der ab 1955 angeboten wurde. Die Modellbezeichnung sollte suggerieren, dass der ventillose Dreizylinder so kultiviert wie ein Viertakt-Sechszylinder lief – ein erfolgloser Versuch, das Image-Defizit des Zweitakters zu bekämpfen. Immerhin hatte der 3=6 aber eine um 10 cm breitere Karosserie als sein Vorgänger und war auch als Viertürer lieferbar. 1957 erhöhte man die Leistung auf 40 PS, während 1960 der Name in Auto Union 1000 geändert wurde – als Reminiszenz an die legendären Vorkriegs-Rennwagen. Die Leistung des 980-ccm-Aggregats stieg auf 50 PS. Immerhin knapp 350.000 große DKW wurden zwischen 1955 und 1963 in Ingolstadt gebaut.

Land	Deutschland
Marke	DKW
Baujahr	1955-1959
Motor-Bauart	Dreizylinder-Zweitaktmotor
Lage	Front
Antrieb	Front
Hubraum (ccm)	896
Leistung (PS/U/min)	38 bei 4200, 40 bei 4250
Vmax (km/h)	115 bis 123
Bauart	Limousine (2-türig), Limousine (4-türig), Coupé, Kombi (3-türig), Cabriolet
Material	Stahlblech
Produktionszahl	157.331

[ca. 22.500 €]

Land	Deutschland
Marke	Ford
Baujahr	1957-1960
Motor-Bauart	Vierzylinder (Reihe)
Lage	Front
Antrieb	Heck
Hubraum (ccm)	1698
Leistung (PS/U/min)	60 bei 4250
Vmax (km/h)	120 bis 130
Bauart	Limousine (2-türig), Limousine (4-türig), Kombi (3-türig), Cabriolet
Material	Stahlblech
Produktionszahl	239.978

[ca. 25.000 €]

Ford Taunus 17 M (Werkscode P2, „Barock-Taunus")

Wie ein eingelaufener Ami-Schlitten wirkte der 17 M von 1957, mit dem Ford eine lange Tradition einleitete, die erst mit dem Auslauf des Scorpio beendet werden sollte. Blitzender Chrom, modische Zweifarbenlackierungen und kecke Heckflossen, eine durchgehende Sitzbank, ein nierenförmiger Tacho sowie goldene Lurex-Fäden in den Sitzbezügen trafen genau den Geist der Zeit – wirkten allerdings wenige Jahre später bereits wieder aus ihr herausgefallen. Technisch basierte der 17 M auf der Vedette des französischen Ford-Ablegers und hatte immerhin als erstes deutsches Fahrzeug eine McPherson-Vorderachse. Die breite Angebotspalette mit Zwei- und Viertürer sowie dem Kombi trugen dazu bei, dass der 17 M ein Publikumserfolg wurde. Die Form war aber bereits nach drei Jahren überholt und es wurde Zeit für einen Nachfolger.

Land	Deutschland
Marke	Opel
Baujahr	1957-1960
Motor-Bauart	Vierzylinder (Reihe)
Lage	Front
Antrieb	Heck
Hubraum (ccm)	1488, 1680
Leistung (PS/U/min)	45 bei 3900
	bis 55 bei 4000
Vmax (km/h)	125 bis 132
Bauart	Limousine (2-/4-türig),
	Kombi (3-türig), Coupé, Cabriolet
Material	Stahlblech
Produktionszahl	817.003

[**ca. 25.000 €**]

Opel Olympia Rekord P1

Das Design des Opel Rekord P1 von 1957 traf exakt den Zeitgeist. Gegenüber dem pummeligen Vorgänger wirkte die auch viertürig lieferbare Limousine gestreckt und trug mit Panoramascheiben, Hüftknick und Heckflossen unverkennbar amerikanische Züge. Spötter sprachen auch vom „Bauern-Buick". Aber auch das modische Interieur mit Bandtacho wusste zu gefallen. Technisch war der P1, dessen Zusatzbezeichnung Olympia 1959 wegfiel, ganz der Alte geblieben. Die Motoren mit 1,5 Liter Hubraum und 45 PS sowie 1,7 Liter und 55 PS galten als einfach, aber unverwüstlich. Erfolgreich war nicht nur die Limousine, sondern auch der erstmals „Caravan" genannte Kombi, der mit und ohne Verglasung zu haben war. Ab 1959 gab es erstmals in einem Mittelklasse-Opel auf Wunsch eine Halbautomatik, die die Kupplung überflüssig machte. Der P1 war der erste Opel, der einer Produktionszahl von einer Million nahe kam. 1960 wurde er vom P2 abgelöst.

Land	Frankreich
Marke	Panhard
Baujahr	1959-1964
Motor-Bauart	Zweizylinder (Boxer)
Lage	Front
Antrieb	Front
Hubraum (ccm)	850
Leistung (PS/U/min)	42 bei 5300
	bis 50 bei 6300
Vmax (km/h)	130 bis 150
Bauart	Limousine (4-türig), Cabriolet
Material	Stahlblech
Produktionszahl	k.A.

[**ca. 13.500 €**]

Panhard PL 17, PL 17 B, PL 17 Tigre

Zu echten automobilen Exoten zählten die Fahrzeuge der Firma Panhard. Der PL 17 von 1959 war nicht nur stromlinienförmig gezeichnet – niedriges Gewicht und gute Bremsen zählten ebenfalls zu den konstruktiven Vorgaben. So ließ sich mit dem kleinen, gebläsegekühlten und 850 ccm großen Zweizylinder-Boxermotor, aus dem immerhin 42 PS geholt wurden, eine Geschwindigkeit von 130 km/h erzielen. In der „Tigre"-Version leistete der Motor gar 50 PS bei 6300 U/min. Mit 150 km/h zählte der Zweizylinder damit zu den wirklich schnellen Pkw. „Downsizing" war aber Ende der Fünfziger noch nicht en vogue: Die Verkaufszahlen der 1955 schon teilweise von Citroën übernommenen Firma fielen immer weiter. Daran konnte auch der Panhard 24 von 1963 nichts mehr ändern. 1967 war Schluss für eines der interessantesten Kapitel der Automobilgeschichte.

Land	Frankreich
Marke	Peugeot
Baujahr	1956-1967
Motor-Bauart	Vierzylinder (Reihe)
Lage	Front
Antrieb	Heck
Hubraum (ccm)	1290, 1468, 1816
Leistung (PS/U/min)	48 bei 4000
	bis 58 bei 4750
Vmax (km/h)	120 bis 135
Bauart	Limousine (4-türig),
	Kombi (5-türig), Cabriolet
Material	Stahlblech
Produktionszahl	1.214.130

[ca. 15.500 €]

Peugeot 403

1955 stellte Peugeot den 403 als Nachfolger des 203 vor. Technisch keine Revolution, sollte sich die schnörkellose Formgebung der von Sergio Pininfarina entworfenen Karosserie in den Folgejahren als großer Wurf erweisen. Der 1,5-Liter-Vierzylindermotor leistete 58 PS, ab 1959 gab es – zunächst nur für den bis zu achtsitzigen Kombi – wahlweise auch einen 1,8-Liter-Dieselmotor mit 48 PS. 1960 ergänzten die Produktplaner in Sochaux nach dem Auslaufen des 203 die Motorenpalette nach unten: um einen 1,3-Liter-Motor mit 54 PS. Der 403 lief bis 1967 vom Band, wurde ein Exportschlager und der erste Peugeot, der über eine Million Mal gebaut wurde. Dazu trug auch seine Variantenvielfalt bei inklusive eines Cabriolets, das durch seine Auftritte in der amerikanischen TV-Serie „Columbo" in den Siebzigern nachträglichen Ruhm ernten sollte.

Land	Tschechoslowakei
Marke	Škoda
Baujahr	1959-1965
Motor-Bauart	Vierzylinder (Reihe)
Lage	Front
Antrieb	Heck
Hubraum (ccm)	1089, 1221
Leistung (PS/U/min)	40 bei 4600
	bis 45 bei 5750
Vmax (km/h)	125 bis 140
Bauart	Limousine (2-türig),
	Kombi (3-türig), Cabriolet
Material	Stahlblech
Produktionszahl	15.864

[**ca. 18.500 €**]

Škoda Octavia, Octavia Super, Felicia

Der Mittelklasse-Škoda wurde ab 1955 im tschechischen Mlada Boleslav zunächst unter der Bezeichnung „440" gebaut, 1959 wurde der Name in Octavia geändert. Anfangs leistete der 1,1-Liter-Vierzylinder 40 PS, später gab es eine 1,2-Liter-Version mit 45 PS. Die Škoda galten als zeitgemäße, robuste und anspruchslose Fahrzeuge. Das ist auch der Grund dafür, dass es ihnen als einzigen Ostblock-Fahrzeugen gelang, auch im Westen – bis nach Südamerika und Australien – Akzeptanz zu finden. Neben der Limousine gab es ein Cabrio, das unter dem Namen Felicia verkauft wurde, sowie einen Kombi, der gar bis 1971 produziert wurde. So lange lebte die Limousine nicht: Als man 1965 auf die Heckmotor-Typen 1000 MB wechselte, die mit Renault-Hilfe entwickelt worden waren, lief die Produktion des Octavia nach mehr als 300.000 Exemplaren aus.

Triumph Herald (Herald, Herald 1200, 12/50, 13/60)

Der Triumph Herald wurde vom italienischen Designer Giovanni Michelotti entworfen. Im Gegensatz zu fast allen anderen Wettbewerbern vertraute man auch Ende der Fünfziger noch auf den bewährten Kastenrahmen. Immerhin waren dadurch viele Varianten ohne größere konstruktive Änderungen möglich. Zudem war die Karosserie mit dem Rahmen verschraubt und ließ sich dementsprechend leicht auswechseln. Als Antrieb dienten 950-ccm-Vierzylindermotoren mit zunächst 35 PS. Das neue Modell wurde anfangs zögerlich aufgenommen und konnte nicht verhindern, dass Standard Triumph 1961 in die British Motor Corporation übernommen wurde. Dafür war nun Geld für Modellpflege vorhanden. Mehr Leistung – bis zu 83 PS im Herald 13/60 – und Fahrwerksänderungen verbesserten aber die Akzeptanz, so dass bis 1971 fast eine halbe Million Heralds gebaut wurden.

[**ca. 14.500 €**]

Land	GB
Marke	Triumph
Baujahr	1959-1971
Motor-Bauart	Vierzylinder (Reihe)
Lage	Front
Antrieb	Heck
Hubraum (ccm)	948, 1147,
	1220, 1296
Leistung (PS/U/min)	35 bei 4500 bis 83
Vmax (km/h)	110 bis 165
Bauart	Limousine(2-türig),
	Kombi (3-türig),
	Coupé, Cabriolet
Material	Stahlblech
Produktionszahl	482.502

Volvo 121 („Amazon")

Land	Schweden
Marke	Volvo
Baujahr	1956-1970
Motor-Bauart	Vierzylinder (Reihe)
Lage	Front
Antrieb	Heck
Hubraum (ccm)	1585 bis 1980
Leistung (PS/U/min)	60 bei 4500
	bis 100 bei 4700
Vmax (km/h)	135 bis 160
Bauart	Limousine (2-/4-türig),
	Kombi (5-türig)
Material	Stahlblech
Produktionszahl	644.716

[**ca. 22.500 €**]

War sein Vorgänger PV 544 bei allen Qualitäten noch von einer gewissen Schrulligkeit geprägt, fand sich dieses Merkmal beim 1956 vorgestellten Volvo Amazon nicht mehr. Die Typenbezeichnung musste zwar kurze Zeit später wegen einer Klage des Motorradherstellers Kreidler zurückgezogen werden, aber auch als P 121 zeigte sich der neue Mittelklasse-Volvo absolut auf der Höhe seiner Zeit. Die Stufenheck-Karosserie, die es anfangs nur mit vier Türen gab, ist von einer zeitlosen Ausgewogenheit und kann auch Jahrzehnte später ästhetisch überzeugen. Technische Basis war der „Buckel-Volvo", aber dank des geschickt ausgebauten Modellprogramms mit Zweitürer und Kombi sowie zahlreichen Motorvarianten bis 100 PS, gelang es dem P 121 und seinen Derivaten, während seiner 14 Jahre währenden Bauzeit große Käuferkreise zu erreichen.

Wartburg 311, 312

Land	DDR
Marke	IFA
Baujahr	1956-1966
Motor-Bauart	Dreizylinder-Zweitaktmotor
Lage	Front
Antrieb	Front
Hubraum (ccm)	900, 992
Leistung (PS/U/min)	37 bei 4000
	bis 45 bei 4200
Vmax (km/h)	100 bis 122
Bauart	Limousine (4-türig),
	Kombi (3-türig)
Material	Stahlblech
Produktionszahl	292.723 (o. Sport)

[**ca. 23.500 €**]

Auch in Ostdeutschland gab es eine automobile Mittelklasse – die Auswahl beschränkte sich jedoch wie bei den Kleinwagen auf ein einziges Modell: den Wartburg 311, der 1956 der Öffentlichkeit vorgestellt wurde. Statt der Basis der Vorkriegs-BMW-Modelle bediente man sich in Eisenach von Mitte der 1950er Jahre an Konstruktionsprinzipien von DKW aus den Dreißigern. Das hieß vor allem: Zweitaktmotoren und Frontantrieb. Im Fall des 311 war es ein 900-ccm-Dreizylinder mit 37 PS, der in einer absolut zeitgemäß und stilsicher gezeichneten viertürigen Limousine eingebaut war, die um einiges moderner wirkte als die DKW-Modelle, die zeitgleich in Ingolstadt vom Band liefen. 1962 wurde der Motor auf knapp einen Liter Hubraum aufgebohrt und leistete 45 PS – es gab ein Coupé, einen Kombi und sogar ein Cabrio. 1966 wurde der 311 vom ebenfalls zweitaktenden 353 abgelöst, der bis 1990 am Leben gehalten wurde.

Cadillac Series 62 Convertible und Eldorado Biarritz

ca. 152.000 €

Die Ikone der Heckflossen-Ära war ohne Zweifel der Cadillac Eldorado des Jahrgangs 1959. Dabei hatten die Auswüchse der hinteren Extremitäten, die sich ab Mitte der Fünfziger abgezeichnet hatten, keinerlei praktische Funktion. Auch als Einparkhilfe für ein mehr als sechs Meter langes Auto wären sie wohl nur bedingt tauglich gewesen. Vielmehr waren die Heckflossen Ausdruck der Raketenbegeisterung jener Zeit. Vielleicht war denn auch der „Sputnik"-Schock der Grund dafür, warum sie Anfang der Sechziger schlagartig verschwanden. Unter den Motorhauben ging die Aufrüstung freilich weiter: Die 6,4 Liter und zuletzt 350 PS, die der Cadillac Series 62 zu Markte trug, sollten in den Folgejahren noch übertroffen werden.

Land	USA
Marke	Cadillac
Baujahr	1959
Motor-Bauart	V8
Lage	Front
Antrieb	Heck
Hubraum (ccm)	6384
Leistung (PS/U/min)	309 bei 4600
	bis 350 bei 4800
Vmax (km/h)	175 bis 185
Bauart	Cabriolet
Material	Stahlblech
Produktionszahl	12.450

Land	USA
Marke	Chrysler
Baujahr	1958
Motor-Bauart	V8
Lage	Front
Antrieb	Heck
Hubraum (ccm)	5426
Leistung (PS/U/min)	208 bei 4400
Vmax (km/h)	150 bis 170
Bauart	Kombi
Material	Stahlblech
Produktionszahl	k.A.

[ca. 51.000 €]

Chrysler New Yorker Wagon

Ende der Fünfziger waren Kombis in den USA sehr populär. Aber wie in Europa wurden sie vorwiegend für rein praktische Zwecke eingesetzt, und es haftete ihnen das Lastesel-Image an. Kombis wie der Chrysler New Yorker von 1958 begannen, an diesen Vorstellungen zu rütteln. Sie kombinierten Raum mit Komfort, und Familien mit großem Platzbedarf waren die Zielgruppe. Auf standesgemäße Motorisierung musste nicht verzichtet werden. Der New Yorker Wagon wurde von einem typischen V8 mit 5,4 Litern Hubraum angetrieben, der immerhin knapp 210 PS mobilisierte. Die Heckflossen durften natürlich auch beim Kombi nicht fehlen und waren geschickt in die Hecklinie integriert.

Jaguar Mk II (2.4 Litre, 3.8 Litre, 240, 340)

Eine völlig andere Formensprache als die des Mainstream verkörperte der Jaguar MK II 1959. Die Designer hatten identitätstiftende Merkmale der Nachkriegs-Jaguars wie die Frontmaske und die rundliche Form des Hecks übernommen, dem MK II jedoch eine Dynamik verliehen, die bis heute fasziniert. Größere Fensterflächen als die des Vorgängers ließen den MK II viel moderner erscheinen. Der MK II wurde fast unverändert bis 1969 gebaut. Die Sechszylinder-Motoren zwischen 2,4 und 3,8 Litern Hubraum begeisterten die Liebhaber der Marke in aller Welt mit Leistungen von 120 bis 223 PS. Wie kein anderes Fahrzeug verkörperte der damals kleinste Jaguar das Ideal der sportlichen Oberklasse-Limousine mit Eleganz und Flair.

[ca. 51.500 €]

Land	GB
Marke	Jaguar
Baujahr	1959-1969
Motor-Bauart	Sechszylinder (Reihe)
Lage	Front
Antrieb	Heck
Hubraum (ccm)	2483 bis 3781
Leistung (PS/U/min)	120 bei 5750
	bis 223 bei 5500
Vmax (km/h)	165 bis 200
Bauart	Limousine (4-türig)
Material	Stahlblech
Produktionszahl	60.940

Land	Deutschland
Marke	Mercedes-Benz
Baujahr	1959-1965
Motor-Bauart	Sechszylinder (Reihe)
Lage	Front
Antrieb	Heck
Hubraum (ccm)	2195
Leistung (PS/U/min)	95 bei 4800,
	120 bei 4800
Vmax (km/h)	160 bis 172
Bauart	Limousine (4-türig)
Material	Stahlblech
Produktionszahl	296.896

Mercedes-Benz 220 b, 220 Sb, 220 SEb (W 111)

Aus heutiger Sicht kaum nachzuvollziehen ist, dass die konservative Mercedes-Klientel der 1959 erschienenen „Heckflosse" anfangs kritisch gegenüberstand. Dabei hielt sich die Karosserieform mit den hinteren Kotflügeln, deren Extremitäten vom Hersteller selbst schamvoll „Peilstege" genannt wurden, in ihrer Grundform bis 1968 und wurde zu einem großen Erfolg für die Schwaben. Umfangreiche Crashtests hatten erstmals die Entwicklung bestimmt und sowohl zu noch wirksameren Knautschzonen als auch erstmals zu einem Lenkrad mit Prallplatte und den Keilzapfenschlössern geführt, die verhindern sollten, dass die Türen im Fall eines Unfalls aufspringen. Im 220 b kamen ausschließlich Sechszylindermotoren zum Einsatz mit Leistungen zwischen 95 und 120 PS. Fast 300.000 Exemplare verließen bis 1965 die Stuttgarter Werkshallen.

ca. 35.000 €

Land	Deutschland
Marke	Opel
Baujahr	1959-1963
Motor-Bauart	Sechszylinder (Reihe)
Lage	Front
Antrieb	Heck
Hubraum (ccm)	2605
Leistung (PS/U/min)	90 bei 4100
Vmax (km/h)	150
Bauart	Limousine (4-türig)
Material	Stahlblech
Produktionszahl	145.618

Opel Kapitän P 2,6

Zu einem echten Verkaufsschlager in der Oberklasse hatte sich der Kapitän in den Fünfzigern entwickelt. Der 1959 vorgestellte P6 sollte der Höhepunkt dieser Entwicklung werden. Die Formgebung folgte mit vorderer Panoramascheibe dem – noch – modischen Trend, angedeutete Heckflossen gehörten ebenfalls zum Angebot. Der bewährte 2,6-Liter-Sechszylinder leistete nun 90 PS, während der Preis knapp unter 10.000 DM blieb. Mehr Auto fürs Geld gab es nirgendwo. Ab 1960 konnte eine Automatik, ab 1962 gar eine Servolenkung geordert werden. Der Kapitän P6 war in ganz Europa ein anerkannter Vertreter der Oberklasse und verkaufte sich bis 1963 mehr als 145.000 Mal.

[ca. 38.000 €]

Oldsmobile Super 98

Einer der spektakulärsten Vertreter der Heckflossen-Ära sollte der Oldsmobile Super 98 des Modelljahrgangs 1959 werden. Der 6,5-Liter-Motor war der bis dahin größte und leistungsstärkste V8, den General Motors in einen Personenwagen eingebaut hatte. Bei 4600 U/min schüttelte der Big Block lässig 319 PS aus dem Ärmel. Die gekrümmte „Vista Panoramic"-Frontscheibe entsprach dem Zeitgeschmack ebenso wie die Doppelscheinwerfer und die mächtigen Heckflossen mit den integrierten Heckleuchten. Innerhalb eines Jahres wurden mehr als 300.000 Fahrzeuge dieses Typs gebaut – nahezu alle mit dem „Jetaway-Hydramatic"-Automatikgetriebe.

Land	USA
Marke	Oldsmobile
Baujahr	1958-1959
Motor-Bauart	V8
Lage	Front
Antrieb	Heck
Hubraum (ccm)	6466
Leistung (PS/U/min)	319 bei 4600
Vmax (km/h)	165 bis 180
Bauart	Limousine (2-/4-türig),
	Kombi (5-türig),
	Hardtop, Cabriolet
Material	Stahlblech
Produktionszahl	382.864

[ca. 45.000 €]

Land	Tschechoslowakei
Marke	Tatra
Baujahr	1956-1975
Motor-Bauart	V8
Lage	Heck
Antrieb	Heck
Hubraum (ccm)	2472
Leistung (PS/U/min)	95 bei 4800
Vmax (km/h)	160 bis 165
Bauart	Limousine (4-türig)
Material	Stahlblech
Produktionszahl	k.A.

[ca. 53.000 €]

Tatra 603

Jenseits des Eisernen Vorhangs herrschten andere Maßstäbe, und so konnte sich der Tatra 603, der 1956 präsentiert wurde und konzeptionell auf dem Vorkriegs-Tatra 87 basierte, bis 1975 im Programm der tschechischen Firma halten. Der auf 2,5 Liter reduzierte luftgekühlte V8 mit 95 PS saß nach wie vor im Heck und wurde über die seitlich an den Kotflügeln angebrachten Kiemen beatmet. Aus aerodynamischen Gründen waren die drei (!) vorderen Scheinwerfer weit nach innen gerückt und von einem Chromrahmen zusammengefasst – was der Front ein äußerst charakteristisches Aussehen verlieh. Im Westen erhielt der Tatra 603 sogar Designpreise, wurde aber nie offiziell im Export angeboten. Dadurch fehlten zur Weiterentwicklung notwendige Devisen, und so wurde aus dem einst so fortschrittlichen Tatra-Konzept ein Sinnbild für Stillstand.

Land	GB
Marke	Rolls-Royce
Baujahr	1955-1966
Motor-Bauart	Sechszylinder (Reihe), V8
Lage	Front
Antrieb	Heck
Hubraum (ccm)	4887, 6230
Leistung (PS/U/min)	k.A.
Vmax (km/h)	160 bis 180
Bauart	Limousine (4-türig),
	Cabriolet, Sonderkarosserie
Material	Stahlblech
Produktionszahl	7365

[**ca. 70.000 €**]

Rolls-Royce Silver Cloud I, II, III

Wohl kaum eine andere Marke brauchte länger, um sich mit der Ponton-Karosserie anzufreunden, als Rolls-Royce. Aber wohl kaum eine andere Marke hatte eine derart konservative Kundschaft wie die Edel-Autoschmiede in Crewe. Auch der Silver Cloud von 1955 hatte unverdrossen Vorkriegs-Formen zitiert, bekam aber 1959 endlich einen komplett neukonstruierten Vollaluminium-V8 mit 6,2 Litern Hubraum spendiert, der den mit 2,1 Tonnen Fahrzeuggewicht überforderten Reihensechszylinder ablöste. Die Leistung war fortan kein Thema mehr und wurde stets als „genügend" angegeben. Ab 1964 prägten die Doppelscheinwerfer im Silver Cloud ein neues Markengesicht, das sich bis zu den Rolls-Royce des 21. Jahrhunderts fortsetzen sollte. Der Silver Cloud wurde immerhin bis 1966 gebaut.

Land	Italien
Marke	Alfa Romeo
Baujahr	1955-1965
Motor-Bauart	Vierzylinder (Reihe)
Lage	Front
Antrieb	Heck
Hubraum (ccm)	1290, 1570
Leistung (PS/U/min)	65 bei 6100
	bis 112 bei 6500
Vmax (km/h)	155 bis 180
Bauart	Cabriolet
Material	Stahlblech
Produktionszahl	26.346

[ca. 93.000 €]

Alfa Romeo Giulietta Spider, Giulietta Spider Veloce, Giulia Spider, Giulia Spider Veloce

Die Giulietta war Alfas erstes Großserien-Cabrio und somit Urahn einer langen Tradition, in der es stets Cabrios des italienischen Herstellers geben sollte. Stardesigner Pininfarina hatte mit dem Styling des Giulietta Spider ein echtes Meisterstück abgeliefert. Das Verdeck verschwand im geöffne-ten Zustand hinter den Passagieren – so störte keine Faltwulst die saubere Linienführung. Auch die Fahrleistungen wiesen den Spider als echten Alfa Romeo aus und unterschieden ihn von vielen Pseudo-Sportwagen seiner Zeit. Aus dem 1,3-Liter-Motor hatten die Alfa-Ingenieure 65 PS gekitzelt. Ab 1962 gab es die 1,6-Liter-Version, die bis zu 112 PS leisten sollte. Insgesamt zehn Jahre lang wurde der Giulietta Spider produziert. Die noch existieren-den der 26.346 gebauten Cabrios stehen bei Oldtimerfreunden hoch im Kurs.

Land	GB
Marke	Austin-Healey
Baujahr	1958-1961
Motor-Bauart	Vierzylinder (Reihe)
Lage	Front
Antrieb	Heck
Hubraum (ccm)	948
Leistung (PS/U/min)	42,5 bei 5000
Vmax (km/h)	130
Bauart	Roadster
Material	Stahlblech
Produktionszahl	38.999

[ca. 28.500 €]

Austin-Healey Sprite MkI („Frog", „Frosch")

Die puren englische Roadster-Tugenden verkörperte ab 1958 der Austin Healey Sprite. Nachdem der große Austin Healey bereits ein Erfolg war, versuchten die Männer um Donald Healey dies auch für eine etwas weniger betuchte Klientel zu wiederholen. So entstand der wegen seiner ungewöhnlichen Frontscheinwerfer schnell „Frogeye" (Froschauge) genannte Zweisitzer, der sich mit dem 950 ccm großen und 42,5 PS starken Vierzylinder des Morris Minor begnügen musste. Wenigstens wurde so jede Werkstatt mit dem Flitzer fertig, der mit 669 Pfund ein unschlagbar günstiges Angebot darstellte und vielen den Traum vom Roadster ermöglichte. Die Kombination aus Roadster-Puristik, niedrigem Preis und anspruchsloser Mechanik war ein voller Erfolg: Bis 1961 wurden fast 39.000 Sprite produziert.

Austin-Healey 3000

[ca. 69.500 €]

Land	GB
Marke	Austin-Healey
Baujahr	1959-1968
Motor-Bauart	Sechszylinder (Reihe)
Lage	Front
Antrieb	Heck
Hubraum (ccm)	2912
Leistung (PS/U/min)	124 bei 4600
	bis 148 bei 5250
Vmax (km/h)	180 bis 195
Bauart	Roadster, Cabriolet
Material	Stahlblech
Produktionszahl	42.917

1959 war der Austin Healey erwachsen geworden: Schon 1956 hatte der „Big Healey" einen 2,6-Liter-Sechszylindermotor bekommen und war unter dem Spitznamen „The Pig", der sich auf das bisweilen unberechenbare Fahrverhalten bezog, vor allem in den USA ein großer Erfolg. Drei Jahre später wuchs der Hubraum auf drei Liter, und 124 PS sorgten für anständigen Vortrieb. Als zivilisatorische Maßnahme hatte man die flattrige Plastikplane durch ein solides Klappverdeck ersetzt, was die Alltagstauglichkeit erheblich verbesserte und fast cabrio-ähnlichen Komfort versprach. Der Healey 3000 wurde zur festen Größe im Austin-Programm und erfreut sich auch heute noch als Oldie großer Beliebtheit. Die Produktion wurde 1968 eingestellt, nachdem auch Triumph unter das BMC-Dach geschlüpft war und die Anzahl der Roadster im Konzern drastisch beschnitten werden musste. Einen Nachfolger hat es nie gegeben.

BMW 507

Der BMW 507 – das Meisterwerk des Designers Albrecht Graf Goertz – stand 1955 auf der IAA und begeisterte auf Anhieb das Publikum. Unter der hinreißend gestalteten Karosserie, die auf dem Fahrgestell des BMW 502 stand, fand sich Deutschlands erster und noch lange einziger Achtzylinder, der im 507 mit 3,2 Litern Hubraum 150 PS leistete. Für den Hauptabsatzmarkt, die USA, gab es eine höher verdichtete Variante mit 165 PS. Nur 251 Exemplare des mit 27.000 Mark extrem teuren 507 konnten bis 1959 verkauft werden – erheblich weniger als etwa vom Mercedes 300 SL. Das lag auch daran, dass BMW in den Fünfzigern auf der Sinnsuche zwischen Isetta und Traumwagen vom Schlage eines 507 war und über kein Produktprogramm wie Mercedes oder Jaguar verfügte. Immerhin fuhr Elvis Presley aber während seiner GI-Zeit in Deutschland einen weißen BMW 507.

Land	Deutschland
Marke	BMW
Baujahr	1955-1959
Motor-Bauart	V8
Lage	Front
Antrieb	Heck
Hubraum (ccm)	3168
Leistung (PS/U/min)	150 bei 5000
Vmax (km/h)	200 bis 220
Bauart	Cabriolet
Material	Aluminium
Produktionszahl	254

[ca. 2.100.000 €]

Land	Deutschland
Marke	DKW
Baujahr	1958-1965
Motor-Bauart	Dreizylinder-Zweitaktmotor
Lage	Front
Antrieb	Front
Hubraum (ccm)	980
Leistung (PS/U/min)	55 bei 4500
Vmax (km/h)	140
Bauart	Coupé, Cabriolet
Material	Stahlblech
Produktionszahl	6640

[ca. 45.500 €]

DKW Auto Union 1000 Sp

Auch bei DKW unternahm man 1958 den Versuch, biedere Alltagstechnik elegant zu verpacken und der Marke so ein wenig Glanz zu schenken. Vor der Gestaltung des Auto Union 1000 Sp hatten sich die DKW-Designer den US-amerikanischen Ford Thunderbird sehr genau angesehen. Unter der Motorhaube war allerdings Schluss mit den Gemeinsamkeiten. Statt des Bollerns eines großvolumigen V8 ertönte das wohlbekannte Zweitakt-Knattern aus dem Auspuff. Dank höherer Verdichtung leistete der Dreizylinder zwar immerhin 55 PS, aber auch ob des exorbitanten Preises von 10.750 Mark war der 1000 Sp nur etwas für hartgesottene Zweitakt- oder DKW-Fans. Kein Wunder, dass sich bis 1965 davon nur 6640 verkauften!

Chevrolet Corvette C1

Ein größerer Erfolg als der ersten Auflage sollte der Corvette in der zweiten Generation beschieden sein. Endlich standesgemäß mit V8-Motoren
befeuert, zeigte sich auch die stark überarbeitete Kunststoffkarosserie
im neuen Look. Die Doppelscheinwerfer und das rundlich auslaufende
Heck kamen offensichtlich viel besser beim Publikum an als die zurück-
haltende Formgebung der Erstausgabe. Fast 65.000 Käufer fanden sich
bis 1962. Sie durften an das Fahrwerk keine großen Ansprüche stellen:
Zeigten sich die blattgefederte starre Hinterachse und die vier Trommelbremsen schon vom 4,3-Liter-Basismotor und dessen 220 PS überfor-
dert, galt das insbesondere für die 5,4-Liter-Version mit 360 PS. Wer mit
230 km/h Höchstgeschwindigkeit unterwegs war, unterzog sich einer
veritablen Mutprobe.

Land	USA
Marke	Chevrolet
Baujahr	1956-1962
Motor-Bauart	V8
Lage	Front
Antrieb	Heck
Hubraum (ccm)	4342, 5359
Leistung (PS/U/min)	220 bei 5200
	bis 360 bei 6000
Vmax (km/h)	185 bis 230
Bauart	Cabriolet
Material	Kunststoff
Produktionszahl	64.375

[ca. 124.500 €]

Ford Thunderbird (Serie I)

Auch aus Fehlern der Konkurrenz kann man lernen: Zwei Jahre nach der ersten Corvette erschien der Ford Thunderbird. Statt halber Sachen mit Sechszylindermotoren setzte man von Anfang an auf V8-Motoren mit einer Leistung von 193 bis 300 PS und setzte sich damit auch gleich von den europäischen Wettbewerbern ab. Der Donnervogel wurde nicht nur zu einem großen kommerziellen Erfolg, sondern gilt heute als Ikone des amerikanischen Traumwagenbaus der Fünfziger. Bereits im ersten Jahr wurden mehr als 16.000 Thunderbirds verkauft – die Corvette brachte es zeitgleich nur auf 674 Exemplare. Die Ford-Designer durften sich darüber freuen, dass stilistische Elemente des Thunderbirds häufig kopiert wurden. Ford selbst verwässerte die saubere Linie der Erstausgabe und so wurde der Zweikampf Thunderbird-Corvette mit den Jahren anders entschieden als es zunächst ausgesehen hatte.

Land	USA
Marke	Ford (USA)
Baujahr	1955-1957
Motor-Bauart	V8
Lage	Front
Antrieb	Heck
Hubraum (ccm)	4780, 5113
Leistung (PS/U/min)	193 bei 4400
	bis 300 bei 4800
Vmax (km/h)	185 bis 210
Bauart	Cabriolet
Material	Stahlblech
Produktionszahl	53.166

[ca. 62.000 €]

Land	GB
Marke	Lotus
Baujahr	1957-1961
Motor-Bauart	Vierzylinder (Reihe)
Lage	Front
Antrieb	Heck
Hubraum (ccm)	1216
Leistung (PS/U/min)	76 bei 6100
	bis 105 bei 7250
Vmax (km/h)	180 bis 210
Bauart	Coupé
Material	Kunststoff
Produktionszahl	988

[ca. 83.000 €]

Lotus Elite

Für konsequenten Leichtbau standen die Fahrzeuge der Firma Lotus, die der geniale Konstrukteur Colin Chapman 1952 gegründet hatte. Anfangs waren die radikalen Sportwagen nur als Bausätze lieferbar, weil Lotus keine eigenen Fertigungskapazitäten besaß. Das änderte sich 1957 mit dem Lotus Elite. Der war nicht nur der erste in Serie hergestellte Lotus, sondern auch der erste Pkw überhaupt mit einer selbsttragenden Karosserie, die ganz aus Kunststoff bestand. Leichtbau war auch die Devise beim Motor von Coventry Climax, der eigentlich für eine tragbare Feuerwehrspritze entworfen worden war und aus Aluminium bestand. Das Leergewicht betrug sensationell niedrige 504 kg. Dank des niedrigen Gewichts und des cw-Wertes von 0,29 erreichte der Lotus Elite auch mit vergleichsweise moderaten 76 – später 105 PS – echte Sportwagenfahrleistungen.

Land	GB
Marke	Lotus
Baujahr	1958-1970
Motor-Bauart	Vierzylinder (Reihe)
Lage	Front
Antrieb	Heck
Hubraum (ccm)	1172 bis 1558
Leistung (PS/U/min)	40 bei 4500
	bis 125 bei 6200
Vmax (km/h)	130 bis 172
Bauart	Roadster
Material	Kunststoff/Aluminium
Produktionszahl	1940

[ca. 39.000 €]

Lotus Seven (Series 1, 2, 3)

1958 erschien mit dem Lotus Seven ein Fahrzeug, das aussah wie ein notdürftig auf die Anfordernisse des Straßenverkehrs umgebauter Formel-Rennwagen. Und genau das war er auch – sieht man einmal von dem 1,1-Liter-Vierzylinder mit 40 PS des ersten Seven ab. Bald waren jedoch auch Kombinationen mit stärkeren Motoren lieferbar, die mit den 500 Kilogramm des Seven leichtes Spiel hatten. Die Lotus Seven gelten bis heute als ultimative, puristische Fahrmaschinen. 1973 wurde die Fertigungslizenz an die britische Firma Caterham verkauft, bei der noch heute Fahrzeuge auf Basis des Lotus Seven entstehen.

Maserati 3500 GT und GTI

Land	Italien
Marke	Maserati
Baujahr	1958-1964
Motor-Bauart	Sechszylinder (Reihe)
Lage	Front
Antrieb	Heck
Hubraum (ccm)	3485
Leistung (PS/U/min)	220 bei 5500
	bis 235 bei 5500
Vmax (km/h)	215 bis 235
Bauart	Coupé
Material	Aluminium
Produktionszahl	ca. 2000

[ca. 275.000 €]

Mehrere Weltmeister-Titel in der Formel 1 ließen keinen Zweifel an der technischen Kompetenz von Maserati aufkommen. Den Anfang der Serienfertigung markiert der 3500 GT von 1958. Mit dem selbstkonstruierten 3,5-Liter-Sechszylinder-Reihenmotor hatte man sich knapp unterhalb von Ferrari angesiedelt – spielte aber in einer Liga mit dem Mercedes 300 SL. Das Fahrwerk war mit hinterer Starrachse und Blattfedern eher einfach konstruiert. Die von den Rennmotoren abgeleiteten Aggregate galten als robust und zuverlässig und waren mit zunächst 220 PS aber ausreichend potent, um in der Sportwagen-Oberklasse ernstgenommen zu werden. Später gab es unter der Bezeichnung „GTI" sogar einen Benzineinspritzer mit 235 PS. Die Karosserie nahm mit ihren Heckflossen stilistische Anleihen beim Ford Thunderbird und war sowohl offen als auch geschlossen lieferbar. Mit 2000 verkauften Exemplaren gelang Maserati mit dem 3500 GT ein eindrucksvoller Erfolg.

Mercedes-Benz 220 S und 220 SE Cabriolet und Coupé (W 128)

In Kleinserie und mit viel Handarbeit entstanden ab 1956 die Cabriolets und Coupés der 220er Baureihe von Mercedes-Benz auf Basis der Ponton-Limousine. Statt Sportlichkeit standen Komfort, Ausstattung und Luxus im Vordergrund. Für das Armaturenbrett und die Fenstereinfassungen etwa konnte die Holzmaserung individuell ausgesucht werden. Die serienmäßigen Lederpolster und das hochwertige Stoffverdeck des Cabriolets schufen das Ambiente eines für die Ewigkeit gebauten Automobils. Dessen Bauzeit war allerdings schon nach vier Jahren beendet. Mit der Einführung der „Heckflossen"-S-Klasse entfiel die technische Basis für Coupé und Cabrio. Ab 1959 erhielt der 2,2-Liter-Sechszylinder aber als 220 SE noch eine Benzineinspritzung. Mit knapp 11.000 Fahrzeugen zählt die W 128-Baureihe heute zu den Raritäten.

Land	Deutschland
Marke	Mercedes-Benz
Baujahr	1956-1960
Motor-Bauart	Sechszylinder (Reihe)
Lage	Front
Antrieb	Heck
Hubraum (ccm)	2195
Leistung (PS/U/min)	100 bei 4800,
	115 bei 4800
Vmax (km/h)	160
Bauart	Cabriolet, Coupé
Material	Stahlblech
Produktionszahl	3429 (220 S),
	1942 (220 SE),
	3290 (Cab.),
	2081 (Coupé)

[ca. 97.000 € (Cabrio: 178.000) €]

Land	GB
Marke	MG
Baujahr	1955-1962
Motor-Bauart	Vierzylinder (Reihe)
Lage	Front
Antrieb	Heck
Hubraum (ccm)	1489, 1588, 1622
Leistung (PS/U/min)	69 bei 5500
	bis 90 bei 5500
Vmax (km/h)	155 bis 170
Bauart	Roadster
Material	Stahlblech
Produktionszahl	98.967 (inkl. Coupé)

[ca. 40.000 €]

MG A Roadster

Eine beneidenswerte Auswahl hatten Kunden, die sich ab Mitte der Fünfziger für einen britischen Roadster interessierten. Der MG A löste 1955 den TF ab, dem eindeutig ein Vorkriegs-Image anhaftete. Dagegen überzeugte der MG A von Anfang an mit gelungenem, zeitgemäßem Design ohne modische Gimmicks. Die robuste Großserientechnik mit Motoren von 69 bis 90 PS wurde 1959 durch den MG A Twin Cam ergänzt. Dank zweier obenliegender Nockenwellen wurde die Drehzahl des 1,6-Liter-Motors deutlich erhöht, und statt 90 leistete der Twin Cam 105 PS, die eine Geschwindigkeit von 180 km/h ermöglichten. Besser verkauften sich aber die einfacher motorisierten Varianten: Der MG A wurde in den sieben Jahren seiner Bauzeit zum erfolgreichsten britischen Sportwagen.

Land	Deutschland
Marke	Porsche
Baujahr	1959-1963
Motor-Bauart	Vierzylinder (Boxer)
Lage	Heck
Antrieb	Heck
Hubraum (ccm)	1582, 1588
Leistung (PS/U/min)	60 bei 4500
	bis 115 bei 6500
Vmax (km/h)	160 bis 200
Bauart	Coupé, Cabriolet,
	Roadster, Hardtop
Material	Stahlblech
Produktionszahl	30.963

[ca. 126.000 €]

Porsche 356 B

Ein Facelift der 356-Typen, die seit 1949 den Ruf Porsches als Sportwagenhersteller begründet hatten, boten die Zuffenhausener ab 1959 an. Auf den 1,3-Liter-Einstiegsmotor verzichtete man fortan zwar, Porschefahren begann 1959 aber immer noch mit vergleichsweise moderaten 60 PS. Die Hinterachse hatte man überarbeitet, um schnelleres Kurvenfahren zu ermöglichen. Gebremst wurde aber immer noch mit vier Trommelbremsen – das sollte sich erst 1961 ändern. Zwischen vier Motorisierungen und drei Karosserieformen konnten sportbegeisterte Kunden Ende der Fünfziger wählen. Das Baukastensystem beherrschte Porsche also damals schon perfekt – ein Grund, warum sich der 356 B fast um 50 Prozent besser verkaufte als sein Vorgänger.

Renault Floride S und Caravelle

Elegante Coupés und Cabriolets, die von den Großserienfahrzeugen abgeleitet waren, aber ein eigenständiges Design besaßen, waren Ende der Fünfziger groß in Mode. Typische Vertreter waren die Floride- und Caravelle-Modelle von Renault. Die Entwürfe waren bei Pietro Frua in Italien entstanden, der Prototyp wurde 1958 auf dem Genfer Salon präsentiert, und die Form wirkt bis heute überzeugend. Technisch basierte die Floride, die in Amerika unter dem Namen Caravelle angeboten wurde, auf der Dauphine und musste sich anfangs mit einem 845-ccm-Motor und 35 PS begnügen. Ab 1962 wurde der Name Caravelle auch in Europa verwendet. Bis zum Produktionsende 1968 wurde die Caravelle äußerlich unverändert produziert – unter der Haube hatte allerdings der 1,1-Liter-Vierzylinder mit 52 PS aus dem Renault 10 Einzug gehalten, mit dem das hübsche Coupé immerhin 145 km/h lief.

ca. 23.500 €

Land	Frankreich
Marke	Renault
Baujahr	1959-1968
Motor-Bauart	Vierzylinder (Reihe)
Lage	Heck
Antrieb	Heck
Hubraum (ccm)	845, 956, 1108
Leistung (PS/U/min)	35 bei 5000
	bis 52 bei 5100
Vmax (km/h)	125 bis 145
Bauart	Cabriolet, Coupé
Material	Stahlblech
Produktionszahl	k.A.

Land	Deutschland
Marke	Volkswagen
Baujahr	1955-1974
Motor-Bauart	Vierzylinder (Boxer)
Lage	Heck
Antrieb	Heck
Hubraum (ccm)	1192, 1285,
	1493, 1584
Leistung (PS/U/min)	30 bei 3400
	bis 50 bei 4000
Vmax (km/h)	118 bis 140
Bauart	Coupé, Cabriolet
Material	Stahlblech
Produktionszahl	443.482

ca. 40.000 €

Volkswagen Karmann Ghia Coupé und Cabrio (Typ 14)

Eine sensationelle Erfolgsgeschichte schrieb der Karmann Ghia: Volkswagen-Boss Heinrich Nordhoff wollte eigentlich kein Coupé, muss aber der Schönheit des Ghia-Entwurfs erlegen sein, der ihm 1953 präsentiert wurde. 1955 stand das Coupé auf der IAA, zwei Jahre später ging das Cabriolet in Produktion. Nur selten gelang eine so gelungene Kombination aus hinreißender Linienführung und anspruchsloser Technik. Gebaut bei Karmann in Osnabrück, ließ sich der Karmann Ghia in jeder VW-Werkstatt warten. Die Käfer-Technik war freilich auch der Grund, warum die Fahrleistungen nie halten konnten, was die Optik versprach. Zwar wurden aus den anfangs 30 PS des 1,2-Liter-Käfer-Boxers später bis zu 50 – aber von einem reinrassigen Sportwagen war man noch relativ weit entfernt. Trotzdem blieben beide Varianten rekordverdächtige 19 Jahre lang im Programm und erfreuten sich bis zuletzt – vor allem in den USA – großer Beliebtheit.

Mehr Technologie wagen

Heftig gestritten wurde an den Stammtischen der sechziger Jahre nicht nur über politische Themen, sondern auch über die Autotechnik: Front- oder Heckantrieb, Wasser- oder Luftkühlung, Stahl- oder Hydrogasfederung, Kofferraum hinten oder vorne, Boxer- oder Reihenmotor. Von der konventionellen Antriebsform hatten sich viele Automobilhersteller gelöst und auf die unterschiedlichsten Konzepte gesetzt. Vielfalt dominierte in den Sechzigern, und die technologische Entwicklung nahm mit Scheibenbremsen und weiteren Sicherheitsmerkmalen wie dem Gurt oder berechneten Knautschzonen ihren Lauf.

Nonkonformistische Ideen wie der Renault 4 oder der Siegeszug der „Ente" von Citroën zeugen vom Zeitgeist jener Jahre. Und geradezu revolutionäre Konzepte wie der Autobianchi Primula oder der Renault 16 beseitigten auch unter dem Automobilblech den Muff vieler Jahre.

Doch es gab auch die Gegenbewegung: Eisern hielt man – vor allem in Wolfsburg – an Bewährtem fest und wollte Ideen aus den Dreißiger Jahren auch in die Siebziger herüberretten – was 1968 mit dem VW 411 spektakulär scheiterte. Dennoch: Nie waren die Automobile der Deutschen so bürgerlich wie in den Sechzigern. Mit großem Erfolg – denn der gehobene Lebensstil war in der Mitte der Gesellschaft angekommen.

Dass der frische Wind, der mit Konstruktionen aus Italien und Frankreich eingezogen war, überall in Europa für Veränderungen sorgen würde, war aber abzusehen, als die Fiats, Renaults und Alfa Romeos plötzlich reihenweise Vergleichstests in den einschlägigen Zeitschriften sowie internationale Auszeichnungen gewannen. Fast hätten die deutschen Hersteller diesen Trend verschlafen.

Land	Deutschland
Marke	DKW
Baujahr	1964-1966
Motor-Bauart	Dreizylinder-Zweitaktmotor
Lage	Front
Antrieb	Front
Hubraum (ccm)	1175
Leistung (PS/U/min)	60 bei 4500
Vmax (km/h)	135
Bauart	Limousine (2-türig),
	Limousine (4-türig)
Material	Stahlblech
Produktionszahl	52.753

ca. 16.000 €

DKW F 102

Der DKW F 102 beendete in Westdeutschland die Zweitakt-Ära. Auf der IAA 1963 vorgestellt, war er als erste DKW-Neukonstruktion mit selbsttragender Karosserie letzter Hoffnungsträger der Zweitakt-Fraktion. Aber die aus heutiger Sicht zeitlose Form erschien Anfang der Sechziger als zu nüchtern, zudem nervten Kinderkrankheiten und der hohe Verbrauch die wenigen Enthusiasten, die sich für den F 102 entschieden hatten. Mit 60 PS hatte der Dreizylinder-Zweitakter seine letzte Ausbaustufe erreicht, wurde aber nicht mehr als zeitgemäß empfunden. Nach dem DKW-Verkauf an Volkswagen bekam die moderne Karosseriekonstruktion jedoch eine zweite Chance: Als Audi, mit Viertaktmotor und retuschiertem Design, sollte er ab 1964 den Neustart der seit dem Krieg abhanden gekommenen Marke einleiten. Der Abverkauf der letzten auf Halde produzierten F 102 sollte sich indes bis 1967 hinziehen.

Ford Taunus 12 M (Werkscode P4)

[ca. 14.500 €]

Land	Deutschland
Marke	Ford
Baujahr	1962-1966
Motor-Bauart	V4
Lage	Front
Antrieb	Front
Hubraum (ccm)	1183 bis 1498
Leistung (PS/U/min)	40 bei 4500
	bis 65 bei 4500
Vmax (km/h)	120 bis 144
Bauart	Limousine (2-/4-türig),
	Kombi (3-türig),
	Coupé, Cabriolet
Material	Stahlblech
Produktionszahl	672.695

Eigentlich hätte der 12 M als „Cardinal" den US-Markt und den dort erfolgreichen Käfer aufmischen sollen. Aber den Ford-Chefs in Detroit erschien das fertig entwickelte Fahrzeug als zu primitiv und fragil – und damit, so die Annahme, genau richtig für Europa. Von 1962 an sollte der 12 M also den Käfer in seinem eigenen Revier stellen. Ähnlich wie Opel setzte Ford auf ein konventionelles Stufenheck-Konzept – die eigentliche Revolution aber war der Frontantrieb, der erstmals in einem Produkt aus Köln zu finden war. Auch die wassergekühlten 1,2-Liter-V4 mit 40 und 50 PS waren eine Neuheit und lösten die Vorkriegs-Konstruktion des alten 12 M ab. Neben der zwei- oder viertürigen Limousine gab es auch ein Coupé und einen Kombi sowie ab 1964 eine 1,5-Liter-Version, die als 15 M TS sogar 65 PS mobilisierte. Den Käfer konnte der 12 M nicht stellen – sich aber immerhin, auch dank sorgfältiger Modellpflege, gut gegen den Kadett behaupten.

Hillman Imp

[ca. 8.000 €]

Land	GB
Marke	Hillman
Baujahr	1963-1976
Motor-Bauart	Vierzylinder (Reihe)
Lage	Heck
Antrieb	Heck
Hubraum (ccm)	875, 998
Leistung (PS/U/min)	39 bei 5000
	bis 60 bei 6200
Vmax (km/h)	125 bis 155
Bauart	Limousine (2-türig)
Material	Stahlblech
Produktionszahl	440.032

Er sollte die Speerspitze im Kampf des Rootes-Konzerns gegen den Mini werden. Konstruktiv orientierte er sich eher an Kleinwagen aus Italien oder Frankreich: Der komplett aus Aluminium gefertigte OHC-Vierzylinder des Hillman Imp (Kobold) war im Heck untergebracht. Das quicklebendige Triebwerk des Formel-1-Motorenbauers Coventry Climax gab es in drei Leistungsstufen zwischen 39 und 60 PS im Rally Imp. Drehzahlen bis 6200 U/min waren möglich – so erreichte der Imp im Motorsport schnell ähnlich große Popularität wie der Mini. Gegen dessen Markterfolg kam er jedoch nicht ansatzweise an. Ob es daran lag, dass ihm der Ruf der Unzuverlässigkeit anhaftete oder ob sich die Kunden mit dem Corvair-Styling des Hillman Imp einfach nicht anfreunden konnten? Immerhin blieb der Kobold fast 13 Jahre im Programm.

Glas 1004, 1204, 1304 Limousine, Coupé und Cabriolet

Selten hat sich ein Technik-Meilenstein so unauffällig getarnt: Unter der Motorhaube des Glas 1004 verbarg sich 1962 der erste Serienmotor, dessen obenliegende Nockenwelle mit einem Zahnriemen angetrieben wurde – heute nahezu überall Standard. Das 992-ccm-Aggregat leiste-te 42 PS und sollte Pionier einer Motorenfamilie werden, die auf bis 1,7 Liter und 100 PS kommen sollte. Dem anfangs ausschließlich als Coupé lieferbaren 1004 wurde 1963 eine Limousine zur Seite gestellt. Beiden Varianten gemein war das schlichte Styling, das überhaupt nicht den Zeitgeist traf. Der kurze Radstand – der 1004 nutzte die Gene des Glas-Kleinwagens Isar – sorgte zudem für erhebliche Nickschwingungen. Von der Leistung her konnten es die späteren Versionen 1204 und 1304 mit Alfa Romeo oder BMW aufnehmen. Trotzdem entstanden bis 1967 ledig-lich knapp über 30.000 Fahrzeuge.

Land	Deutschland
Marke	Glas
Baujahr	1962-1967
Motor-Bauart	Vierzylinder (Reihe)
Lage	Front
Antrieb	Heck
Hubraum (ccm)	992, 1189, 1290
Leistung (PS/U/min)	42 bei 4800
	bis 60 bei 5000
Vmax (km/h)	130 bis 165
Bauart	Limousine (2-türig),
	Coupé, Cabriolet
Material	Stahlblech
Produktionszahl	30.437

[ca. 22.500 €]

Land	Frankreich
Marke	Renault
Baujahr	1961-1992
Motor-Bauart	Vierzylinder (Reihe)
Lage	Front
Antrieb	Front
Hubraum (ccm)	747, 845, 956
Leistung (PS/U/min)	24 bei 4500
	bis 34 bei 5000
Vmax (km/h)	105 bis 120
Bauart	Limousine (5-türig)
Material	Stahlblech
Produktionszahl	ca. 8 Mio.

[ca. 16.500 €]

Renault 4

Bis heute der erfolgreichste Renault aller Zeiten – danach sah es bei der Premiere des Renault 4 allerdings nicht aus. Auf ein so konsequent nach funktionalen Gesichtspunkten konstruiertes Auto reagierte man Anfang der Sechziger mit großem Befremden. Wer sich aber näher mit dem kistenförmig gestylten Renault 4 befasste, fand ein erschwingliches Auto mit vier Sitzplätzen, vier Türen, einen großen Kofferraum – der über eine Heckklappe zudem gut erreichbar und dank herausnehmbarer Sitzbank auch gut erweiterbar war – sowie eine komfortable Federung vor. Nicht ganz so spartanisch wie der Citroën 2CV und mit vier Zylindern statt zweien sowie Wasserkühlung statt Luftkühlung hatte der R4 seine Lücke bald gefunden. Bis zu seinem Produktionsende 1992 nach mehr als acht Millionen Exemplaren hatte er längst Kultstatus erreicht.

Simca 1000, Rallye 1, Rallye 2, Rallye 3

Land	Frankreich
Marke	Simca
Baujahr	1961-1978
Motor-Bauart	Vierzylinder (Reihe)
Lage	Heck
Antrieb	Heck
Hubraum (ccm)	944, 1294
Leistung (PS/U/min)	32 bei 5000
	bis 103 bei 6200
Vmax (km/h)	115 bis 180
Bauart	Limousine (4-türig)
Material	Stahlblech
Produktionszahl	1.642.091

[**ca. 33.500 €**]

In Italien, Deutschland und Frankreich war der Heckmotor in den 1950er Jahren bei Kleinwagen das Maß aller Dinge. Erst spät schloss man sich auch bei Simca diesem Trend an und stellte 1961 mit dem Simca 1000 einen viertürigen Kleinwagen mit wassergekühltem Heckmotor und 32 PS vor, der genau auf die Renault Dauphine zielte. Das Konzept kam an. Die Käufer mochten den kleinen, aber geräumigen Simca. Der sollte ab 1970 eine sportliche Karriere entwickeln. Der Rallye 1 mit 60 PS und martialischem Rallyestreifen quer über das Heck dominierte ebenso wie seine Nachfolger, Rallye 2 und Rallye 3, das Motorsportgeschehen in der Klasse bis 1300 ccm. Mit bis zu 103 PS gab es nirgendwo ein besseres Leistungsgewicht. Erst 1978 wurde die Produktion nach gut 1,6 Millionen Fahrzeugen eingestellt.

Škoda 1000 MB, 1000 MB de luxe, 1000 MBX

Land	Tschechoslowakei
Marke	Škoda
Baujahr	1964-1969
Motor-Bauart	Vierzylinder (Reihe)
Lage	Heck
Antrieb	Heck
Hubraum (ccm)	988, 1107
Leistung (PS/U/min)	35 bis 45 bei 4650
Vmax (km/h)	125
Bauart	Limousine (2-/4-türig)
Material	Stahlblech
Produktionszahl	k.A.

[**ca. 13.000 €**]

Bei Škoda wurde 1964 die Heckmotor-Ära eingeleitet. Ihr waren achtjährige Entwicklungsarbeiten vorangegangen, in deren Verlauf das Konzept mehrmals geändert wurde. Schließlich entschied man sich für die Heckmotor-Variante mit wassergekühltem Aluminium-Vierzylinder. Für den neuen Fahrzeugtyp wurde in Mlada Boleslav eigens ein neues Werk gebaut. Galten die Vorgänger als robust, ließ sich das vom 1000 MB nicht unbedingt behaupten. Speziell Korrosion, aber auch durchbrennende Zylinderkopfdichtungen gehörten bald zum Alltag der Škoda-Fahrer. Das Werk lieferte Fahrzeuge sogar mit einer Plastikkanne aus, mit der bei Bedarf Kühlwasser nachgefüllt werden konnte. Im Export begründete der 1000 MB den schlechten Ruf der Ostblock-Autos. Mangels Alternativen blieb er im Osten selbst begehrt.

Alfa Romeo Giulia (Giulia, Giulia Nuova)

Ein schweres Erbe hatte die Alfa Romeo Giulia 1962 anzutreten. Ihre Vorgängerin Giulietta war der erfolgreichste Alfa Romeo aller Zeiten gewesen. Und tatsächlich störte man sich zunächst am kantigen, unkonventionellen Design sowie an technischen Lösungen wie den vorderen Trommelbremsen. Schnell wurde aber auch den Kritikern klar, dass die Giulia eine damals einzigartige Synthese aus sportlichem Charakter, Alltagstauglichkeit und italienischem Flair darstellte und noch heute als die Inkarnation der Marke Alfa Romeo gilt. Einen wesentlichen Anteil daran hatten die Doppelnockenwellen-Motoren mit 1,3 und 1,6 Litern Hubraum, die hohe Literleistungen mit Laufkultur, tollem Sound und mechanischer Zuverlässigkeit kombinierten. Zusammen mit der ab 1974 angebotenen Giulia Nuova wurden mehr als 570.000 Einheiten des sportlichen Viertürers gebaut.

[**ca. 25.500 €**]

Land	Italien
Marke	Alfa Romeo
Baujahr	1962-1978
Motor-Bauart	Vierzylinder (Reihe)
Lage	Front
Antrieb	Heck
Hubraum (ccm)	1290, 1570
Leistung (PS/U/min)	78 bei 6000 bis 112 bei 6500
Vmax (km/h)	160 bis 185
Bauart	Limousine (4-türig)
Material	Stahlblech
Produktionszahl	ca. 570.000

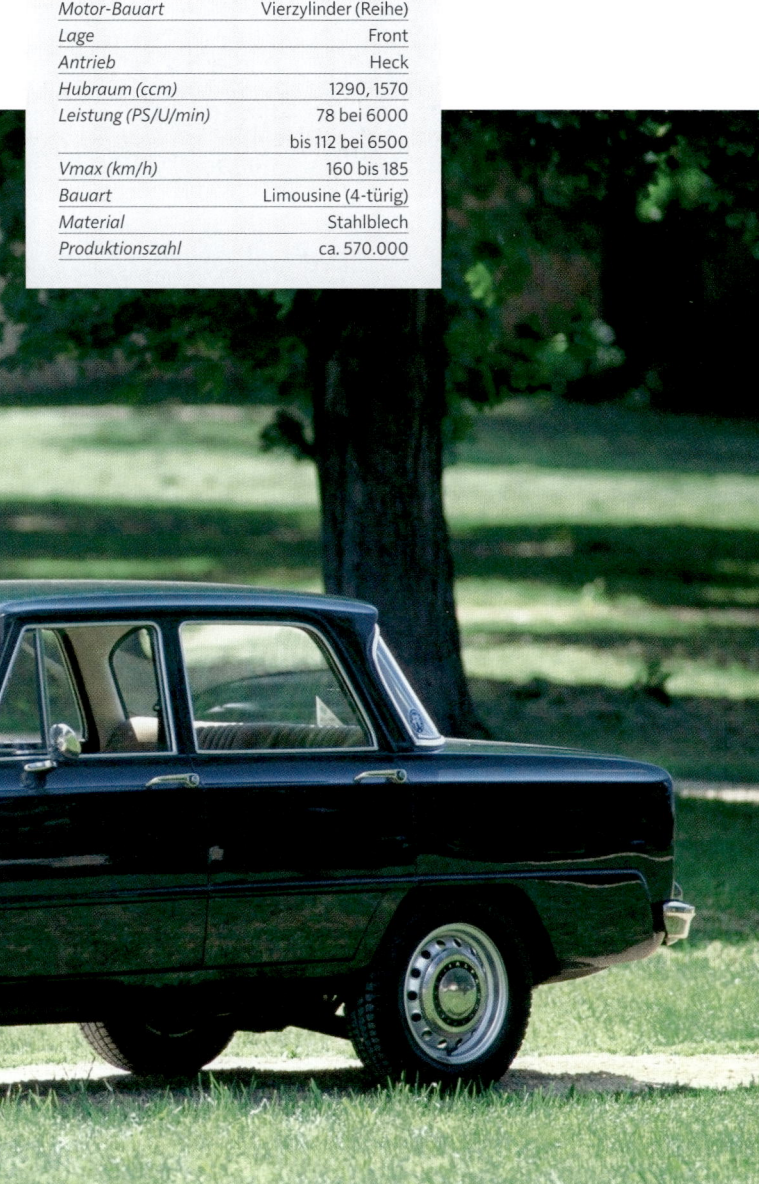

BMW 1500 und 1600 („Neue Klasse", Werkscode E1)

Mit der „Neuen Klasse" konnte BMW endlich wieder an die Vorkriegs-Tradition des BMW 326 anknüpfen und bot ein dynamisches Fahrzeug in der oberen Mittelklasse an. Schon im ersten Jahr wurden mehr als 20.000 Exemplare des BMW 1500 verkauft, trotz des hohen Preises von 9500 Mark. Der 80-PS-Motor, das aufwändige Fahrwerk mit McPherson-Federbeinen und Schräglenker-Hinterachse und die elegante Optik begeisterten das Publikum. So hatte man sich einen BMW gewünscht. Die Baureihe wurde zügig mit dem BMW 1600 und dem 1800 ausgebaut. Dessen Motorsport-Basisvariante TI/SA setzte für Limousinen der Mittelklasse neue Maßstäbe: Die beiden Doppelvergaser des TI/SA mobilisierten 130 PS. Im ab 1966 lieferbaren BMW 2000 wurde 1970 erstmals eine Benzineinspritzung eingesetzt. Die „Neue Klasse" blieb bis 1972 in Produktion und wurde vom ersten „Fünfer" abgelöst.

Marke	BMW
Baujahr	1961-1966
Motor-Bauart	Vierzylinder (Reihe)
Lage	Front
Antrieb	Heck
Hubraum (ccm)	1499, 1573
Leistung (PS/U/min)	80 bei 5700, 83 bei 5500
Vmax (km/h)	148 bis 155
Bauart	Limousine (4-türig)
Material	Stahlblech
Produktionszahl	k.A.

ca. 15.500 €

Ford Taunus 17 M (Werkscode P3, „Badewanne")

Land	Deutschland
Marke	Ford
Baujahr	1960-1964
Motor-Bauart	Vierzylinder (Reihe)
Lage	Front
Antrieb	Heck
Hubraum (ccm)	1498 bis 1758
Leistung (PS/U/min)	55 bei 4250
	bis 75 bei 4500
Vmax (km/h)	136 bis 154
Bauart	Limousine (2-/4-türig),
	Kombi (3-türig), Cabriolet
Material	Stahlblech
Produktionszahl	669.731

ca. 20.500 €

Keineswegs übertrieben war es 1960, vom „Wunder aus Köln" zu sprechen. Der 17 M P3 hatte gegenüber seinem Vorgänger die barocken Formen und den Chromschmuck abgelegt und erschien in einer Schlichtheit und Eleganz, die man den Kölnern nicht zugetraut hätte. Als „Linie der Vernunft" wurde er beworben und der mutige Paradigmenwechsel hatte Erfolg. Der Opel Rekord sah plötzlich alt aus, und Ford konnte erstmals (und auch letztmals) zu den Verkaufszahlen der Rüsselsheimer Mittelklasse-Modelle aufschließen. Den P3, der aufgrund seiner rundlichen Form auch Badewanne genannt wurde, gab es zunächst mit zwei, später mit drei Motorisierungen zwischen 55 und 75 PS im 17 M TS. Zwei- und Viertürer waren lieferbar sowie der „Turnier" genannte dreitürige Kombi. Fast 670.000 Badewannen entstanden bis 1964 in Köln.

Land	Deutschland
Marke	Glas
Baujahr	1964-1967
Motor-Bauart	Vierzylinder (Reihe)
Lage	Front
Antrieb	Heck
Hubraum (ccm)	1682
Leistung (PS/U/min)	80 bei 4800
	bis 100 bei 5500
Vmax (km/h)	150 bis 165
Bauart	Limousine (4-türig)
Material	Stahlblech
Produktionszahl	13.789

[ca. 21.000 €]

Glas 1700, 1700 TS

Zum Scheitern verurteilt schienen alle Versuche des erfolgreichen Kleinwagenproduzenten Glas, auch in höheren Klassen Fuß zu fassen. Dabei hätte der Glas 1700 die Anlagen gehabt. Auf der IAA verblüffte der Viertürer das Fachpublikum mit seiner gekonnt gezeichneten, eleganten Karosserie (die Pietro Frua eigentlich 1960 für den Borgward-Konzern entworfen hatte). In der oberen Mittelklasse konkurrierte der Glas 1700 mit dem BMW 1600 und der Giulia von Alfa Romeo. Der 1,7-Liter-Motor leistete 80 PS, die TS-Version, die 1965 erschien, brachte es dank eines Doppelvergasers sogar auf 100 PS. Mit knapp 14.000 Fahrzeugen gelang dem Glas 1700 bis zur BMW-Übernahme 1967 nicht mehr als ein Achtungserfolg – allerdings wurde er von 1968 bis 1977 in Südafrika mit BMW-Technik und -Logo als BMW 1804 weitergebaut.

[ca. 12.000 €]

Land	Italien
Marke	Lancia
Baujahr	1963-1972
Motor-Bauart	V4
Lage	Front
Antrieb	Heck
Hubraum (ccm)	1091 bis 1298
Leistung (PS/U/min)	58 bei 5800
	bis 87 bei 6000
Vmax (km/h)	140 bis 160
Bauart	Limousine (4-türig)
Material	Stahlblech
Produktionszahl	192.097

Lancia Fulvia Berlina

Der Lancia Fulvia hatte die rundlichen Formen des Appia abgelegt und sich mit seinen klaren Designlinien eindeutig am Zeitgeschmack der frühen Sechziger orientiert. Technisch waren die Lancia jener Jahre Besonderheiten: Einen V4-Motor mit einem Zylinderwinkel von nur 13 Grad gab es sonst nirgendwo. Das Aggregat war um 45 Grad geneigt eingebaut, besaß zwei obenliegende Nockenwellen und leistete in der 1,1-Liter-Version 58 PS. Ein Jahr später wurde eine Version mit Doppelvergaser angeboten, die 71 PS leistete. Bis zum Produktionsende der Limousine blieb man beim V4, vergrößerte den Hubraum aber bis auf 1,3 Liter, aus denen immerhin bis zu 87 PS geschöpft wurden. Vor allem mit ihrem Nutzwert konnte die geräumige, viertürige Limousine überzeugen. Bis 1972 wurden fast 200.000 Fulvia verkauft.

Mercedes-Benz 190 c und Dc, 200 und 200 D (W 110)

Land	Deutschland
Marke	Mercedes-Benz
Baujahr	1961-1968
Motor-Bauart	Vierzylinder (Reihe)
Lage	Front
Antrieb	Heck
Hubraum (ccm)	1897, 1988
Leistung (PS/U/min)	55 bei 4200
	bis 95 bei 5400
Vmax (km/h)	130 bis 160
Bauart	Limousine (4-türig),
	Kombi (5-türig)
Material	Stahlblech
Produktionszahl	588.024

[ca. 30.000 €]

Zwei Jahre nach den Sechszylinder-Modellen bot Mercedes die Heckflossen-Karosserie auch für die Vierzylinder an. Von ihren größeren Brüdern unterschieden sie sich nur durch eine andere Frontgestaltung mit Rundscheinwerfern statt der aufrechtstehenden Leuchteneinheiten sowie durch die kürzere Motorhaube. Anfangs rüstete Mercedes die „kleine Flosse" vorn noch mit Trommelbremsen aus – erst ab 1962 gab es vorn grundsätzlich Scheibenbremsen. Ansonsten waren die beiden Baureihen nahezu identisch und teilten sich auch den skurrilen Walzentacho, bei dem eine vertikale Säule ihre Farbe je nach Geschwindigkeit veränderte. Die Baureihe W 110 entwickelte sich bis 1968 zum typischen Alltags-Mercedes und war noch Jahrzehnte später in aller Welt im Einsatz. Speziell die Diesel-Varianten 190 D und 200 D waren als Taxi überall beliebt.

Opel Kadett (Serie A)

Anfang der Sechziger hatte man bei Opel in Rüsselsheim endlich realisiert, dass nur ein komplett neues Fahrzeug dem Käfer seinen Erfolg würde streitig machen können. In Bochum wurde eigens ein komplett neues Werk gebaut, wo im Oktober 1962 die Produktion begann. Als Name wählte man „Kadett" und knüpfte damit an eine Vorkriegs-Tradition an. Mit vorn eingebauten wassergekühlten Vierzylindern und einer Stufenheckkarosserie mit großem Kofferraum setzte man sich nicht nur von den Wolfsburgern konstruktiv ab, sondern ebenso von der Heckmotor-Armada anderer Hersteller. Coupé und Kombi (CarAVan) rundeten das Angebot ab. Schon nach drei Jahren wurde der A-Kadett ersetzt – trotz ungebrochenen Erfolgs. Den hatten auch seine Nachfolger, wenngleich auch sie den Käfer nie vom Thron stoßen konnten.

Land	Deutschland
Marke	Opel
Baujahr	1962-1965
Motor-Bauart	Vierzylinder (Reihe)
Lage	Front
Antrieb	Heck
Hubraum (ccm)	993
Leistung (PS/U/min)	40 bei 5000
	bis 48 bei 5400
Vmax (km/h)	120 bis 133
Bauart	Limousine (2-türig),
	Kombi (3-türig), Coupé
Material	Stahlblech
Produktionszahl	649.512 (inkl. Coupé)

[ca. 11.500 €]

Land	Deutschland
Marke	Opel
Baujahr	1963-1965
Motor-Bauart	Vierzylinder (Reihe),
	Sechszylinder (Reihe)
Lage	Front
Antrieb	Heck
Hubraum (ccm)	1488 bis 2605
Leistung (PS/U/min)	55 bei 4500
	bis 100 bei 4600
Vmax (km/h)	130 bis 170
Bauart	Limousine (2-/4-türig),
	Kombi (3-türig), Coupé, Cabriolet
Material	Stahlblech
Produktionszahl	887.488

ca. 15.000 €

Opel Rekord (Serie A)

Vom Erfolg des 17 M P3 waren die erfolgsverwöhnten Rüsselsheimer kalt erwischt worden. Ab 1963 sollte der Rekord A die alten Verhältnisse wieder geraderücken. Stilistisch stellte auch er einen radikalen Bruch mit seinem Vorgänger P2 dar. Aber die in Detroit entworfene, dem Chevrolet II ähnliche, schlanke Karosserie mit niedriger Gürtellinie wirkte deutlich amerikanischer als die des Konkurrenzmodells aus Köln. Technisch war weitgehend alles beim Alten geblieben: Die 1,5- und 1,7-Liter-Motoren mit seitlicher Nockenwelle basierten noch auf Vorkriegs-Konstruktionen. Auch die starre, blattgefederte Hinterachse markierte keinen neuen Standard. Im März 1964 brachte immerhin der 2,6-Liter-Sechszylinder des Opel Kapitän mit 100 PS ordentlich Pep unter die Haube. Das Konzept kam an: Bis zu seiner Ablösung durch den „B" fand der Rekord A reißenden Absatz.

Land	Frankreich
Marke	Peugeot
Baujahr	1960-1975
Motor-Bauart	Vierzylinder (Reihe)
Lage	Front
Antrieb	Heck
Hubraum (ccm)	1469 bis 1948
Leistung (PS/U/min)	53 bei 5000
	bis 88 bei 5700
Vmax (km/h)	110 bis 160
Bauart	Limousine (4-türig),
	Kombi (5-türig)
Material	Stahlblech
Produktionszahl	2.769.361

ca. 16.500 €

Peugeot 404

Er prägte maßgeblich das Image vom „französischen Mercedes", das den Peugeot-Modellen lange zuerkannt blieb: Der 1960 vorgestellte Peugeot 404 war vom italienischen Star-Designer Pininfarina entworfen worden und folgte dem glattflächigen und geradlinigen Trend seiner Zeit. Komfort, Geräumigkeit und Langlebigkeit waren die markantesten Eigenschaften des 404, der in Frankreich bis 1975, in einigen Exportmärkten aber bis Ende der achtziger Jahre produziert wurde. Motoren zwischen 1,5 und 2 Litern Hubraum deckten ein Leistungsspektrum von 53 bis 88 PS ab. Auch zwei Dieselversionen waren lieferbar. Neben dem Viertürer gab es den Kombi (wahlweise mit drei Sitzreihen), ein Cabriolet, ein Coupé sowie einen Pick-Up. Mit 2,8 Millionen Fahrzeugen übertraf der 404 den Erfolg seines bis 1966 parallel gebauten Vorgängers deutlich und war lange in Frankreich fester Bestandteil im Straßenbild – in vielen afrikanischen Ländern ist er das bis heute.

Volkswagen 1500, 1500 S (Typ 3)

Ende der 1950er Jahre war den VW-Managern bewusst geworden, dass sie ein Fahrzeug brauchten, um das Abwandern zufriedener Käfer-Fahrer, denen der Sinn nach einem größeren Fahrzeug stand, zu verhindern. Der Typ 3 erfüllte ab 1961 genau diese Aufgabe – und das mit Bravour. Technisch basierte er zwar auf dem Käfer, bot aber mit seiner unaufdringlich gezeichneten Stufenheck-Karosserie deutlich mehr Raum für Passagiere und Gepäck. Außerdem gab es einen Kombi, der wie die Limousine sowohl vorne als auch hinten einen Kofferraum hatte und sich vor allem in den USA großer Beliebtheit erfreute. Der 1500er Boxermotor in Unterflurbauweise leistete 45 PS, der 1500 S gar 54 PS – für Volkswagen-Kunden durchaus ein Wort. Der Typ 3 blieb – als VW 1600 ab 1965 nur unwesentlich verändert – bis 1973 im Programm.

Land	Deutschland
Marke	Volkswagen
Baujahr	1961-1965
Motor-Bauart	Vierzylinder (Boxer)
Lage	Heck
Antrieb	Heck
Hubraum (ccm)	1493, 1584
Leistung (PS/U/min)	45 bei 3800
	bis 54 bei 4000
Vmax (km/h)	130 bis 140
Bauart	Limousine (2-türig),
	Kombi (3-türig)
Material	Stahlblech
Produktionszahl	704.475

[ca. 22.500 €]

ca. 61.000 €

Lincoln Continental

Mit dem Lincoln Continental beendete man 1961 in Detroit die Heckflossen-Ära. Und das radikal: Der neue Continental war so schlicht und geradlinig gezeichnet, dass er sogar einen Award als „herausragender Beitrag zur Einfachheit und Eleganz des Automobildesigns" gewann. John F. Kennedy jedenfalls wählte den Lincoln Continental zu seiner Repräsentations-Limousine. Erstmals seit den Dreißigern gab es mit dem Convertible wieder ein viertüriges Cabrio. Dabei war die Karosserie des Continental nicht auf einem Kastenrahmen, sondern selbsttragend ausgeführt. Weniger schlicht als das Design gerieten die Motoren: Mit 7 und 7,5 Litern stellten sie Anfang der Sechziger den Höhepunkt im Aufrüstungsrennen dar. Mit maximal 365 PS erreichte der Continental die 200-km/h-Marke. Im Gedächtnis vieler blieben die Bilder von 1963, als Kennedy im offenen Lincoln Continental erschossen wurde.

Land	USA
Marke	Lincoln
Baujahr	1961-1967
Motor-Bauart	V8
Lage	Front
Antrieb	Heck
Hubraum (ccm)	7045, 7560
Leistung (PS/U/min)	320 bei 4600
	bis 365 bei 4600
Vmax (km/h)	190 bis 210
Bauart	Limousine, Cabriolet
Tragstruktur	selbsttragend
Produktionszahl	21.347

Mercedes-Benz 600 (W 100)

Der Auftrag an Fritz Nallinger, Mercedes-Entwicklungschef, war schlicht formuliert: Er sollte für den „Großen Mercedes" das realisieren, was technisch machbar war. Oder: Das beste Auto der Welt konstruieren. Auf der IAA 1963 konnte das Fachpublikum das Ergebnis, den 600er, bewundern: Die 5,54 m lange Limousine wurde von einem 6,3-Liter-V8 mit 250 PS angetrieben, der trotz 2,5 Tonnen Leergewichts für sportwagenähnliche Fahrleistungen sorgte. Maximalen Komfort erreichte man durch Luftfederung und Zentralhydraulik, die Funktionen wie verstellbare Sitze und Fensterheber regelte. Eine elektrisch regulierbare Klimaanlage war serienmäßig. Ab 1964 gab es die Pullman-Limousine mit 6,24 m Außenlänge – wahlweise auch als Landaulet. Geld verdiente Mercedes an der Repräsentationslimousine nie. Aber bis zum Produktionsende 1981 galt der 600 als die ultimative Staatskarosse – und tatsächlich als bestes Auto der Welt.

Land	Deutschland
Marke	Mercedes-Benz
Baujahr	1963-1981
Motor-Bauart	V8
Lage	Front
Antrieb	Heck
Hubraum (ccm)	6330
Leistung (PS/U/min)	250 bei 4000
Vmax (km/h)	200 bis 207
Bauart	Limousine (4-/6-türig),
Material	Stahlblech
Produktionszahl	2677

[ca. 400.000 €]

Opel Kapitän, Admiral, Diplomat, Diplomat V8 (KAD A)

Land	Deutschland
Marke	Opel
Baujahr	1964-1968
Motor-Bauart	Sechszylinder (Reihe), V8
Lage	Front
Antrieb	Heck
Hubraum (ccm)	2605, 2784, 4638, 5354
Leistung (PS/U/min)	100 bei 4600 bis 230 bei 4700
Vmax (km/h)	155 bis 200
Bauart	Limousine (4-türig), Coupé
Material	Stahlblech
Produktionszahl	89.277

ca. 29.000 €

Von seinem Vorgänger ließen sich in nur vier Jahren mehr als 145.000 Exemplare verkaufen. Doch der 1964 vorgestellte große Opel mit drei Typenbezeichnungen leitete den Abstieg ein. Kapitän, Admiral und Diplomat waren formal gelungen und technisch ausgereift. Und nach wie vor bot man in Rüsselsheim eine Menge Auto fürs Geld. Aber wer in den Sechzigern Oberklasse fahren wollte und konnte, griff lieber zum Stern. Daran konnte auch der 4,6-Liter-V8 mit 195 PS, der ab 1964 den Reihensechszylindern zur Seite gestellt wurde, nichts mehr ändern. Das bei Karmann in Osnabrück gebaute Diplomat V8-Coupé mit 230 PS war die Krönung der Baureihe. Doch letztlich konnte Opel bis 1968 keine 90.000 Exemplare von dem Dreigestirn losschlagen – die Nummer-eins-Position bei Sechszylinderfahrzeugen hatte man längst verloren.

Rover 2000, SC, TC, 2200 SC, TC, 3500 und 3500 S (Werkscode P6)

Land	GB
Marke	Rover
Baujahr	1963-1977
Motor-Bauart	Vierzylinder (Reihe), V8
Lage	Front
Antrieb	Heck
Hubraum (ccm)	1978 bis 3532
Leistung (PS/U/min)	81 bei 5000
	bis 161 bei 5200
Vmax (km/h)	160 bis 195
Bauart	Limousine (4-türig),
	Kombi (5-türig)
Material	Stahlblech
Produktionszahl	439.135

Von 1949 bis 1963 hatte Rover die P4-Serie fast unverändert produziert. Der 1963 vorgestellte P6 sollte als Rover 2000 einen konstruktiven Meilenstein setzen. Unter der völlig neuen, selbsttragenden Karosserie, deren Außenbleche ähnlich wie beim Citroën DS nur angeschraubt waren, fanden sich nicht nur Scheibenbremsen rundum, sondern auch eine aufwändig konstruierte DeDion-Hinterachse, die für eine gelungene Kombination aus Fahrkomfort und -sicherheit sorgen sollte. Im Innenraum waren an allen vier Sitzplätzen Sicherheitsgurte montiert. Für den Antrieb zuständig waren moderne OHC-Motoren mit 2 Litern Hubraum und 90 PS oder – mit Doppelvergaser – 123 PS. 1978 ergänzte ein von Buick zugekaufter Aluminium-V8 mit 3,5 Litern Hubraum und 160 PS die Motorenpalette. Der V8 trug maßgeblich zur Beliebtheit des P6 bei, die bis zur Produktionseinstellung 1977 andauerte.

[ca. 15.500 €]

Alfa Romeo Giulia Sprint GT (GTC, GTA, GTV), GT 1300 Junior, 1750 GTV, 2000 GTV („Bertone-Coupé")

[ca. 49.500 €]

Land	Italien
Marke	Alfa Romeo
Baujahr	1963-1977
Motor-Bauart	Vierzylinder (Reihe)
Lage	Front
Antrieb	Heck
Hubraum (ccm)	1290 bis 1962
Leistung (PS/U/min)	87 bei 6000
	bis 131 bei 5500
Vmax (km/h)	170 bis 200
Bauart	Coupé, Cabriolet
Material	Stahlblech
Produktionszahl	222.805

Als „Bertone"-Coupé sollten die Nachfolger des Giulietta-Coupés in die Geschichte eingehen – angesichts der verwirrenden Typenvielfalt eine willkommene Vereinfachung. Das 1963 vorgestellte kompakte, maskulin wirkende Coupé ist einer der gelungensten Entwürfe der Automobilgeschichte und baute auf der verkürzten Bodengruppe der 1962 vorgestellten Giulia auf. Von der Giulia übernommen wurden auch die Motoren – alles Vierzylinder mit doppelten Nockenwellen. Die Basis war der 1,3-Liter mit strammen 87 PS. Als GTA verfügte der „Bertone" gar über eine Leichtmetall-Karosserie mit 200 kg Gewichtsersparnis und Doppelzündung. Die von Autodelta montierten GTA-Versionen begründeten den legendären Motorsport-Erfolg der Alfa-Coupés. Bis zu 180 PS leistete der kleine 1,3 Liter im Renntrimm – und wog nur 795 kg. Das Bertone-Coupé lief bis 1977 vom Band. Mit über 220.000 Fahrzeugen waren die Bertone-Modelle auch wirtschaftlich extrem erfolgreich.

Alpine A 110

Der begeisterte Rallye-Fahrer Jean Rédélé hatte in den 1950er Jahren auf getunten Renault 4CV spektakuläre Erfolge erzielt. Ende der Fünfziger begann er, in Kleinserien GFK-Karosserien für Renault-Fahrzeuge zu entwickeln. 1962 erschien mit dem Alpine A 110 das erste Serienfahrzeug. Die GFK-Karosserie des nur 113 cm hohen Zweisitzers war auf einem Zentralrohrrahmen aufgebaut. Mit nur 600 kg Leergewicht hatte schon der Einliter-Vierzylinder mit 48 PS aus dem Renault 8, der im Heck untergebracht war, leichtes Spiel. Trotzdem wurde die Motorenpalette zügig ausgebaut. Bis zu 140 PS waren lieferbar, die den Alpine A 110 nicht nur zur ultimativen Fahrmaschine machten, sondern auch die Basis für eine beispiellose Rallye-Karriere lieferten. Der „französische Porsche" wurde bis 1977 gebaut.

Land	Frankreich
Marke	Alpine
Baujahr	1962-1977
Motor-Bauart	Vierzylinder (Reihe)
Lage	Heck
Antrieb	Heck
Hubraum (ccm)	956, 1108, 1255
	bis 1565
Leistung (PS/U/min)	48 bei 5200
	bis 140 bei 6100
Vmax (km/h)	160 bis 215
Bauart	Coupé
Material	Kunststoff
Produktionszahl	7160

[ca. 108.000 €]

114

Aston Martin DB5

ca. 750.000 €

Als Dienstwagen von James Bond machte sich der Aston Martin DB5 unsterblich. Das elegante Coupé des englischen Herstellers war 1963 erschienen und eigentlich eine überarbeitete Version des DB4, der von 1959 an gebaut worden war. Der DB5 hatte einen auf vier Liter aufgebohrten Reihensechszylinder mit 286 PS, der auch dem Geheimagenten Seiner Majestät standesgemäße Fahrleistungen versprechen sollte. In der Romanvorlage hatte James Bond-Autor Ian Fleming noch einen DB2 MKIII beschrieben – der wurde aber bei der Verfilmung durch einen DB5-Prototypen ausgetauscht. Der als klassischer GT konzipierte DB5 erreichte in den vergangenen Jahren bei Oldtimer-Auktionen Phantasie-Preise – auch wenn Interessenten damals wie heute auf Radargerät, ausfahrbare schusssichere Rückwand und Schleudersitz verzichten müssen.

Land	GB
Marke	Aston Martin
Baujahr	1963-1965
Motor-Bauart	Sechszylinder (Reihe)
Lage	Front
Antrieb	Heck
Hubraum (ccm)	3995
Leistung (PS/U/min)	286 bei 5500 bis 330 bei 5750
Vmax (km/h)	240 bis 260
Bauart	Coupé, Cabriolet
Material	Aluminium
Produktionszahl	1063

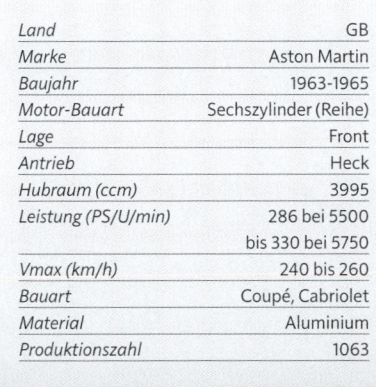

Ferrari 250 GTO

Der Ferrari 250 GTO gilt zu Recht als automobile Ikone und verkörpert für viele Automobilenthusiasten die Seele von Ferrari. Kein Wunder, schließlich hatte man in Maranello dem straßenzugelassenen Sportwagen so viel waschechte Renntechnik mit auf den Weg gegeben, wie es 1962 möglich war. Das begann bei dem renntypischen Rohrrahmen und der dynamisch gezeichneten Leichtmetall-Karosserie und ging weiter über den „Colombo"-V12, der inzwischen auf drei Liter Hubraum angewachsen war und 290 PS bei 7500 U/min leistete. Nur dank der Trockensumpfschmierung mit 15 Litern Öl fand der Zwölfzylinder, der von sechs Doppelvergaseranlagen beatmet wurde, im flachen Motorraum des GTO Platz. Drei der insgesamt 39 gebauten 250 GTO verfügten sogar über vier Liter Hubraum und 390 PS – alle gelten als fast unbezahlbare Raritäten.

Land	Italien
Marke	Ferrari
Baujahr	1962-1964
Motor-Bauart	V12
Lage	Front
Antrieb	Heck
Hubraum (ccm)	2953
Leistung (PS/U/min)	290 bei 7500
Vmax (km/h)	270
Bauart	Coupé
Material	Stahlblech
Produktionszahl	39

[k.A.]

Ford Mustang

Land	USA
Marke	Ford (USA)
Baujahr	1964-1973
Motor-Bauart	Sechszylinder (Reihe), V8
Lage	Front
Antrieb	Heck
Hubraum (ccm)	2781 bis 6964
Leistung (PS/U/min)	101 bei 4400 bis 390 bei 5400
Vmax (km/h)	150 bis 225
Bauart	Hardtop, Coupé, Cabriolet
Material	Stahlblech
Produktionszahl	k.A.

ca. 46.500 €

Lange Schnauze, kurzes Heck, Platz für vier und bei Bedarf richtig viel Leistung. Das war das Erfolgsrezept des Ford Mustang, den Tausende von Interessenten 1964 so sehr ersehnt hatten, dass sie vor den Toren ihrer Ford-Händler übernachtet hatten, um am Premieren-Tag als Erste die Bestellungen abgeben zu können. Der Mustang sollte die Fahrzeugklasse der „Pony-Cars" begründen und wurde ein gigantischer Erfolg. Allein in den beiden ersten Jahren wurden mehr als 600.000 Fahrzeuge verkauft. Ein Geheimnis war das breite Motorenangebot, das vom 2,8-Liter-Sechszylinder mit 101 PS bis zum 7-Liter-V8 mit 390 PS keine Wünsche offen ließ. Ab den Siebzigern wurde die Linie des Mustang stark verwässert – und erlebte erst 2005 ein erfolgreiches Comeback.

Honda S 600

Der Japaner Soichiro Honda stellte Anfang der Sechziger die Automobilwelt auf den Kopf – nicht nur durch sein Engagement in der Formel 1. Als schon damals einer der erfolgreichsten Motorradproduzenten der Welt war er 1962 ins Automobilgeschäft eingestiegen – mit einem Kleinwagen, der ausschließlich in Japan verkauft wurde. Der S 600 von 1964 war ein bildschöner Roadster im Bonsai-Format. Weniger die Leistung von 57 PS sorgte für Aufsehen als vielmehr die Art und Weise, wie sie erreicht wurde. Bei Volllast drehte der kleine, aber hochmoderne Vierzylinder mit 600 ccm unglaubliche 8800 U/min. Bestenfalls 6000 U/min galten damals für Serienfahrzeuge als vorstellbar. Die beiden Hinterräder wurden vom Differenzial aus mit je einer im Ölbad laufenden Rollenkette angetrieben – auch das hatte man noch nie so gesehen. Der S 600 wurde bald im Motorsport zu einer festen Größe – zu einem kommerziellen Erfolg für Honda wurden freilich erst die Civic-Typen Anfang der Siebziger.

Land	Japan
Marke	Honda
Baujahr	1964-1966
Motor-Bauart	Vierzylinder (Reihe)
Lage	Front
Antrieb	Heck
Hubraum (ccm)	606
Leistung (PS/U/min)	57 bei 8800
Vmax (km/h)	155
Bauart	Coupé, Cabriolet
Material	Stahlblech
Produktionszahl	13.084

ca. 37.000 €

Iso Grifo, Grifo 7 Litri

Unter die Luxusautomobil-Hersteller wollte der italienische Kühlschrankhersteller ISO Anfang der 1960er Jahre gehen – nachdem er bereits in den Fünfzigern mit dem Kleinwagen, dessen Lizenzen BMW für die Isetta erworben hatte, erfolgreich gewesen war. Unter der Leitung des renommierten Konstrukteurs Giotto Bizzarini entstand ab 1962 der Rivolta und ein Jahr später der Grifo, der das Bild der Marke bis zu ihrem Aus prägen sollte. Die bullige – von Bertone entworfene – Karosserie wirkt auch heute noch elegant. Auf eigene Motoren verzichtete man bei ISO und baute amerikanische V8 mit 5,4 und 7 Litern Hubraum ein, die bei hoher Beanspruchung aber thermische Probleme bekamen. Die Ernsthaftigkeit der Konstruktion belegt das aufwändige Fahrwerk mit DeDion-Hinterachse, vier Scheibenbremsen sowie einem Chassis in Halbmonocoque-Struktur. Bis 1974 waren jedoch nur etwas mehr als 500 Kunden dazu bereit, sich für einen ISO Grifo zu entscheiden.

Land	Italien
Marke	ISO
Baujahr	1963-1974
Motor-Bauart	V8
Lage	Front
Antrieb	Heck
Hubraum (ccm)	5354, 6996
Leistung (PS/U/min)	304 bei 5000
	bis 406 bei 5200
Vmax (km/h)	240 bis 270
Bauart	Coupé (auch mit
	entfernbarem Dachteil)
Material	Stahlblech
Produktionszahl	414, 90

[ca. 560.000 €]

Lamborghini 350 GT

[ca. 700.000 €]

Land	Italien
Marke	Lamborghini
Baujahr	1963-1966
Motor-Bauart	V12
Lage	Front
Antrieb	Heck
Hubraum (ccm)	3464
Leistung (PS/U/min)	270 bei 6500
	bis 360 bei 8000
Vmax (km/h)	260 bis 280
Bauart	Coupé, Cabriolet
Material	Stahlblech
Produktionszahl	129

1963 erschien das erste Produkt einer Marke, die Automobilfans innerhalb kürzester Zeit in einem Atemzug mit Ferrari und Maserati nannten: Lamborghini. Der Traktorenfabrikant aus der Nähe von Bologna hatte sich der Legende nach über Ferrari geärgert und beschlossen, selbst einen Sportwagen zu bauen. Das geschah mit höchstem Anspruch: So wurde kein amerikanischer Big-Block-V8 in eine italienische Designkarosserie implantiert, sondern ein eigener Motor entwickelt – ein V12, wie bei Ferrari, mit 3,4 Litern Hubraum und 270 PS. Das Triebwerk verfügte über vier obenliegende Nockenwellen – Ferraris V12 hatte nur zwei. Und auch für das Fahrwerk des ersten Lamborghini, der als 350 GT auf dem Turiner Salon 1963 präsentiert wurde, war man mit Einzelradaufhängung an allen vier Rädern einen Schritt weiter gegangen als die Konkurrenz. Dem 350 GT gelang ein Achtungserfolg. Der Miura von 1965 bedeutete den endgültigen Durchbruch für die Boliden aus Sant' Agata.

Jaguar E-Type 3.8 Litre (Series 1)

[ca. 144.000 €]

Radikal hatte der Jaguar E-Type mit der Form seines Vorgängers XK 120 gebrochen und das Pub-likum des Genfer Salons von 1961 kam aus dem Staunen kaum noch heraus. Der neue E-Type hat-te sich formal eng am Rennwagen und Le Mans-Sieger D-Type orientiert. Trotz Jaguar-typischer Rundungen gab sich der E-Type mit seinen knapp geschnittenen Formen ungewohnt maskulin. Die Karosserie von Roadster wie Coupé war selbsttragend. Der Stahlgitterrohrrahmen, der den Motor trug und über den sich die schier unendlich lange Motorhaube spannte, war an der Spritzwand angeschraubt. Technisch vertraute man weiter auf den 3,8-Liter-Reihensechszylinder aus dem XK 150. Selbstredend übernahm man auch die vier Scheibenbremsen, die schon beim Vorgänger se-rienmäßig eingebaut wurden. Die erste E-Type-Serie wurde bis 1968 gebaut und gilt vielen heute als die begehrenswerteste Version.

Land	GB
Marke	Jaguar
Baujahr	1961-1964
Motor-Bauart	Sechszylinder (Reihe)
Lage	Front
Antrieb	Heck
Hubraum (ccm)	3781
Leistung (PS/U/min)	265 bei 5500
Vmax (km/h)	240
Bauart	Cabriolet, Coupé
Material	Stahlblech
Produktionszahl	7827, 7669

Lotus Elan S1, S2, S3, S4, Sprint

Der Lotus Elan war dem Dogma seines Vorgängers treu geblieben: Auch er wurde mit dem Ziel konsequenter Gewichtsreduzierung entwickelt. Von der problembehafteten, selbsttragenden Kunststoffkarosserie hatte man allerdings Abstand genommen. Ein selbstentwickelter Rahmen aus Stahl sorgte für die nötige Stabilität – darüber blieb es beim Kunststoffkleid. Mit seinem geringen Gewicht von nur 680 kg und dem aufwändigen Fahrwerk sollte der zunächst nur als Cabrio lieferbare Elan noch lange Maßstäbe in Sachen Agilität und Handling setzen. Zum Einsatz kamen Motorblöcke aus dem Ford Cortina, deren Zylinderköpfe mit Doppelnockenwellen und halbkugelförmigen Brennräumen eine Lotus-Entwicklung waren. Der Elan blieb bis 1973 in Produktion und war nach Lotus-Maßstäben mit mehr als 12.000 Fahrzeugen ein voller Erfolg. Konzept und Styling inspirierten Ende der Achtziger maßgeblich die Entwickler des Mazda MX-5.

Land	GB
Marke	Lotus
Baujahr	1962-1973
Motor-Bauart	Vierzylinder (Reihe)
Lage	Front
Antrieb	Heck
Hubraum (ccm)	1558
Leistung (PS/U/min)	106 bei 5500
	bis 126 bei 6500
Vmax (km/h)	185 bis 195
Bauart	Cabriolet, Coupé
Material	Kunststoff
Produktionszahl	12.224

[ca. 46.500 €]

Mercedes-Benz 230 SL, 250 SL, 280 SL (W 113)

Eine Design-Revolution für das konservative Mercedes-Publikum war die Roadster-Baureihe W 113. Mit den rundlichen Formen der Fünfziger hatte man radikal gebrochen und auf gerade, schlichte und unspektakuläre Linien gesetzt. Der Krümmung des serienmäßigen Hardtops wegen wird der zunächst als 230 SL vorgestellte Roadster bis heute als „Pagode" bezeichnet – dabei war das Ziel der Designer nicht, die Dachform japanischer Tempel zu kopieren, sondern den Köpfen der Passagiere mehr Raum zu bieten. Der 230 SL wurde auf Anhieb ernster genommen als sein Vorgänger 190 SL, verkaufte sich fast doppelt so gut und blieb acht Jahre lang im Programm des Stuttgarter Autobauers – ab 1967 als 250 SL und ein Jahr später wahlweise auch als 280 SL mit 170 PS. Sein zeitloses Design kann auch heute noch begeistern.

Land	Deutschland
Marke	Mercedes-Benz
Baujahr	1963-1971
Motor-Bauart	Sechszylinder (Reihe)
Lage	Front
Antrieb	Heck
Hubraum (ccm)	2281, 2496, 2778
Leistung (PS/U/min)	150 bei 5500 bis 170 bei 5750
Vmax (km/h)	190 bis 200
Bauart	Cabriolet
Material	Stahlblech
Produktionszahl	48.912

[ca. 134.000 €]

ca. 26.500 €

Land	GB
Marke	MG
Baujahr	1962-1980
Motor-Bauart	Vierzylinder (Reihe)
Lage	Front
Antrieb	Heck
Hubraum (ccm)	1798
Leistung (PS/U/min)	92 bei 5400
	bis 95 bei 5500
Vmax (km/h)	165 bis 175
Bauart	Roadster
Material	Stahlblech
Produktionszahl	387.259

MG B

Mit Bravour löste der MG B die Aufgabe, Nachfolger des meistverkauften englischen Roadsters der fünfziger Jahre zu sein. Die selbsttragende Karosserie, die sogar über berechnete Sicherheits-Knautschzonen verfügte, zeigte sich stilistisch dem Zeitgeschmack angepasst und modernisiert. So war der klassische Hüftknick des MG A verschwunden. Kurbelscheiben und mehr Platz im Fuß-raum erhöhten zudem beträchtlich den Komfort, hinter den Sitzen war ein Stauraum, für den bei Bedarf ein zusätzlicher dritter Sitz bestellt werden konnte. Der MG B durchlebte eine wechselvolle, aber sehr erfolgreiche und vor allem lange Geschichte, in deren Verlauf er – um den amerikanischen Sicherheitsbestimmungen zu genügen – mit hässlichen Plastikstoßfängern ausgerüstet und 25 mm höhergelegt wurde.

Porsche 356 2000 GS Carrera 2

Land	Deutschland
Marke	Porsche
Baujahr	1961-1964
Motor-Bauart	Vierzylinder (Boxer)
Lage	Heck
Antrieb	Heck
Hubraum (ccm)	1966
Leistung (PS/U/min)	130 bei 6200
Vmax (km/h)	200
Bauart	Coupé, Cabriolet, Hardtop
Material	Stahlblech
Produktionszahl	436

[ca. 640.000 €]

Mit vollen zwei Litern Hubraum und stattlichen 130 PS Leistung war die zweite „Carrera"-Serie zwar nicht weniger sportlich als die erste ausgefallen, aber weniger kapriziös. Als leistungsfähiger Langstrecken-Sportwagen machte er nun eine bessere Figur als sein Vorgängermodell. Erhältlich war der Carrera 2 als Coupé, Cabriolet und Hardtop/Cabriolet. Die Produktionsstückzahlen des ebenso exklusiven wie technisch aufwendigen Carrera blieben bei Einstandspreisen zwischen 23.700 und 25.750 D-Mark – je nach Karosserievariante – erwartungsgemäß auch bei der zweiten Serie gering.

Porsche 911, 911 L, 911 T, 911 S (ab 1967: A-Serie)

Wer Porsche sagt, meint 911. Welche Bedeutung die Sportwagen-Ikone für den Zuffenhausener Hersteller haben würde, war aber 1963, als man den 901 genannten Neuling auf der IAA präsentierte, noch nicht absehbar. Ein Jahr später war – einer Klage Peugeots wegen – aus dem 901 der 911 geworden und für das von F. A. Porsche offenbar für die Ewigkeit gezeichnete Coupé mit dem Zweiliter-Sechszylinder-Boxer und 130 PS wurden 21.900 Mark aufgerufen. Befürchtungen, die Porsche-Gemeinde könne sich nicht vom 356er lösen, erwiesen sich als unbegründet. Die Fahrmaschine aus Schwaben fand auf Anhieb reißenden Absatz. Die Baureihe wurde – ähnlich wie beim 356 – rasch ausgebaut, und schon 1967 konnte man zwischen drei Motoren von 110 bis 160 PS wählen. Produziert wird der 911 bis heute – wohl kein anderes Fahrzeug wurde während seiner Bauzeit so konsequent und beständig weiterentwickelt.

Land	Deutschland
Marke	Porsche
Baujahr	1964-1969
Motor-Bauart	Sechszylinder (Boxer)
Lage	Heck
Antrieb	Heck
Hubraum (ccm)	1991
Leistung (PS/U/min)	110 bei 5800
	bis 160 bei 6600
Vmax (km/h)	195 bis 220
Bauart	Coupé (auch mit
	entfernbarem Dachteil)
Material	Stahlblech
Produktionszahl	k.A.

[ca. 168.000 €]

Porsche 904, Carrera GTS

Um Anfang der Sechziger bei GT-Rennen antreten zu dürfen, mussten in einer Homologationsserie mindestens 100 Fahrzeuge eines Typs gebaut werden. Um auf erste Plätze abonniert zu bleiben, wollte man 1963 in Zuffenhausen einen möglichst leichten GT-Rennwagen, in den mittig – wie schon beim Porsche 550 Spyder – der Zweiliter-„Fuhrmann"-Motor eingebaut werden sollte. Die von Heinkel in Speyer gefertigte Karosserie aus einem glasfaserverstärkten Polyesterharz der BASF wurde auf einen Kastenrahmen aus Stahlblech aufgeklebt. Wegen des vergleichsweise günstigen Preises und der großen Nachfrage entstanden so immerhin 116 Exemplare des ersten Porsche mit Kunststoffkarosserie. 650 kg wog der nur wenig mehr als einen Meter hohe 904 – und war mit dem 155 PS leistenden Boxermotor fast 250 km/h schnell. Die Rennerfolge des Carrera GTS waren legendär – allerdings gab es die späteren Sechs- und Achtzylinder-Modelle nicht mit Straßenzulassung.

Land	Deutschland
Marke	Porsche
Baujahr	1963-1965
Motor-Bauart	Vierzylinder (Boxer), Sechszylinder (boxer), Achtzylinder (Boxer)
Lage	Mitte
Antrieb	Heck
Hubraum (ccm)	1966, 1991, 1982, 2195
Leistung (PS/U/min)	155 bei 6900 bis 270 bei 8600
Vmax (km/h)	über 250
Bauart	Coupé
Material	Kunststoff
Produktionszahl	ca. 120

[je nach Originalität und Historie bis zu 2,5 Mio €]

Triumph TR 4, TR 4 IRS

ca. 40.000 €

Land	GB
Marke	Triumph
Baujahr	1961-1967
Motor-Bauart	Vierzylinder (Reihe)
Lage	Front
Antrieb	Heck
Hubraum (ccm)	1991, 2138
Leistung (PS/U/min)	100 bei 4600
	bis 104 bei 4700
Vmax (km/h)	175
Bauart	Roadster
Material	Stahlblech
Produktionszahl	71.665

Auch beim Triumph TR 4 sollte die puristische
Roadster-Härte ab 1961 etwas aufgeweicht werden. Richtigerweise hatte man erkannt, dass auch Roadster-Fahrer in den Sechzigern Kurbelfenster haben wollten. Auch die im TR 3 noch tief eingeschnittenen Türen machten einer geradlinigen Lösung Platz. Überhaupt brach der von Giovanni Michelotti entworfene TR 4 stilistisch mit seinem Vorgänger und zeigte sich auch optisch durchaus zeitgemäß. Technisch blieb es dabei, dass man keine Experimente wagte, sondern mit den 2,0- und 2,2-Liter-Motoren auf solide Großserientechnik aus eigenem Haus setzte. Die blattgefederte Starrachse ersetze man 1965 durch eine Einzelradaufhängung. Nach knapp 72.000 Exemplaren wurde der TR 4 im Jahr 1967 durch den optisch kaum veränderten TR 5 mit dem 2,5-Liter-Reihensechszylinder aus dem Triumph 2000 ersetzt.

Volkswagen Karmann Ghia Coupé (Typ 34)

Nicht alles, was man in Wolfsburg in den Sechzigern anfasste, geriet zum Millionen-Erfolg. Der „große Karmann Ghia", wie der Typ 34 auch genannt wurde, konnte nicht an den Erfolg des parallel gebauten Typ 14 anknüpfen. Im Gegensatz zu diesem basierte er nicht auf dem Käfer-Fahrgestell, sondern auf dem des Volkswagen 1500, der ebenfalls 1961 vorgestellt worden war. Der Typ 34 war auch nur als Coupé lieferbar. Pläne, ebenfalls ein Cabrio zu realisieren, scheiterten an zu hohen Kosten. Der Typ 34 machte alle Evolutionsschritte des Typ 3 mit – so war er ab 1965 als 1600 L mit 54 PS und 150 km/h der schnellste damals lieferbare Volkswagen. Nach nur 42.000 Exemplaren wurde der Typ 1969 aus dem Programm genommen. Offizielle Begründung war der anstehende Produktionsstart des VW-Porsche 914.

Land	Deutschland
Marke	Volkswagen
Baujahr	1961-1969
Motor-Bauart	Vierzylinder (Boxer)
Lage	Heck
Antrieb	Heck
Hubraum (ccm)	1493, 1584
Leistung (PS/U/min)	45 bei 3800
	bis 54 bei 4000
Vmax (km/h)	135 bis 150
Bauart	Coupé
Material	Stahlblech
Produktionszahl	42.505

ca. 55.500 €

Land	Schweden
Marke	Volvo
Baujahr	1961-1972
Motor-Bauart	Vierzylinder (Reihe)
Lage	Front
Antrieb	Heck
Hubraum (ccm)	1780, 1986
Leistung (PS/U/min)	90 bei 5500
	bis 124 bei 6000
Vmax (km/h)	165 bis 180
Bauart	Coupé
Material	Stahlblech
Produktionszahl	39.407

[ca. 43.000 €]

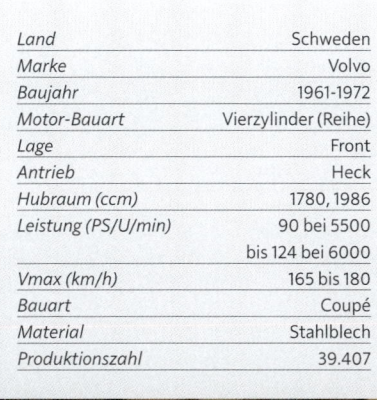

Volvo P 1800 (P 1800, P 1800 S, P 1800 E)

Mit dem Volvo P 1900 hatte Volvo in den Fünfzigern einen wenig erfolgreichen Ausflug ins Sport-Segment unternommen. Das sollte sich mit dem P 1800 ändern. Der spektakulär gestylte Schwede ging ab 1961 mit dem 1,8-Liter-Triebwerk aus dem P 122 ins Rennen, dessen Leistung auf 90 PS erhöht worden war. Der 2+2-Sitzer wurde ursprünglich bei Jensen in England gebaut, wegen Qualitätsproblemen ab 1963 aber im Volvo-Stammwerk in Göteborg. Trotzdem hatte ein Engländer maßgeblichen Anteil am Erfolg des sportlichen Schweden: Als Detektiv Simon Templar fuhr Roger Moore in der gleichnamigen Fernsehserie einen P 1800 – und verhalf dem Coupé damit zu enormer Popularität. 1966 wurde der 1,8-Liter durch ein Zweiliter-Aggregat ersetzt – 1969 krönte ein Einspritzer mit 124 PS die Leistungs-Evolution.

Land	Deutschland
Marke	Amphicar
Baujahr	1961-1968
Motor-Bauart	Vierzylinder (Reihe)
Lage	Heck
Antrieb	Heck
Hubraum (ccm)	1147
Leistung (PS/U/min)	38 bei 4750
Vmax (km/h)	115
Bauart	Cabriolet
Material	Stahlblech
Produktionszahl	3500

[ca. 76.000 €]

Amphicar (Modell 770)

Eine Kuriosität in der Automobilgeschichte war der Amphicar des Ingenieurs Hans Trippel. Der hatte sich schon in den 1930er Jahren mit schwimmfähigen Fahrzeugen befasst – vorwiegend mit militärischem Hintergrund. Zu Beginn der Sechziger erhielt er einen Entwicklungsauftrag aus Amerika. Zwar kam es nicht zu einer Serienfertigung, aber für die fertige Entwicklung interessierte sich der Quandt-Konzern. Ab 1961 lief die Fertigung in Lübeck und Berlin an. Angetrieben vom Vierzylinder-Motor des Triumph Herald war der 10.500 Mark teure Amphicar aber weder ein gutes Auto noch ein gutes Boot. Zwei Kunststoffpropeller fanden sich am Heck, gelenkt wurde zu Wasser und zu Lande mit den Vorderrädern. Nach jeder Wasserfahrt mussten 13 Schmiernippel gefettet werden, wozu das Fahrzeug aufgebockt und die Rückbank ausgebaut werden musste. Sicher ein Grund, warum sich bis 1968 nur 3500 Käufer fanden – mehr als 80 Prozent davon in den USA.

Land	Italien
Marke	Fiat
Baujahr	1969-1985
Motor-Bauart	Vierzylinder (Reihe)
Lage	Front
Antrieb	Front
Hubraum (ccm)	1116 bis 1290
Leistung (PS/U/min)	55 bei 6000
	bis 67 bei 6200
Vmax (km/h)	140 bis 152
Bauart	Limousine (2-türig),
	Limousine (4-türig), Kombi
Material	Stahlblech
Produktionszahl	k.A.

[ca. 7.500 €]

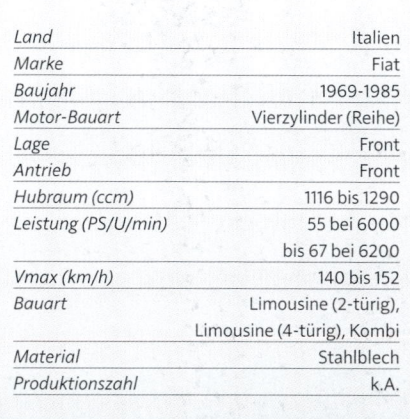

Fiat 128 (Berlina, Familiare, Rally)

Wie moderne Kompaktwagen konzipiert wurden, zeigte 1969 auch Fiat: Für das im kantigen Fiat-Stil jener Jahre gezeichnete Modell, das den 1100 ersetzte, hatten die Turiner Ingenieure erstmals auf den Frontantrieb gesetzt. Der wassergekühlte 1,1-Liter mit obenliegender Nockenwelle und 55 PS war nicht nur eine komplette Neukonstruktion, sondern zudem quer vor der Vorderachse eingebaut, was dem 128 eine gegenüber seinen Konkurrenten überlegene Raumökonomie verlieh. Auch die hinteren Räder waren einzeln aufgehängt und unterstrichen den technischen Anspruch des neuen Kompaktwagens, den es als Zwei- und Viertürer sowie als Kombi gab. Die Fahrleistungen aller Varianten – als Rally leistete der auf 1,3 Liter aufgebohrte Vierzylinder 67 PS – waren denen der Wettbewerber überlegen. Mit 14 Jahren war der Fiat 128 eines der am längsten gebauten Modelle des italienischen Herstellers.

Ford (Taunus) 12 M, 15 M, 15 M TS, 15 M XL, 15 M RS (Werkscode P6)

[ca. 12.000 €]

Land	Deutschland
Marke	Ford (D)
Baujahr	1966-1970
Motor-Bauart	V4
Lage	Front
Antrieb	Front
Hubraum (ccm)	1183, 1288, 1498, 1699
Leistung (PS/U/min)	45 bei 4500 bis 75 bei 5000
Vmax (km/h)	125 bis 158
Bauart	Limousine (2-/4-türig), Kombi (3-türig), Coupé
Material	Stahlblech
Produktionszahl	668.187

Ein Jahr später als der B-Kadett erschien das Konkurrenzmodell von Ford, der 12 M P6. Hatten A-Kadett und 12 M P4 einander noch auf Augenhöhe begegnen können, verlor Ford mit dem P6 den Anschluss. Das Fahrzeug mit der Seitensicke, deren Sinn man nicht so recht verstehen konnte, kam optisch bei weitem nicht so gut an wie sein Rüsselsheimer Konkurrent. Technisch bot der P6 keinerlei Highlights. Wie sein Vorgänger verfügte er über V4-Motoren zwischen 1,2 und 1,5 Litern Hubraum, welche die Vorderräder antrieben. Die waren jetzt immerhin an McPherson-Federbeinen aufgehängt und übertrugen weniger Antriebskräfte in die Lenkung. Auch die aufgepeppte 15 M-Version mit Rechteckscheinwerfern, die in der TS-Version sogar den 75-PS-Motor des 17 M unter die Haube bekam, konnte die Kunden nicht begeistern. Schon 1970 wurden die P6-Modelle durch den Taunus ersetzt. Für mehr als ein Jahrzehnt nahm man in Köln Abschied vom Frontantrieb.

Ford Escort I

Land	Deutschland
Marke	Ford
Baujahr	1968-1974
Motor-Bauart	Vierzylinder (Reihe)
Lage	Front
Antrieb	Heck
Hubraum (ccm)	1098, 1298, 1993
Leistung (PS/U/min)	40 bei 5300
	bis 100 bei 5700
Vmax (km/h)	127 bis 170
Bauart	Limousine (2-türig),
	Limousine (4-türig), Kombi
Material	Stahlblech
Produktionszahl	über 2,14 Mio.

[ca. 16.500 €]

Einen schweren Stand hatte der Ford Escort, der unterhalb der 12 M-Baureihe das Ford-Programm ergänzen sollte. Das rundliche Styling konnte seine britische Herkunft nicht verleugnen und fand hierzulande wenig Anhänger. Bei dem simplen Fahrwerk mit der blattgefederten hinteren Starrachse hatte man im Gegensatz zum 12 M auf den konventionellen Heckantrieb gesetzt. Motoren von 40 bis 100 PS deckten ein großes Spektrum ab und die Ausstattungsvarianten boten eine nahezu verwirrende Vielfalt. In England übertraf der Escort die hohen Erwartungen und wurde sehr erfolgreich. In Deutschland entdeckten vor allem Sportfahrer, die eine günstige Basis für den Motorsport suchten, den Escort für sich. Der hatte schließlich weltweit im Rallye- und Tourenwagensport eine beispiellose Karriere vorzuweisen.

Opel Kadett (Serie B)

Schon nach drei Jahren löste man in Rüsselsheim den erfolgreichen Kadett A ab. Was zunächst unverständlich erschien, erwies sich schnell als richtige Entscheidung. Der Kadett B war deutlich länger und breiter als sein Vorgänger – und nicht zuletzt die Geräumigkeit war ein Grund für seinen immensen Erfolg. In der B-Version erreichte das Kadett-Programm eine schier unüberschaubare Vielfalt. Von Beginn waren Zweitürer, Kombi und diesmal auch ein Viertürer lieferbar – und das Coupé stand 1965 ebenfalls auf der IAA. 1967 folgte im Rahmen eines Facelifts, das dem Kadett unter anderem eine neue Hinterachse mit Schraubenfedern bescherte, der viertürige Kombi sowie – als absolutes Novum – die viertürige Fließheck-Limousine. Und für Sportfahrer: der Rallye-Kadett mit 1,1 Litern und 60 PS, der später den 1,9-Liter-Motor des Rekord mit 90 PS erhalten sollte. Fast acht Jahre lang wurde der Kadett B gebaut und gilt bis heute mit fast 2,7 Millionen Fahrzeugen als einer der erfolgreichsten Opel überhaupt.

Land	Deutschland
Marke	Opel
Baujahr	1965-1973
Motor-Bauart	Vierzylinder (Reihe)
Lage	Front
Antrieb	Heck
Hubraum (ccm)	1078 bis 1897
Leistung (PS/U/min)	45 bei 5000
	bis 90 bei 5100
Vmax (km/h)	125 bis 165
Bauart	Limousine (2-/4-türig),
	Kombi (3-/5-türig), Coupé
Material	Stahlblech
Produktionszahl	2.691.300

ca. 13.500 €

Peugeot 204 Cabriolet und Coupé

Die Zusammenarbeit mit Pininfarina hatte sich für Peugeot schon mit dem 404 als erfolgreich erwiesen. Mit dem 204, der 1965 in Paris seine Premiere feierte, sollte sich dies fortsetzen. Technisch ging man, beim ersten Fahrzeug der unteren Mittelklasse für Peugeot, ganz neue Wege. Nicht nur, dass der 204 der erste Peugeot mit Frontantrieb war: Der neukonstruierte Aluminiummotor mit 1,1 Litern, 53 PS und einer obenliegenden Nockenwelle war zudem aus Platzgründen quer zur Fahrtrichtung eingebaut. Damit noch nicht genug: Der kleinste Peugeot war 1965 auch noch der erste mit Einzelradaufhängung an allen vier Rädern und serienmäßigen Scheibenbremsen vorn. Da diese geballte Ladung moderner Technik auch noch in einem hübschen und geräumigen Blechkleid verpackt war, konnte dem Erfolg nichts mehr im Wege stehen.

Land	Frankreich
Marke	Peugeot
Baujahr	1966-1970
Motor-Bauart	Vierzylinder (Reihe)
Lage	Front
Antrieb	Front
Hubraum (ccm)	1130
Leistung (PS/U/min)	53 bei 5800
Vmax (km/h)	ca. 140
Bauart	Cabriolet, Coupé
Material	Stahlblech
Produktionszahl	18.181 (Cabriolet), 42.765 (Coupé)

[ca. 20.500 €]

Simca 1100

Vielleicht eines der verkanntesten Autos der Geschichte: 1967 bot der Simca 1100 nahezu alle Konstruktionselemente, die mehr als fünfzehn Jahre später zum Allgemeingut von Kompaktwagen in aller Welt werden sollten: Ein wassergekühlter, quer eingebauter Vierzylindermotor, der die Vorderräder antrieb und in einer knapp vier Meter langen Karosserie untergebracht war, deren Rückbank bei Bedarf umgelegt werden konnte, um über die Heckklappe auch mit größeren Transportgütern beladen zu werden. Der 1100 war Simcas erster Ausflug in die Kompaktklasse, wurde aber nicht konsequent weiterentwickelt und konnte die Übernahme der Marke durch die PSA-Gruppe 1978 auch nicht verhindern. Immerhin wurde er aber als Talbot bis 1981 weitergebaut.

[ca. 12.500 €]

Land	Frankreich
Marke	Simca
Baujahr	1967-1982
Motor-Bauart	Vierzylinder (Reihe)
Lage	Front
Antrieb	Front
Hubraum (ccm)	944 bis 1294
Leistung (PS/U/min)	45 bei 6000
	bis 82 bei 6000
Vmax (km/h)	130 bis 160
Bauart	Limousine (2-türig),
	Limousine (4-türig),
	Kombi (3-türig), Kombi (5-türig)
Material	Stahlblech
Produktionszahl	k.A.

Land	Deutschland
Marke	Volkswagen
Baujahr	1965-1973
Motor-Bauart	Vierzylinder (Boxer)
Lage	Heck
Antrieb	Heck
Hubraum (ccm)	1285, 1493
Leistung (PS/U/min)	40 bei 4000
	bis 44 bei 4000
Vmax (km/h)	120 bis 130
Bauart	Limousine (2-türig)
Material	Stahlblech
Produktionszahl	k.A.

[ca. 24.500 €]

Volkswagen 1300 und 1500

Ständige Modellpflege war eines der Geheimnisse des Käfer-Erfolgs. An den Stammtischen der Sechziger wurden epochale Veränderungen wie der Wechsel von 6 auf 12 Volt bei Deutschlands Nummer eins engagiert diskutiert. Gesprächsstoff gab es 1965 reichlich: Der VW 1300 ersetzte das Export-Modell und leistete 40 PS, der 1500 gar 44 PS. 1967 kamen das Zweikreis-Bremssystem sowie zwei Geschwindigkeiten für den Scheibenwischer. Ab 1968 gab es vorne auf Wunsch Scheibenbremsen. Ein Anachronismus war der Käfer also bereits in der zweiten Hälfte der Sechziger – und trotzdem immer noch der Deutschen liebstes Auto. Seine eigentlichen Qualitäten, die sprichwörtliche Zuverlässigkeit, die hervorragende Verarbeitung, die niedrigen Unterhalts- und Reparaturkosten sowie den geringen Wertverlust hatte er bei allen tiefgreifenden Modellpflegemaßnahmen beibehalten. Zum Glück.

Land	Deutschland
Marke	Audi
Baujahr	1965-1972
Motor-Bauart	Vierzylinder (Reihe)
Lage	Front
Antrieb	Front
Hubraum (ccm)	1496, 1696, 1770
Leistung (PS/U/min)	55 bei 4750
	bis 90 bei 5200
Vmax (km/h)	137 bis 163
Bauart	Limousine (2-türig),
	Limousine (4-türig), Kombi
Material	Stahlblech
Produktionszahl	416.852

[ca. 12.500 €]

Audi (Audi 75, Audi 80, Audi Super 90, Audi 60)

Die Aufgabe war ungefähr so dankbar wie die, als Spieler wenige Spieltage vor Saisonende in eine Mannschaft zu kommen, die kurz vor dem Abstieg steht. In der Karosserie des glücklosen DKW F 102 sollte ein Viertaktmotor die Ingolstädter 1965 vor dem Aus retten. Das 1,5-Liter-Aggregat war noch unter Mercedes-Ägide als „Mitteldruck-Motor" mit einer Verdichtung von 1:11,2 entstanden. Nur wenige Modifikationen musste die Karosserie über sich ergehen lassen – wirkte aber mit den Rechteckscheinwerfern deutlich erwachsener. Und ein neuer Name musste her, weil man sich vom DKW-Zweitaktimage endgültig lösen wollte. „Sag' einfach Audi zu mir", hätte der Neue sagen können – denn man hatte den Namen aus der Vorkriegszeit ohne weiteren Zusatz aufleben lassen. Auf den Audi schienen viele gewartet zu haben: Mit geschickten Ergänzungen der Modellpalette gelang es, den Grundstein für eine beispiellos erfolgreiche Karriere zu legen.

Land	GB
Marke	Austin
Baujahr	1969-1981
Motor-Bauart	Vierzylinder (Reihe)
Lage	Front
Antrieb	Front
Hubraum (ccm)	1485, 1721
Leistung (PS/U/min)	75 bei 5500
	und 72 bei 4900
Vmax (km/h)	140 und 148
Bauart	Limousine (3-türig),
	Limousine (5-türig)
Material	Stahlblech
Produktionszahl	ca. 472.000

[ca. 3.000 €]

Austin Maxi 1500, Maxi 1750

Seit dem Austin 1800 von 1964 hatte man versucht, das erfolgreiche Mini-Konzept in höhere Segmente zu transferieren. Letzter Vertreter dieser Versuche war der Austin Maxi, der 1969 vorgestellt wurde. Der lange Radstand garantierte extrem gute Raumausnutzung ebenso wie souveränen Fahrkomfort. Die Heckklappe gewährte eine Variabilität, die Ende der Sechziger keineswegs selbstverständlich war. Auch der quer eingebaute Frontmotor mit 1,5 Litern und 75 PS war eine moderne Konstruktion. Schließlich war auch die Hydrolastic-Verbundfederung ebenso avantgardistisch wie effektiv. Aber die Kunden konnten sich nie mit den ungewohnten Proportionen jener Austin-Fahrzeuge anfreunden – weshalb von 1969 bis 1981 nur ungefähr 400.000 entstanden und davon lediglich wenige die Insel verließen.

Land	Deutschland
Marke	Audi
Baujahr	1968-1976
Motor-Bauart	Vierzylinder (Reihe)
Lage	Front
Antrieb	Front
Hubraum (ccm)	1760, 1871
Leistung (PS/U/min)	80 bei 5000
	bis 112 bei 5700
Vmax (km/h)	156 bis 180
Bauart	Limousine (2-türig),
	Limousine (4-türig)
Material	Stahlblech
Produktionszahl	796.787

[ca. 18.500 €]

Audi 100 Limousine (Werkscode C1)

Der Erfolg des „Audi" in der Mittelklasse gegen die etablierte Konkurrenz von Opel und Ford hatte in Ingolstadt Mut gemacht. Hatten die VW-Eigner eigentlich vor, langfristig aus Ingolstadt nur ein Montagewerk für die Heckmotor-Fahrzeuge zu machen, entwickelte ein verschworenes Team rund um Chefentwickler Ludwig Kraus quasi im Alleingang den Audi 100, mit dem auch in der oberen Mittelklasse angegriffen werden sollte. Dabei setzte man als Einziger außer Citroën und NSU in diesem Segment auf den Frontantrieb, den man noch aus DKW-Zeiten geerbt hatte. VW ließ sich auf das Experiment ein – das Projekt wurde auf maximal 100.000 Fahrzeuge kalkuliert. Anfangs nur als Viertürer lieferbar, schlug der Audi 100 ein wie eine Bombe. Zwischen der „Massenware" von Opel und Ford sowie der Oberklasse von BMW angesiedelt, schuf er sich rasch einen großen Käuferkreis. Mit dem Zweitürer und dem ab 1969 lieferbaren Coupé liefen insgesamt 900.000 Audi 100 vom Band und etablierten Audi endgültig als feste Größe auch im Volkswagenkonzern.

BMW 1600-2, 1602, 1802, 2002, 1502 („02er Reihe")

[ca. 26.500 €]

Land	Deutschland
Marke	BMW
Baujahr	1966-1977
Motor-Bauart	Vierzylinder (Reihe)
Lage	Front
Antrieb	Heck
Hubraum (ccm)	1573 bis 1990
Leistung (PS/U/min)	75 bei 5800, 100 bei 5500
Vmax (km/h)	157 bis 173
Bauart	Limousine (2-türig)
Material	Stahlblech
Produktionszahl	753.000

Der Erfolg der „Neuen Klasse" hatte das Überleben der Marke BMW abgesichert. Jetzt ging es darum, den Erfolg auszubauen. Die BMW-Manager hatten erkannt, dass die Betonung der Sport-lichkeit endlich den notwendigen Gegenpol zu Mercedes setzen würde. Mit einem neuen Modell sollte dies noch stärker akzentuiert werden. So entstand 1966 auf dem verkürzten Fahrgestell der „Neuen Klasse" der 1600-2. Der Zweitürer verfügte über den 1,6 Liter großen 85-PS-Motor des BMW 1600, der mit nur 940 kg Gewicht leichtes Spiel hatte. Das Motorenprogramm wurde auf Basis des M10-Vierzylinders rasch ausgebaut und 1971 mit dem 2002 tii und 130 PS gekrönt. 1973 gab es sogar den ersten serienmäßigen Turbomotor: Der 2002 turbo leistete 170 PS, geriet aber nicht nur wegen der Ölkrise zum Flop. Die 02-Baureihe war ein Meilenstein für BMW und prägt bis heute das Image der Marke.

Land	Frankreich
Marke	Citroën
Baujahr	1967-1975
Motor-Bauart	Vierzylinder (Reihe)
Lage	Front
Antrieb	Front
Hubraum (ccm)	1985
Leistung (PS/U/min)	84 bei 5250, 90 bei 5500
Vmax (km/h)	165, 167
Bauart	Limousine (4-türig), Kombi (5-türig)
Material	Stahlblech
Produktionszahl	k.A.

[ca. 40.000 €]

Citroën DS 20

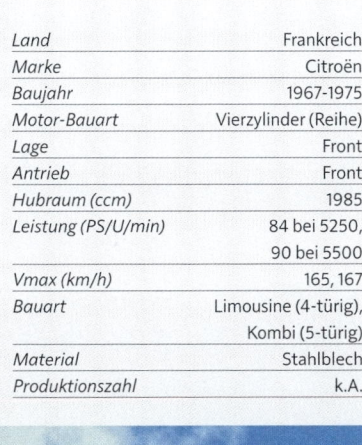

Seit zwölf Jahren war der Citroën DS bereits im Angebot der avantgardistischen Franzosen und, immer noch war seine Alleinstellung im Markt die gleiche wie zur Zeit seiner Premiere. Eine weitere Innovation bot Citroën mit der Renovierung der Baureihe 1967 an: Hinter einem Deckglas waren in einer Einheit zwei Scheinwerfer zusammengefasst, von denen der innere mitlenkend war. Außerdem hatte der Innenraum eine Überarbeitung erhalten, und das Motorenprogramm wurde – bis zum Auslaufen der Reihe 1975 – immer weiter den steigenden Ansprüchen angepasst. Die letzte Ausbaustufe war 1972 mit einem 2,35-Liter-Vierzylinder und 126 PS erreicht, der den DS 23 Pallas Injection auf immerhin 188 km/h beschleunigte. Das einzigartige Fahrgefühl eines Citroën DS bietet bis heute kein anderes Fahrzeug.

Land	Italien
Marke	Fiat
Baujahr	1966-1974
Motor-Bauart	Vierzylinder (Reihe)
Lage	Front
Antrieb	Heck
Hubraum (ccm)	1197
Leistung (PS/U/min)	60 bei 5600
Vmax (km/h)	145 bis 147
Bauart	Limousine (2-/4-türig),
	Kombi (5-türig)
Material	Stahlblech
Produktionszahl	1,92 Mio.
	(plus Lizenzbauten)

[ca. 13.000 €]

Fiat 124 Berlina, 124 Familiare

„Keine Experimente" hieß in Turin die Devise für die Entwicklung des neuen Mittelklassewagens, der 1966 vorgestellt werden sollte. Von der ursprünglichen Idee eines Fronttrieblers hatte man sich verabschiedet und setzte auf konstruktive Einfachheit. Das galt auch für die Form: Wohl selten wurde ein Fahrzeug stilistisch so der „Neuen Sachlichkeit" untergeordnet wie der Fiat 124. Das rief durchaus auch Kritiker auf den Plan. Die Zeit freilich hat Fiat Recht gegeben. Denn der Fiat 124 verkaufte sich nicht nur in Italien vom Start weg hervorragend, sondern auch als russisches Lizenzprodukt „Lada", als das er von 1970 an gebaut wurde. Für ein großzügiges Platzangebot, einen großen Kofferraum, niedrige Unterhaltskosten, ein unkompliziertes Fahrwerk und zuletzt auch sportlichere Motoren konnten sich bis 1974 mehr als 1,9 Millionen Fiat-Käufer entscheiden.

Land	Deutschland
Marke	Ford
Baujahr	1968-1971
Motor-Bauart	V4, V6
Lage	Front
Antrieb	Heck
Hubraum (ccm)	1498 bis 1998, 2293, 2250
Leistung (PS/U/min)	60 bei 4800
	bis 125 bei 5100
Vmax (km/h)	135 bis 170
Bauart	Limousine (2-/4-türig),
	Kombi (3-türig),
	Kombi (5-türig),
	Coupé, Cabriolet
Material	Stahlblech
Produktionszahl	155.780

ca. 23.000 €

Ford (P7B) 17 M, 20 M, 26 M

Der Ford 17 M P7a hatte sich mit seiner ungeliebten Hüftschwung-Optik und der trampelnden, blattgefederten Hinterachse schnell als Flop erwiesen. Schon ein Jahr später zeigten die Kölner mit dem P7b, dass sie die Kritik ernst genommen hatten. Mit zusätzlichen Längslenkern wurde die Hinterachse in Zaum gehalten, während die Optik stark geglättet wurde und nun den Gefallen der Ford-Kunden fand. Man war zur „Linie der Vernunft" zurückgekehrt und bot weiterhin viel Auto fürs Geld. Großes Plus der Baureihe war, nach wie vor den mit Abstand günstigsten Sechszylinder im Programm zu haben. Der 20 M V6 mit 82 PS kostete keine 10.000 Mark! Die in vielfältigen Motoren-, Karosserie- und Ausstattungsvarianten lieferbare Baureihe fand 1970 ihre Krönung im 26 M, der aus einem 2,6-Liter-Motor drehmomentoptimierte 125 PS holte.

Land	Deutschland
Marke	Mercedes-Benz
Baujahr	1967-1976
Motor-Bauart	Vierzylinder (Reihe),
	Fünfzylinder (Reihe)
Lage	Front
Antrieb	Heck
Hubraum (ccm)	1988 bis 3005
Leistung (PS/U/min)	55 bei 4200
	bis 110 bei 4800
Vmax (km/h)	125 bis 171
Bauart	Limousine (4-türig)
Material	Stahlblech
Produktionszahl	ca. 1,4 Mio.

[ca. 24.000 €]

Mercedes-Benz 200, 220, 230.4, 200 D, 220 D, 240 D, 240 D 3.0 (W 115, „Strich-8")

Die 1967 vorgestellte „Strich-8"-Baureihe konnte als erster Mercedes die Millionenmarke überspringen – und zwar deutlich. Von der Heck-flossen-Ära war nichts übriggeblieben: Sachliche, geometrische Formen prägten das Design des kleinsten Mercedes, der allein als Diesel (auch als Fünfzylinder gebaut) fast eine Million Mal produziert werden sollte. Laufleistungen von 300.000 Kilometern waren keine Ausnahme und setzten den enormen Erfolg im Taxi-Markt fort, die schwächste Version mit 55 PS und einem Top-Tempo von 125 km/h (Automatik) wurde allerdings gerne als „Wanderdüne" bezeichnet. Das moderne Fahrwerk mit Schräglenker-Hinterachse konnte aber tatsächlich auch dynamische Ansprüche befriedigen – besonders bei den Sechszylinder-Modellen sowie den sportlichen Coupé-Varianten (W 114), deren Motoren bis zu 185 PS leisteten. 1974 gelang es dem Mercedes sogar, den Käfer von Platz 1 der Zulassungsstatistik zu verdrängen – ein unglaublicher Erfolg. Der Strich-8 wurde bis Dezember 1976 gebaut – da lief sein Nachfolger W 123 bereits seit einem Jahr vom Band. Insgesamt rund 1,9 Millionen Stück fanden Abnehmer.

NSU Ro 80

Revolutionen im Automobilbau haben oft zum Erfolg geführt. Citroën DS und Renault 16 sind Beispiele dafür. Der NSU Ro 80 wurde leider das Gegenbeispiel. Heute kann man kaum glauben, dass die von Claus Luthe gezeichnete, aerodynamische Karosserie tatsächlich schon 1967 vorgestellt wurde. Allein wegen seiner Vorreiterstellung für das Design in den Achtzigern wäre ihm heute ein Platz im Auto-Olymp sicher. Aber da ist noch der revolutionäre Wankel-Motor, der ihn einzigartig machte. Das Zweischeiben-Aggregat mit einem Kammervolumen von 497 ccm leistete 115 PS und überzeugte mit nie dagewesener Laufkultur. Die mangelnde Standfestigkeit der ersten Exemplare vermieste allerdings den Ruf, der hohe Spritverbrauch tat sein Übriges, dass der Ro 80 bald nur noch Exzentriker überzeugen konnte. Die konnten sich über ein hochmodernes und komfortables Fahrwerk ebenso wie über das großzügige Platzangebot freuen. Mit dem letzten Ro 80 verschwand 1977 auch der Markenname NSU aus der Automobilgeschichte.

[ca. 30.000 €]

Land	Deutschland
Marke	NSU
Baujahr	1967-1977
Motor-Bauart	2-Scheiben/Wankel
Lage	Front
Antrieb	Front
Hubraum (ccm)	497,5 Kam.-Vol
Leistung (PS/U/min)	115 bei 5500
Vmax (km/h)	176 bis 181
Bauart	Limousine (4-türig)
Material	Stahlblech
Produktionszahl	37.398

Opel Commodore, Commodore GS, Commodore GS/E, Commodore GS 2800 (Serie A)

ca. 29.500 €

Land	Deutschland
Marke	Opel
Baujahr	1967-1971
Motor-Bauart	Sechszylinder (Reihe)
Lage	Front
Antrieb	Heck
Hubraum (ccm)	2239 bis 2784
Leistung (PS/U/min)	95 bei 4800
	bis 150 bei 5800
Vmax (km/h)	160 bis 195
Bauart	Limousine (2-türig),
	Limousine (4-türig),
	Coupé, Cabriolet
Material	Stahlblech
Produktionszahl	156.330

Den Trend zu mehr Dynamik hatte man auch in Rüsselsheim nicht verschlafen – obwohl man eigentlich eher für automobile Betulichkeit stand. Radikal ändern sollte das der Commodore, der 1967 auf Basis des Rekord C präsentiert wurde. Von diesem unterschied er sich nicht nur durch die Sechszylindermotoren zwischen 2,2 und 2,8 Litern Hubraum, sondern auch durch allerlei optischen Zierrat und bessere Ausstattung. Die Motoren basierten alle auf der neuen cih-Generation, die bis in die Neunziger angeboten wurde. Mit Benzineinspritzung und 150 PS setzte der Commodore GS/E 1970 vollkommen neue Dynamik-Maßstäbe für einen Mittelklasse-Opel. Die im Vergleich günstigen Preise trugen erheblich dazu bei, dass von der ersten Commodore-Generation mehr als 156.000 Fahrzeuge ihre Liebhaber fanden.

Land	Deutschland
Marke	Opel
Baujahr	1966-1971
Motor-Bauart	Vierzylinder (Reihe),
	Sechszylinder (Reihe)
Lage	Front
Antrieb	Heck
Hubraum (ccm)	1492 bis 2239
Leistung (PS/U/min)	58 bei 4800
	bis 106 bei 5600
Vmax (km/h)	130 bis 175
Bauart	Limousine (2-/4-türig),
	Kombi (3-/5-türig),
	Coupé, Cabriolet
Material	Stahlblech
Produktionszahl	1.276.681

ca. 20.500 €

Opel Rekord (Serie C)

Der Rekord C war der erste Mittelklasse-Opel, der über eine Million Mal hergestellt wurde. Das lag zum einen an der Modellkonstanz, die den hektischen Wechsel der Vorjahre beendete und von 1966 bis 1971 dauerte. Zum anderen aber darin, den Zeitgeist mit der repräsentativen, bauchig wirkenden Karosserie im Coke-Bottle-Look genau getroffen zu haben. Die neu entwickelten cih-Motoren aus dem Vorgänger – der nur ein Jahr lebte – waren in breiter Palette von 1,5 bis 1,9 Litern lieferbar, aus der jeder Passendes für sich heraussuchen konnte. Wer mehr wollte, konnte gar einen 2,2-Liter-Sechszylinder mit 106 PS ordern. Allen gemein war die neue „Fünflenker-Hinterachse", die deutlich mehr Fahrstabilität bot und bis 1986 beibehalten wurde. Vielfalt war auch bei den Karosserien Trumpf: Neben der Limousine fanden das elegante Coupé und der praktische Kombi viele Liebhaber.

Land	Frankreich
Marke	Peugeot
Baujahr	1968-1983 (2005)
Motor-Bauart	Vierzylinder (Reihe)
Lage	Front
Antrieb	Heck
Hubraum (ccm)	1795 bis 2112
Leistung (PS/U/min)	50 bei 4500
	bis 104 bei 5200
Vmax (km/h)	130 bis 175
Bauart	Limousine (4-türig),
	Kombi (5-türig), Pick-Up
Material	Stahlblech
Produktionszahl	ca. 3,7 Mio.

[ca. 15.000 €]

Peugeot 504

Seit 1956 zeichnete Pininfarina für das Design der Fahrzeuge aus Sochaux verantwortlich – kein Wunder, dass man angesichts des Erfolgs von 403, 404 und 204 auch beim 504 das italienische Design-Büro beauftragte. Heraus kam ein Entwurf in der Peugeot-typischen Sachlichkeit – aber mit eigenständigen Zügen wie dem Knick im Kofferraumdeckel. Der 504 sollte eigentlich das Modellprogramm nach oben abrunden – daher die „5" als erste Ziffer. Die Technik war aufwändig: Schräglenkerhinterachse, vier Scheibenbremsen und höhenverstellbare Kopfstützen waren 1968 keine Selbstverständlichkeit. Die Motoren wurden zunächst in überarbeiteter Form aus dem 404 übernommen. 1971 gab es einen Kombi mit verlängertem Radstand, der auch in einer achtsitzigen Variante angeboten wurde. Für Exportmärkte gab es einen Pick-Up mit der Starrachse des 404. Nachdem die Produktion 1983 in Sochaux endete, wurden die Anlagen zunächst nach Argentinien verschifft. Im Dezember 2005 wurde der letzte von mehr als 3,7 Millionen 504 schließlich in Nigeria gebaut. In Afrika gehört das Modell noch heute zu den beliebtesten Fahrzeugen überhaupt.

Renault 12 R, 12 L, (R 12 TL, R 12 TS, R 12 Gordini)

Land	Frankreich
Marke	Renault
Baujahr	1969-1979
Motor-Bauart	Vierzylinder (Reihe)
Lage	Front
Antrieb	Front
Hubraum (ccm)	1289, 1565
Leistung (PS/U/min)	50 bei 5000
	bis 113 bei 6250
Vmax (km/h)	135 bis 185
Bauart	Limousine (4-türig),
	Kombi (5-türig)
Material	Stahlblech
Produktionszahl	über 4 Mio.

[ca. 10.000 €]

Ein unscheinbarer Million-Seller war der Renault 12 zwischen 1969 und 1979. Um die Lücke zwischen Renault 6 und Renault 16 zu schließen und die Ära der Heckmotor-Renaults langfristig zu beenden, hatten die Entwickler eine charakteristische viertürige Stufenhecklimousine auf die Räder gestellt, deren 1,3-Liter-Vierzylinder seine Kraft auf die Vorderräder übertrug. Der fünftürige Kombi ergänzte 1972 das Angebot ebenso wie stärkere Motorisierungen bis zum R12 Gordini, den es mit 113 PS aber nur in Frankreich gab. Zu den vier Millionen Exemplaren, die in der Heimat vom Band liefen, gesellten sich zwischen 1975 und 2004 noch fast zwei Millionen Fahrzeuge, die der rumänische Hersteller Dacia für den osteuropäischen Markt produzierte. Auch in der Türkei lief der Renault 12 bis 2003 vom Band.

Land	Frankreich
Marke	Renault
Baujahr	1965-1979
Motor-Bauart	Vierzylinder (Reihe)
Lage	Front
Antrieb	Front
Hubraum (ccm)	1470 bis 1647
Leistung (PS/U/min)	55 bei 5000
	bis 94 bei 6000
Vmax (km/h)	140 bis 165
Bauart	Limousine (5-türig)
Material	Stahlblech
Produktionszahl	1.846.000

[ca. 17.500 €]

Renault 16 (R 16 TL, R 16 TS, R 16 TX)

Wohl kaum ein anderer europäischer Hersteller war in den Sechzigern so innovativ wie Renault. Nach dem Renault 4 schickte man sich 1965 an, die Mittelklasse zu revolutionieren. Der avantgardistische Viertürer mit großer Heckklappe war der erste Mittelklassewagen seiner Art. Auch Renault setzte nun auf den Frontantrieb und installierte den Motor in Fahrtrichtung hinter der Vorderachse – das Getriebe davor. Die Einzelradaufhängung ermöglichte durch die Verwendung von Torsionsstäben lange Federwege – der Fahrkomfort des Renault 16 ist legendär. Die Rückbank ließ sich umklappen oder – ohne Werkzeug – ausbauen, was den Mittelklasse-Renault zum Multi-Talent werden ließ. Der Mut, neue Wege zu beschreiten, hatte sich gelohnt: Bis 1979 blieb der R 16 in Produktion und verkaufte sich fast 1,9 Millionen Mal.

ca. 12.000 €

Saab 99

Auch für Saab war das Thema Sicherheit Ende der Sechziger von zentraler Bedeutung: schließlich verkaufte man einen großen Teil der Produktion in die USA. Mit dem 99 wollte man das Modellprogramm nach oben ausweiten und wagte eine komplette Neukonstruktion. Die solide Verarbeitung und das sichere Fahrwerk mit den vier Scheibenbremsen überzeugten Kunden in aller Welt. Und auch motorisch hatte man mit dem gemeinsam mit Triumph entwickelten 1,7 Liter großen 80-PS-Vierzylinder endlich ein überzeugendes Aggregat im Angebot. Im Gegensatz zum heimischen Konkurrenten Volvo vertraute man aber auf den Frontantrieb. 1978 kam der 96 in den Genuss des ersten Turbomotors der schwedischen Marke und begründete so eine lange Tradition. Das aufgeladene Aggregat mit inzwischen zwei Litern Hubraum leistete 145 PS und beschleunigte den Schweden auf bis zu 195 km/h.

Land	Schweden
Marke	Saab
Baujahr	1968-1977
Motor-Bauart	Vierzylinder (Reihe)
Lage	Front
Antrieb	Front
Hubraum (ccm)	1709
Leistung (PS/U/min)	80 bei 5200
	bis 87 bei 5500
Vmax (km/h)	155
Bauart	Limousine (2-/4-türig)
Material	Stahlblech
Produktionszahl	k.A.

Land	Deutschland
Marke	Volkswagen
Baujahr	1968-1974
Motor-Bauart	Vierzylinder (Boxer)
Lage	Heck
Antrieb	Heck
Hubraum (ccm)	1679, 1795
Leistung (PS/U/min)	68 bei 4500
	bis 85 bei 5000
Vmax (km/h)	140 bis 160
Bauart	Limousine (2-/4-türig),
	Kombi (3-türig)
Material	Stahlblech
Produktionszahl	355.087

ca. 22.500 €

Volkswagen 411 und 412

Der Versuch, das Käfer-Prinzip eine Klasse höher zu transferieren, hatte mit dem VW 1500 überaus gut funktioniert. Anlass genug für die Wolfsburger Produktplaner, nun einen weiteren Schritt nach oben zu gehen: Die Idee für den VW 411 war geboren. Zwar verfügte der 411 über eine selbsttragende Karosserie und technische Highlights wie eine hintere Schräglenkerachse und eine serienmäßige benzingetriebene Zusatzheizung, und die 1,7- und 1,8-Liter-Boxermotoren waren komplette Neuentwicklungen. Sein Heckmotorprinzip aber war bei seinem Erscheinen bereits veraltet – und hatte dazu beigetragen, dass der 411 optisch eine so unglückliche Figur machte, dass er bald als „Nasenbär" in die Geschichte einging. Doppelscheinwerfer im zweiten Modelljahr und eine komplette Überarbeitung als VW 412 halfen da auch nicht mehr. Nach sechs Jahren Bauzeit endete der „Typ 4" als einer der größten Flops der VW-Geschichte.

Volvo 142, 144, 145 und S

Land	Schweden
Marke	Volvo
Baujahr	1966-1974
Motor-Bauart	Vierzylinder (Reihe)
Lage	Front
Antrieb	Heck
Hubraum (ccm)	1780, 1986
Leistung (PS/U/min)	75 bei 4700
	bis 124 bei 6000
Vmax (km/h)	145 bis 180
Bauart	Limousine (2-/4-türig),
	Kombi (5-türig)
Material	Stahlblech
Produktionszahl	1.205.111

ca. 14.000 €

Waren die „Amazon"-Modelle noch eindeutig sportlich akzentuiert, galten bei der Entwicklung der 140er Baureihe andere Prioritäten. Vor allem durch Sicherheit und Komfort sollte der neue Schwede glänzen – schließlich war vor allem das US-Publikum durch die Medienkampagnen von Ralph Nader für dieses Thema besonders sensibilisiert geworden. So präsentierte sich der 140er 1966 erstmals als kantiger Geselle, während seine Vorgänger eher rundlich geformt waren. Mit den charakteristischen breiten Schultern hatte Jan Wilsgaard dabei ein Designelement geschaffen, das sogar heute aktuelle Volvo-Modelle zitieren. Sicherheit war das zentrale Argument: Die Karosseriestruktur sollte den Aufprall auf einen Betonblock bis 50 km/h unbeschadet überstehen. Und da sowohl Limousine als auch Kombi zu den geräumigsten Vertretern ihrer Klasse gehörten, war der 140er Serie ein außergewöhnlicher Erfolg beschieden. Als erster Volvo verkaufte er sich mehr als eine Million Mal.

BMW 2500, 2800, 3,0 S, 3,0 Si, 2,8 L, 3,0 L, 3,3 L, 3,3 Li (Werkscode E3)

[**ca. 38.500 €**]

Land	Deutschland
Marke	BMW
Baujahr	1968-1977
Motor-Bauart	Sechszylinder (Reihe)
Lage	Front
Antrieb	Heck
Hubraum (ccm)	2494 bis 3295
Leistung (PS/U/min)	150 bei 6000
	bis 200 bei 5500
Vmax (km/h)	190 bis 210
Bauart	Limousine (4-türig)
Material	Stahlblech
Produktionszahl	ca. 222.000

Fünf Jahre nach Produktionseinstellung des „Barockengels" wagte man sich in München wieder an die Produktion eines Oberklasse-BMW. Der sollte aber die mit der Neuen Klasse wiedergefundene Philosophie der Marke repräsentieren und auf Dynamik und Eleganz statt auf Repräsentation setzen. Der BMW 2800 punktete bei seiner Premiere mit 170 PS, jugendlicher Straffheit und einem begeisternden Sechszylinder-Reihenmotor, der in über 20 Baujahren Karriere machen sollte. Ihm zur Seite stand der 2500 als kleinere Variante mit 150 PS. Die Baureihe E3 wurde mit 3- und 3,3-Liter-Motoren weiter ausgebaut, auch eine Langversion stand zur Verfügung. Sie erreichte nicht ganz die Image-Werte der Mercedes S-Klasse und wohl deswegen – bei ähnlichem Preis – auch nicht deren Verkaufszahlen. Aber die Doppelscheinwerfer des E3 prägten ganze Generationen von BMW-Fahrzeugen, und eines hat die Baureihe E3 mit Sicherheit geschafft: BMW wieder fest in der Oberklasse zu etablieren.

Fiat 130 Berlina

Mit dem Fiat 2300 war den Turinern auch in der oberen Mittelklasse zwischen 1959 und 1968 durchaus ein Achtungserfolg gelungen. Aber wer an Fiat dachte, dem fielen zuerst die Erfolge der Kleinwagen ein, große Fahrzeuge brachte man immer weniger mit der Marke in Verbindung. Das sollte der Fiat 130 ändern, von 1969 bis 1976 Fiats ständige Vertretung in der Oberklasse. Ein modernes Fahrwerk und der von Ferrari konstruierte 2,9-Liter-V6 mit 140 PS lieferten dafür die Basis. Beides wurde aber von einer Karosserie umhüllt, die schon 1969 als zu ausladend und in ihren Proportionen unausgewogen angesehen wurde. So geriet der letzte Oberklasse-Fiat zum verheerenden Misserfolg. Auch eine Hubraumerweiterung auf 3,2 Liter und 165 PS Leistung konnten daran nichts mehr ändern.

[ca. 21.000 €]

Land	Italien
Marke	Fiat
Baujahr	1969-1976
Motor-Bauart	V6
Lage	Front
Antrieb	Heck
Hubraum (ccm)	2866, 3235
Leistung (PS/U/min)	140 bei 5800
	bis 165 bei 5600
Vmax (km/h)	175 bis 190
Bauart	Limousine (4-türig)
Material	Stahlblech
Produktionszahl	k.A.

Jaguar XJ 6 2.8 und 4.2 (Series I)

Mit der XJ-Baureihe brachte man bei Jaguar 1968 Übersicht ins etwas durcheinander geratene Limousinen-Programm. Gleich drei Modellreihen, die S-Modelle, der 420 und der MK II, wurden langfristig ersetzt. Mit ihrer für eine Oberklassenlimousine extrem flachen Gestaltung setzte der XJ für Jaguar einen Gestaltungsmaßstab, der bis heute prägend ist. Mehr als 4,80 Meter Länge sorgten für die notwendigen Repräsentationsfähigkeiten. Den XJ gab es anfangs mit zwei neuentwickelten 2,8-Liter-Sechszylindermotoren, die 149 und 186 PS leisteten sowie dem bekannten 4,2-Liter-Sechszylinder mit 186 PS. Kurz vor Ende der erfolgreichen Serie 1 sorgte 1972 der Jaguar XJ 12 5.3 für eine Sensation. Erstmals nach dem Krieg hatte ein Serienhersteller wieder einen Zwölfzylindermotor in eine Limousine eingebaut. Der V12 mit 253 PS und unerreichter Laufkultur bescherte den XJ-Modellen lange einen Sonderstatus unter allen Oberklasse-Limousinen.

[**ca. 33.000 €**]

Land	GB
Marke	Jaguar
Baujahr	1968-1973
Motor-Bauart	Sechszylinder (Reihe)
Lage	Front
Antrieb	Heck
Hubraum (ccm)	2791 bis 4235
Leistung (PS/U/min)	149 bei 6000
	bis 186 bei 4750
Vmax (km/h)	190 bis 230
Bauart	Limousine (4-türig)
Material	Stahlblech
Produktionszahl	78.891

Mercedes-Benz 250 S, 250 SE, 280 S, 280 SE, 280 SE 3.5, 300 SEb (W 108)

Mit der neuen S-Klasse landete Mercedes ab 1965 einen spektakulären Erfolg. Das Design war vom 600 inspiriert und bedeutend sachlicher als das des Vorgängers. Die Kunst gelang, trotzdem spezifische Erkennungsmerkmale wie die hochstehenden Scheinwerfer und den Kühlergrill beizubehalten, so dass der Neue auf Anhieb als Mercedes zu erkennen war. Die Entscheidung, S-Klasse und die „kleinen Mercedes" stärker zu differenzieren als noch bei der Heckflosse, sollte sich als goldrichtig erweisen und verlieh der S-Klasse mehr Reputation. Als Langversion kam der 300 SEL 1966 gar mit Luftfederung und noch üppigeren Platzverhältnissen auf der Rückbank. 1971 schließlich begann für die S-Klasse das Achtzylinder-Zeitalter. Der neue 3,5-Liter-V8 mit 200 PS hatte mit dem im 600 verwendeten Aggregat nichts gemein, doch auch das fand noch mit 6,3 Litern Hubraum den Weg in die S-Klasse und machte den 300 SEL 6.3 zur schnellsten Serienlimousine der Welt.

Land	Deutschland
Marke	Mercedes-Benz
Baujahr	1965-1972
Motor-Bauart	Sechszylinder (Reihe), V8
Lage	Front
Antrieb	Heck
Hubraum (ccm)	2496 bis 3499
Leistung (PS/U/min)	130 bei 5400
	bis 200 bei 5800
Vmax (km/h)	177 bis 210
Bauart	Limousine (4-türig)
Material	Stahlblech
Produktionszahl	129.858 (250),
	184.986 (280),
	11.309 (280 3,5),
	2737 (300 SE)

[ca. 39.500 €]

Opel Kapitän, Admiral, Diplomat, Diplomat V8 (Serie B)

[**ca. 28.500 €**]

Land	Deutschland
Marke	Opel
Baujahr	1969-1977
Motor-Bauart	Sechszylinder (Reihe), V8
Lage	Front
Antrieb	Heck
Hubraum (ccm)	2784, 5354
Leistung (PS/U/min)	129 bei 5000
	bis 230 bei 4700
Vmax (km/h)	170 bis 190
Bauart	Limousine (4-türig)
Material	Stahlblech
Produktionszahl	51.000

An der Technik lag es nicht, dass auch die zweite Ausgabe der KAD-Baureihe den Niedergang der großen Opel-Modelle nicht stoppen konnte. Die neukonstruierte, aufwändige DeDion-Hinterachse sorgte für exzellente Fahreigenschaften, und auch das Motorenangebot mit den Sechszylinder-cih-Motoren und dem 5,4-Liter-V8 mit 230 PS, den es nur im Diplomat gab, war absolut Oberklasse-tauglich. Aber den großen Opel haftete ihr Billigheimer-Image an. So gerieten sie zum Flop, nicht obwohl ein Diplomat V8 mehr als 8000 Mark billiger als ein Mercedes 300 SEL 3.5 war, sondern genau deswegen. Problematisch war auch das gegenüber dem Vorgänger geglättete, aber immer noch sehr amerikanisch wirkende Design. Die Ölkrise von 1973 gab den Rest: Die Verkaufszahlen brachen um 90 Prozent ein, und niemand in Rüsselsheim dachte mehr ernsthaft an einen Oberklasse-Nachfolger.

Rolls-Royce Silver Shadow I und II

Land	GB
Marke	Rolls-Royce
Baujahr	1965-1980
Motor-Bauart	V8
Lage	Front
Antrieb	Heck
Hubraum (ccm)	6230, 6750
Leistung (PS/U/min)	k.A.
Vmax (km/h)	180 bis 200
Bauart	Limousine (4-türig),
	Coupé, Sonderkarosserie
Material	Stahlblech
Produktionszahl	29.025

[**ca. 41.500 €**]

Der Rolls-Royce Silver Shadow markiert einen Meilenstein in der Geschichte der Automobile aus Crewe. Als erster Rolls-Royce verfügte er über eine selbsttragende Karosserie und hatte auch – man könnte sagen: mit mehr als zehnjähriger Verspätung – zur Ponton-Karosserie gefunden und die barocken Vorkriegsformen abgelegt. Mit hinterer Einzelradaufhängung, vier Scheibenbremsen und dem modernen Aluminium-Achtzylinder zeigte er sich 1965 auch technisch auf der Höhe der Zeit. Das Aggregat verfügte zunächst über 6,2 Liter, später über 6,7 Liter Hubraum und leistete zwischen 180 und 200 PS. Davon wurde allerdings kein Aufhebens gemacht. Die Leistung wurde offiziell stets als „genügend" angegeben. Mit 29.000 Fahrzeugen, die bis 1980 gebaut wurden, setzte der Silver Shadow für die englische Traditionsmarke einen neuen Rekord.

Volvo 164, 164 E

Land	Schweden
Marke	Volvo
Baujahr	1968-1975
Motor-Bauart	Sechszylinder (Reihe)
Lage	Front
Antrieb	Heck
Hubraum (ccm)	2978
Leistung (PS/U/min)	130 bei 5000
	bis 160 bei 5500
Vmax (km/h)	170 bis 190
Bauart	Limousine (4-türig)
Material	Stahlblech
Produktionszahl	155.068

[**ca. 14.500 €**]

Eine Nische in der Oberklasse besetzte der Volvo 164 ab 1968. Er basierte zwar unverkennbar auf den zwei Jahre zuvor vorgestellten 140er-Typen, war aber durch geschickte optische Differenzierung mit einem beeindruckenden Kühlergrill deutlich von ihnen zu unterscheiden. Der Sechszylinder-Reihenmotor mit drei Litern Hubraum, für dessen Einbau eigens Radstand und Motorraum hatten verlängert werden müssen, war eine Eigenkonstruktion und leistete anfangs nur 130 PS, was den Anforderungen an eine Oberklasse-Limousine nicht ganz genügte. Das änderte sich 1972, als dank einer Bosch-Einspritzung immerhin 160 PS mobilisiert wurden. Der Volvo 164 sprach all jene an, die ein Fahrzeug mit allen Annehmlichkeiten der Oberklasse verlangten, ohne dabei prätentiös zu wirken. 1975 war er sogar das erste Fahrzeug mit serienmäßigem (ungeregeltem) Katalysator.

Land	Italien
Marke	Alfa Romeo
Baujahr	1966-1969
Motor-Bauart	Vierzylinder (Reihe)
Lage	Front
Antrieb	Heck
Hubraum (ccm)	1290 bis 1779
Leistung (PS/U/min)	87 bei 6000 bis 113 bei 5000
Vmax (km/h)	170 bis 190
Bauart	Cabriolet
Material	Stahlblech
Produktionszahl	6325

[ca. 51.000 €]

Alfa Romeo Spider „Duetto" (Spider 1600 Duetto, Spider 1750, Spider 1300)

Mit dem jugendlichen Dustin Hoffman in „Die Reifeprüfung" wurde er weltberühmt. Der Alfa Spider, der 1966 das schwere Erbe des Giulietta Spider antrat, war in den USA begeistert aufgenommen worden. In Europa war die Resonanz – vor allem auf das rundliche Heck – nicht ganz so begeistert, und man hätte sich mehr Maskulinität gewünscht. Tatsächlich verschwand das Rundheck schon 1969 und wurde vom energischer gestylten „Fastback" abgelöst. Das Heck blieb ein ständiges Thema: Ab 1982 trug es eine ungeliebte Gummilippe, die 1990 wieder durch einen gelungeneren Abschluss ersetzt wurde. Erst 1993 liefen die letzten klassischen Alfa Spider vom Band – als letzte Alfa Romeo mit Heckantrieb – und beendeten eine 27 Jahre währende, einmalige Erfolgsgeschichte.

AC Cobra 427 (Shelby Cobra)

ca. 1.370.000 €

Land	GB
Marke	AC
Baujahr	1965-1967
Motor-Bauart	V8
Lage	Front
Antrieb	Heck
Hubraum (ccm)	6989
Leistung (PS/U/min)	425 bei 6000
	bis 485 bei 6500
Vmax (km/h)	280 bis 300
Bauart	Roadster
Material	Aluminium
Produktionszahl	410

Der schlichte AC Ace hatte sich von 1953 an über verschiedene Ausbaustufen langsam, aber kontinuierlich zu einer Sportwagen-Ikone entwickelt. Spätestens seit Carroll Shelby sich 1962 des AC angenommen und dem nun „Cobra" heißenden Roadster einen 4,3-Liter-V8 von Ford unter die Haube gepflanzt hatte, war der AC Cobra für viele Fans die heißeste Verbindung aus europäischer Fahrwerkstechnik und amerikanischer V8-Power. 1965 setzt Carroll Shelby dieser Symbiose die Krone auf und schuf ein Fahrzeug, das bis heute legendär ist: Die AC Cobra 427. Der Siebenliter-V8 aus dem Ford-Regal stellte nach der Shelby-Kur nicht weniger als 485 PS zur Verfügung und peitschte den Roadster, dessen Fahrwerkstechnik angepasst worden war, auf mehr als 300 km/h. Heute existieren mehr Nachbauten als die 410 „echten" Cobras, die bis 1967 gebaut wurden.

BMW CS (2800 CS, 3,0 CS, 3,0 CSL, 3,0 CSi, 2,5 CS)

Kleine Ursache, große Wirkung. Obwohl er über dieselbe Grundform wie der nur verhalten aufgenommene 2000 CS verfügte, wurde das Erscheinen des 2800 CS mit Begeisterung quittiert. Statt der „Schlitzaugen" des 2000 CS prägten nun Doppelscheinwerfer das Antlitz – und machten den entscheidenden Unterschied. Aber auch die Fahrleistungen wussten zu überzeugen. Mit dem 170-PS-Sechszylinder fielen zwei entscheidende Barrieren: Er beschleunigte in weniger als zehn Sekunden von Null auf 100 und knackte die 200-km/h-Marke. 1971 erweiterte BMW das Angebot um den 3.0 CS sowie den 3.0 CSI mit elektronischer Benzineinspritzung. 1973 erschien mit dem 3.0 CSL eine mit aerodynamischen Hilfsmitteln versehene Basisversion für den Motorsport, die 206 PS leistete und den Grundstein für eine jahrelange Dominanz im Tourenwagensport legte.

Land	Deutschland
Marke	BMW
Baujahr	1968-1975
Motor-Bauart	Sechszylinder (Reihe)
Lage	Front
Antrieb	Heck
Hubraum (ccm)	2494 bis 3153
Leistung (PS/U/min)	150 bei 6000
	bis 206 bei 5600
Vmax (km/h)	201 bis 220
Bauart	Coupé
Material	Stahlblech
Produktionszahl	30.546

ca. 71.500 €

Land	USA
Marke	Chevrolet
Baujahr	1967-1982
Motor-Bauart	V8
Lage	Front
Antrieb	Heck
Hubraum (ccm)	5359 bis 7440
Leistung (PS/U/min)	300 bei 4800
	bis 435 bei 5200
Vmax (km/h)	200 bis 250
Bauart	Coupé
Material	Kunststoff
Produktionszahl	ca. 150.000

[ca. 58.000 €]

Chevrolet Corvette C3

Mit der dritten Generation folgte die Corvette dem einmal eingeschlagenen Weg zum ernstzunehmenden Sportwagen auch außerhalb der USA. Der Coke-Bottle-Look hatte seine vielleicht aufregendste Ausprägung gefunden. Was die Hülle versprach, vermochte die Technik zu halten. Mit bis zu 7,4 Litern gehörten die Corvette-Bigblocks zu den größten ihrer Zeit und leisteten bis zu 435 PS. Obwohl das Cabrio beim Vorgänger deutlich beliebter als das Coupé war, mussten Frischluftfanatiker bei dieser Generation ab 1975 aus Sicherheitsgründen darauf verzichten. Immerhin aber gab es erstmals in einem Serienauto ein „T-Bar-Roof", bei dem beide Dachhälften herausgenommen werden konnten und nur ein Mittelsteg zwischen Scheibenrahmen und Überrollbügel verblieb. Es gab sogar Varianten, bei denen sich die Heckscheibe herausnehmen ließ. Den kommerziellen Erfolg der Vorgängerin übertraf die dritte Corvette-Generation trotzdem.

Land	Japan
Marke	Datsun
Baujahr	1969-1974
Motor-Bauart	Sechszylinder (Reihe)
Lage	Front
Antrieb	Heck
Hubraum (ccm)	2393
Leistung (PS/U/min)	130 bei 5600
Vmax (km/h)	190
Bauart	Coupé
Material	Stahlblech
Produktionszahl	150.076

[ca. 48.000 €]

Datsun 240 Z

Der Datsun 240 Z des japanischen Herstellers, der später in Nissan umfirmierte, sollte nicht nur die Fähigkeit des Hauses unter Beweis stellen, technisch hochwertige Autos zu bauen, sondern hatte auch die Aufgabe, sich gut zu verkaufen. Das gelang dem Zweisitzer, dessen Grundentwürfe auf Albrecht Graf Goertz zurückgehen, in hervorragender Weise. Vor allem in den USA erfreute sich das Coupé großer Beliebtheit. Der 2,4 Liter große Reihensechszylinder leistete 130 PS und sorgte für ordentliche Fahrleistungen. Auch in Deutschland wurde der 240 Z ab 1973 angeboten. Für 17.600 Mark erhielt man das umfangreich ausgestattete Fahrzeug, das gerade die berüchtigte East African Safari gewonnen hatte. Aber Sportwagen aus Japan trauten die Deutschen offenbar noch nicht: Nur 300 ließen sich hier verkaufen – von mehr als 150.000 weltweit.

Land	Italien
Marke	De Tomaso
Baujahr	1967-1972
Motor-Bauart	V8
Lage	Mitte
Antrieb	Heck
Hubraum (ccm)	4728
Leistung (PS/U/min)	305 bei 6200
Vmax (km/h)	240
Bauart	Coupé
Material	Stahlblech
Produktionszahl	ca. 400

[ca. 395.000 €]

De Tomaso Mangusta

Wohl kaum jemand war während seines Lebens an so vielen Automobilfirmen beteiligt wie Alejandro de Tomaso. 1963 hatte er die Automobilfertigung begonnen. Erster kommerzieller Erfolg hätte der Mangusta werden sollen, der 1967 vorgestellt wurde. Wie Monteverdi oder ISO kombinierte De Tomaso italienisches Design mit amerikanischer Antriebstechnik. Giorgio Giugiaro hatte das dem Maserati Ghibli nicht unähnliche Mittelmotor-Coupé entworfen und ein Design geschaffen, das für seine Zeit enorm sachlich, schlicht und funktional wirkte. Der Fünfliter-V8 mit 305 PS aus dem Ford-Regal bescherte angemessene Fahrleistungen. Konstruktive Schwächen wie das zu weiche Chassis oder die starke Aufheizung des Innenraums verhinderten jedoch einen nachhaltigen Erfolg des nachlässig konstruierten Mangusta.

(Ferrari) Dino 206 GT, 246 GT und 246 GTS

[ca. 440.500 €]

Land	Italien
Marke	Ferrari
Baujahr	1969-1973
Motor-Bauart	V6
Lage	Mitte
Antrieb	Heck
Hubraum (ccm)	1987, 2418
Leistung (PS/U/min)	180 bei 8000
	bis 195 bei 7500
Vmax (km/h)	230 bis 240
Bauart	Coupé (auch mit
	entfernbarem Dachteil)
Material	Stahlblech/Aluminium
Produktionszahl	100, 3912

Land	Italien
Marke	Fiat
Baujahr	1966-1972
Motor-Bauart	V6
Lage	Front
Antrieb	Heck
Hubraum (ccm)	1987, 2418
Leistung (PS/U/min)	160 bei 7200
	bis 180 bei 6600
Vmax (km/h)	200 bis 210
Bauart	Cabriolet
Material	Stahlblech
Produktionszahl	1588

ca. 135.000 €

Fiat Dino Spider

1966 fanden sich bei Fiat nicht weniger als drei offene Fahrzeuge im Programm. Star des Programms war der Dino Spider. Nicht nur die ebenso wie bei 850 Spider und 124 Spider von Pininfarina gezeichnete Karosserie konnte überzeugen. Vor allem der V6-Motor setzte neue Maßstäbe für den italienischen Massenhersteller. Bei ihm handelte es sich um ein von Ferrari entwickeltes Zweiliter-Aggregat, das komplett aus Leichtmetall bestand und bei 7200 U/min 160 PS leistete – ein echtes Hochleistungstriebwerk. Die Kraft des Motors überforderte jedoch bisweilen die hintere Starrachse, und das Fiat-Logo auf der Haube des Spiders wirkte sich auch nicht gerade förderlich auf die Nachfrage aus. 1969 bekam der Dino nicht nur eine hintere Einzelradaufhängung, sondern 40 PS mehr aus jetzt 2,4 Litern Hubraum. Genützt hat es wenig: Mit insgesamt weniger als 1600 Fahrzeugen bis 1972 blieb der Dino eine absolute Rarität.

Fiat 124 Spider (124 Sport Spider, Spider 2000)

Als Nachfolger der 1200/1500 Spider präsentierte Fiat auch auf Basis der neuen 124er-Baureihe ein zweisitziges Cabriolet. Das Dogma der Nüchternheit, das bei der Entwicklung der Limousine Pate gestanden hatte, galt für Pininfarina bei der Gestaltung des Spiders zum Glück nicht. Der Spider erschien 1966 als elegantes, zeitgemäßes Fahrzeug, das auch technisch zu überzeugen wusste: Der 1,4-Liter-Motor verfügte über doppelte Nockenwellen, die über einen Zahnriemen angetrieben wurden, und mobilisierte kräftige 90 PS. Das serienmäßige Fünfganggetriebe war damals keinesfalls selbstverständlich. Dem stets bei Pininfarina gebauten Zweisitzer sollte ein langes Leben beschieden sein. Oft modifiziert, blieb er bis 1985 in Produktion, zuletzt von einem Zweiliter-Kompressormotor befeuert, der ihn mit 135 PS auf über 200 km/h trieb.

Land	Italien
Marke	Fiat
Baujahr	1966-1985
Motor-Bauart	Vierzylinder (Reihe)
Lage	Front
Antrieb	Heck
Hubraum (ccm)	1438 bis 1995
Leistung (PS/U/min)	90 bei 6600
	bis 135 bei 6000
Vmax (km/h)	165 bis 200
Bauart	Cabriolet
Material	Stahlblech
Produktionszahl	ca. 197.000

[ca. 23.000 €]

Fiat 850 Spider

Land	Italien
Marke	Fiat
Baujahr	1965-1973
Motor-Bauart	Vierzylinder (Reihe)
Lage	Heck
Antrieb	Heck
Hubraum (ccm)	843, 903
Leistung (PS/U/min)	49 bei 6400
	bis 52 bei 6400
Vmax (km/h)	140 bis 145
Bauart	Cabriolet
Material	Stahlblech
Produktionszahl	124.600

ca. 14.500 €

Die englischen Roadster der Fünfziger hatten bewiesen, dass es einen Markt für kleine Cabriolets gab. Dem wollte man sich auch bei Fiat nicht verschließen und bot auf Basis des erfolgreichen 850 ab 1965 den Spider an. Während man die bewährte Technik der Heckmotor-Limousine kaum antastete, durfte die mit dem Entwurf beauftragte Firma Bertone bei der Formgebung mit dem sprichwörtlichen weißen Blatt Papier anfangen. Ergebnis war eine Karosserie, deren Linienführung eigenständig und klar geriet und auch heute noch überzeugen kann. Die einfache Verdeckkonstruktion war einfach zu bedienen, wer in der kalten Jahreszeit mehr Komfort wollte, konnte ein praktisches Hardtop bestellen und Coupé-Komfort genießen. Bis 1973 entschieden sich fast 125.000 Kunden für den kleinen Frischluft-Italiener.

Ford GT 40

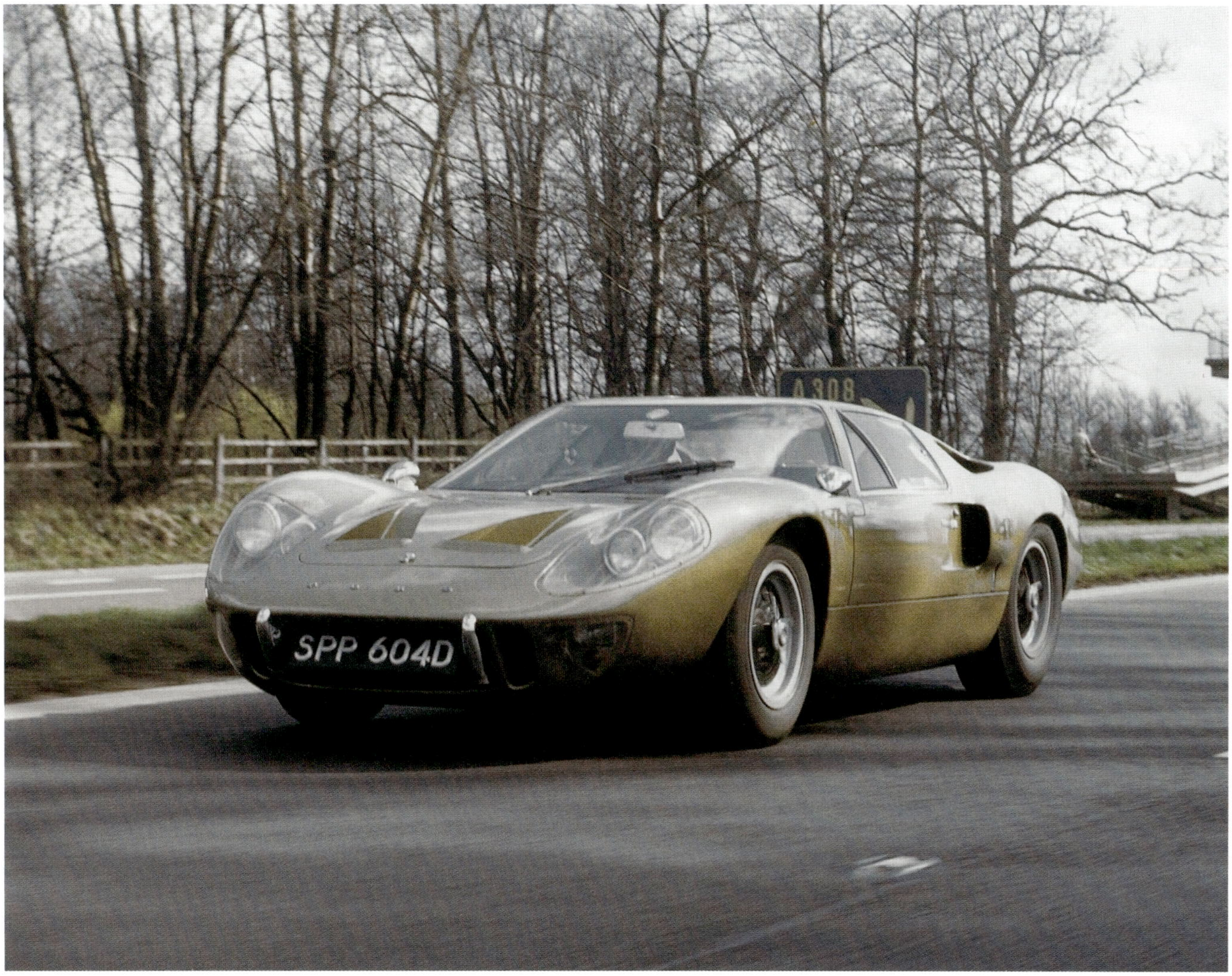

[je nach Originalität und Historie bis zu 10 Mio €]

Land	GB
Marke	Ford
Baujahr	1966-1972
Motor-Bauart	V8
Lage	Mitte
Antrieb	Heck
Hubraum (ccm)	4728
Leistung (PS/U/min)	340 bei 6250
Vmax (km/h)	270
Bauart	Coupé
Material	Stahlblech
Produktionszahl	107

Anfang der Sechziger hatte Henry Ford II. beschlossen, seiner Firma ein sportlicheres Image zu geben. Zeichen dieser Entwicklung war nicht zuletzt der große Erfolg des Mustang. Nach der Devise „race on sunday – sell on monday" sollten aber auch spektakuläre Rennerfolge die Kunden in die Ford-Autohäuser treiben. Nachdem 1963 die Verhandlungen mit Enzo Ferrari über eine Übernahme der italienischen Rennschmiede gescheitert waren, beschloss man, selbst Rennwagen zu bauen, und gründete dafür in England eigens ein Entwicklungszentrum mit dazugehöriger Fertigung. Ergebnis war der GT 40, der 1964 vorgestellt wurde und dessen Straßenversion einen 4,7-Liter-V8 mit 340 PS besaß. Die Rennversion des GT 40 sollte die 24 Stunden von Le Mans von 1966 an viermal in Folge gewinnen.

Land	Deutschland
Marke	Ford (D)
Baujahr	1969-1973
Motor-Bauart	V4, Vierzylinder (Reihe), V6
Lage	Front
Antrieb	Heck
Hubraum (ccm)	1288 bis 2993
Leistung (PS/U/min)	50 bei 5000 bis 150 bei 5600
Vmax (km/h)	133 bis 205
Bauart	Coupé
Material	Stahlblech
Produktionszahl	784.000 (deutsche Produktion)

[ca. 41.500 €]

Ford Capri (Serie I)

Nach dem gewaltigen Erfolg des Ford Mustang in den USA stellten sich die Ford-Manager die Frage, ob so etwas auch in Europa zu wiederholen sei. 1969 erschien der in Deutschland und England entwickelte Capri – und schlug ein wie eine Bombe. Die Kunden liebten die sportliche Form mit der langen Motorhaube und dem kurzen Stummelheck ebenso wie das liebevoll auf Sportlichkeit getrimmte Interieur. Zum Erfolg führte den Capri – ebenso wie den Mustang – das große Motorenangebot, das ihn für breite Kreise erschwinglich machte. Ob es dabei allerdings der 1,3-Liter-V4 aus dem 12 M mit 50 PS als Basismotor hätte sein müssen, erscheint zumindest fragwürdig. Auch die V6-Varianten waren preiswert und so war das Coupé, das in seiner höchsten Ausbaustufe als 2600 RS satte 150 PS leistete und im Tourenwagensport Erfolge feierte, zeitweise der meistverkaufte Pkw der Marke Ford in Deutschland.

Glas V8 2600, Glas V8 3000, BMW V8 3000

Die besten Zeiten bei Glas waren Mitte der Sechziger vorbei. Über das Goggomobil war die Zeit hinweggegangen, und allen danach erschienenen Modellen blieb – mit Ausnahme der Coupés – trotz fortschrittlicher Technik ein Markterfolg vorenthalten. Also wagte man sich in Dingolfing an ein aberwitzig anmutendes Projekt: Man entwickelte als einziger deutscher Hersteller neben Mercedes einen Achtzylinder und installierte ihn in ein von Pietro Frua gestyltes, an Maserati erinnerndes viersitziges Coupé. Der 2,6-Liter-Motor war als V8 aus zwei 1,3-Liter-Motoren entstanden und leistete, natürlich mit Zahnriemen angetrieben, 150 PS. Die Linienführung des Coupés, das 1965 auf der IAA präsentiert wurde, gefiel. Aber erst ein Jahr später lief die Produktion des mit DeDion-Achse und Niveauregulierung ausgerüsteten Fahrzeugs an. Bis zur Übernahme durch BMW entstanden keine 300 Fahrzeuge, davon ein kleiner Teil mit aufgebohrtem Dreiliter-Motor und 160 PS. Der Glas 3000 V8 sollte als BMW 3000 V8 noch ein Jahr leben und immerhin fast 400 Mal verkauft werden.

Land	Deutschland
Marke	Glas
Baujahr	1966-1968
Motor-Bauart	V8
Lage	Front
Antrieb	Heck
Hubraum (ccm)	2580, 2982
Leistung (PS/U/min)	150 bei 5600, 160 bei 5100
Vmax (km/h)	195
Bauart	Coupé
Material	Stahlblech
Produktionszahl	277 + 389 = 666

[ca. 128.000 €]

Honda S 800

[ca. 33.000 €]

Land	Japan
Marke	Honda
Baujahr	1966-1970
Motor-Bauart	Vierzylinder (Reihe)
Lage	Front
Antrieb	Front
Hubraum (ccm)	791
Leistung (PS/U/min)	67 bei 7750 bis 70 bei 8000
Vmax (km/h)	165
Bauart	Coupé, Cabriolet
Material	Stahlblech
Produktionszahl	11.406

Mit dem Honda S 600 hatten die Japaner ihr Potenzial gezeigt, aber einige der technischen Lösungen, wie die Rollenketten für den Antrieb, waren kaum großserientauglich. Zwei Jahre später hatte man daraus gelernt: Der S 800 hatte etwas mehr Hubraum spendiert bekommen, und die Drehzahl betrug nun 800 U/min weniger. Trotzdem war man mit 8000 U/min immer noch an der Spitze aller Serientriebwerke. Obendrein entsprachen 67 PS umgerechnet einer Literleistung von fast 84 PS! Den Antrieb besorgte nun eine konventionelle Kardanwelle mit hypoidverzahntem Differenzial; vorn besaß er Scheibenbremsen. Als erster Honda wurde der S 800 auch in Deutschland angeboten und konnte sich hier in drei Jahren immerhin 2500 Mal verkaufen. Die Technische Hochschule Braunschweig überprüfte seinerzeit die Drehzahlfestigkeit des kleinen Vierzylinders, dem die Japaner 10.000 U/min zutrauten, auf ihrem Prüfstand. Bei 12.000 U/min gab es einen Knall: der Motor war intakt, der Prüfstand kaputt.

Land	GB
Marke	Jensen
Baujahr	1967-1976
Motor-Bauart	V8
Lage	Front
Antrieb	Heck
Hubraum (ccm)	6286, 7217
Leistung (PS/U/min)	330 bei 4600
	bis 384 bei 5000
Vmax (km/h)	220
Bauart	Coupé
Material	Stahlblech
Produktionszahl	4500

[ca. 67.500 €]

Jensen Interceptor, Interceptor FF und Interceptor SP (Mk I, Mk II, Mk III)

Als einer der zahlreichen englischen Kleinserienhersteller hatte Jensen von 1946 an Limousinen gefertigt, für die Motoren anderer Hersteller einge-kauft wurden. Innovation war eine klare Zielvorgabe: So rüstete man bereits 1956 mit dem 541 de Luxe den ersten Viersitzer weltweit mit vier Schei-benbremsen aus, und 1965 überraschte Jensen mit dem weltweit ersten permanenten Allradantrieb. Der Interceptor, der zwischen 1967 und 1976 mit seiner charakteristischen Glaskuppel über dem Heck gebaut wurde, war ein viersitziges Luxuscoupé, das wahlweise nicht nur mit Chrysler-Motoren von 6,3 oder 7,2 Litern ausgerüstet werden konnte, sondern ebenso mit einem permanenten Allradantrieb und sogar mit einem mechanischen ABS-System von Dunlop. Der Interceptor wurde der erfolgreichste Jensen – aber leider auch der Letzte.

Lancia Fulvia Coupé

Land	Italien
Marke	Lancia
Baujahr	1965-1976
Motor-Bauart	V4
Lage	Front
Antrieb	Heck
Hubraum (ccm)	1216 bis 1584
Leistung (PS/U/min)	80 bei 6200
	bis 114 bei 6500
Vmax (km/h)	160 bis 190
Bauart	Coupé
Material	Stahlblech
Produktionszahl	140.409

[ca. 28.000 €]

Einen eigenen Weg ging Lancia 1965 bei der Gestaltung des Fulvia-Coupés. Merkmale sind die sehr niedrige Gürtellinie und das auf grazilen Säulen ruhende Dach überm lichten Innenraum. Der V4-Motor mit engem Ventilwinkel aus dem Fulvia Berlina leistete 80 PS und verlieh dem Coupé eine Geschwindigkeit von 160 km/h. 1966 erschien der Fulvia HF mit 88 PS und reduziertem Gewicht dank Aluminiumhauben und Plexiglasscheiben. Der HF sollte Basis für eine erfolgreiche Motorsportkarriere werden, die in Gesamtsiegen der Rallye Monte Carlo sowie dem zweimaligen Gewinn der Rallye-Weltmeisterschaft gipfelte. Weitere HF-Versionen für den Motorsporteinsatz mit 1,6 Litern Hubraum sollten bis zu 132 PS leisten. Bis 1976 genossen mehr als 140.000 Käufer den individuellen und kultivierten Fahrgenuss eines Lancia Fulvia Coupé.

Lamborghini Miura P 400, Miura S und SV

Hatte bereits der 350 GT die Ernsthaftigkeit des Sportwagenprojekts von Ferruccio Lamborghini unter Beweis gestellt, gelang ihm mit dem 1965 vorgestellten Miura endgültig der Sprung in den Auto-Olymp. Die Mittelmotor-Einbaulage des V12 wurde für Jahrzehnte zum Vorbild für andere Supersportwagen. Selbst Ferrari musste dieser Maxime bald folgen. Das von Bertone entworfene zeitlose Design des extrem flachen Boliden stand lange als Sinnbild automobiler Träume sowohl von Quartett spielenden Jungs als von erwachsenen Autofans. Die wussten, dass man mit 300 km/h Höchstgeschwindigkeit oder bis zu 385 PS zwar jeden Stich machen konnte – aber nicht, dass der Miura seine Insassen mit unbequemer Sitzposition und kritischem Geradeauslauf quälte.

Land	Italien
Marke	Lamborghini
Baujahr	1966-1973
Motor-Bauart	V12
Lage	Mitte
Antrieb	Heck
Hubraum (ccm)	3929
Leistung (PS/U/min)	350 bei 7000 bis 385 bei 7850
Vmax (km/h)	290 bis 300
Bauart	Coupé
Material	Aluminium
Produktionszahl	474, 140, 150

[ca. 2.000.000 €]

Maserati Ghibli

Land	Italien
Marke	Maserati
Baujahr	1966-1973
Motor-Bauart	V8
Lage	Front
Antrieb	Heck
Hubraum (ccm)	4719, 4920
Leistung (PS/U/min)	310 bei 5500
	bis 300 bei 5000
Vmax (km/h)	270 bis 280
Bauart	Coupé, Cabriolet
Material	Stahlblech
Produktionszahl	1247

ca. 278.000 €

Die elegante Formgebung des von Giugiaro gezeichneten Ghibli brach 1966 mit der Maserati-Tradition und zeigte sich unerwartet schlicht und glattflächig. Anfangs nicht auf Anhieb als Maserati zu erkennen, spielte der Ghibli bis 1973 die Rolle des Spitzenmodells und prägte die Formgebung der Marke mit dem Dreizack bis weit in die Achtziger. Der 4,7 Liter große V8 aus eigener Entwicklung wurde 1970 durch eine auf 4,9 Liter vergrößerte Version mit 335 PS ergänzt. Im Gegensatz zu Ferrari setzte Maserati nicht auf Drehzahl, sondern auf Drehmoment. So galt der Ghibli als Durchzugswunder seiner Zeit, konnte aber trotzdem – mit blattgefederter Starrachse – bis zu 280 km/h erreichen. Mit mehr als 1200 gebauten Ghibli war das Spitzenmodell auch lange der kommerziell erfolgreichste Maserati.

Mazda Cosmo 110 S

Land	Japan
Marke	Mazda
Baujahr	1967-1973
Motor-Bauart	Zweischeiben-Wankel
Lage	Front
Antrieb	Heck
Hubraum (ccm)	2 x 654 Kam.-Volumen
Leistung (PS/U/min)	110 bei 6000
Vmax (km/h)	185
Bauart	Coupé
Material	Stahlblech
Produktionszahl	ca. 1600

ca. 112.000 €

Nicht nur NSU experimentierte in den Sechzigern mit dem Wankelmotor. Auch Mazda hatte sich bereits 1961 in Neckarsulm entsprechende Lizenzen gesichert und brachte zeitgleich mit dem Ro 80 auch den ersten japanische Wankel-Pkw auf den Markt: den Mazda Cosmo 110 S. Anders als NSU hatte man auf einen formschönen Sportwagen gesetzt, der zudem nur in Japan verkauft wurde. Damit wollte man Erfahrung in der Fertigung und dem Betrieb der neuen Antriebstechnologie gewinnen, ohne direkt das Risiko großer Stückzahlen einzugehen. So wurden von dem Zweischeiben-Wankel mit 110 PS bis 1973 nur knapp 1600 Exemplare gebaut. Technische Probleme blieben aber aus, und so wurde der Cosmo 110 der Grundstein für eine Wankel-Historie, die bei Mazda äußerst erfolgreich verlaufen sollte.

Land	DDR
Marke	Melkus
Baujahr	1969-1980
Motor-Bauart	Dreizylinder-Zweitaktmotor
Lage	Mitte
Antrieb	Heck
Hubraum (ccm)	993, 1100
Leistung (PS/U/min)	70 bis 90 bei 3500
Vmax (km/h)	165 bis 210
Bauart	Coupé
Material	Stahlblech, Kunststoff
Produktionszahl	101

[ca. 93.000 €]

Melkus RS 1000

Auch in der DDR schlugen Herzen für sportliche Fahrzeuge – der Weg zum Objekt der Begierde war allerdings ungleich beschwerlicher als im Westen. Das galt nicht nur für Kunden, sondern auch für ambitionierte Hersteller wie Heinz Melkus, der ab den späten 1960er Jahren mit Beharrlichkeit sein Sportwagen-Projekt verfolgte. Als Basis diente ihm der Kastenrahmen des Wartburg 353. Der Zweitaktmotor wurde als klassischer Mittelmotor in die flache Kunststoffkarosserie mit den Flügeltüren eingebaut und trieb die Hinterräder an. Dem Dreizylinder entlockte Melkus immerhin 20 PS mehr als dem Original. Mit 70 PS erreichte die Sportflunder 165 km/h – mit 90 PS im Renntrimm gar 210 km/h. Nur mit exquisiten Beziehungen ließ sich an einen der insgesamt 101 Melkus RS 1000 kommen, die zwischen 1969 und 1980 gebaut wurden.

Monteverdi High Speed 375 S, L, C und Palm Beach

Land	CH
Marke	Monteverdi
Baujahr	1967-1977
Motor-Bauart	V8
Lage	Front
Antrieb	Heck
Hubraum (ccm)	7206
Leistung (PS/U/min)	350 bei 4600
Vmax (km/h)	250 bis 255
Bauart	Coupé, Cabriolet
Material	Stahlblech
Produktionszahl	k.A.

[ca. 390.000 €]

Peter Monteverdi war nicht nur Autohändler, sondern auch einer der bekanntesten Rennfahrer der Schweiz und hatte in den Fünfzigern bereits mit Eigenkonstruktionen für Furore gesorgt. 1961 war unter seiner Regie der erste Schweizer Formel-1-Rennwagen entstanden. 1967 präsentierte Monteverdi auf der IAA ein 2+2-sitziges Coupé, für dessen Gestaltung er Pietro Frua beauftragt hatte. Das zunächst MBM GT getaufte Fahrzeug wurde bald in Monteverdi High Speed umbenannt und ab 1967 in Kleinserie hergestellt. Unter die Karosserie hatte Monteverdi einen 7,1 Liter großen Chrysler-V8 platziert, der mit 350 PS bei moderaten 4600 U/min für exzellente Fahrleistungen sorgte. Die Hinterräder wurden von einer zeitgemäßen DeDion-Achse geführt, während der Kastenrahmen zwar nicht von Modernität, aber von schweizerischer Solidität zeugte. Stückzahlen ließ Monteverdi nie offiziell verlauten. Der High Speed 375 wurde bis 1977 angeboten. 1984 gab Peter Monteverdi die Pkw-Produktion auf.

Opel GT, GT/J

ca. 32.500 €

Eigentlich sollte er als „Experimental-GT" auf dem Opel-Stand der IAA 1965 nur die technischen Potenziale der Rüsselsheimer GM-Tochter aufzeigen. Die Reaktion auf die im Coke-Bottle-Look gezeichnete flache Sportwagenkarosserie fiel jedoch so begeistert aus, dass man gar nicht mehr anders konnte als über eine Serienfertigung nachzudenken. Da die boomenden Opel-Werke keine Kapazitäten frei hatten, musste die Fertigung nach Frankreich vergeben werden. Das Serienfahrzeug sollte die Bodengruppe des Kadett B und den 1,9-Liter-Motor des Rekord C mit 90 PS nutzen. 1968 stand der GT – beworben mit dem Slogan „Nur Fliegen ist schöner" – bei den Opel-Händlern und verkaufte sich auf Anhieb hervorragend, auch als Buick in den USA, wo Opel-Produkte ansonsten ein Mauerblümchen-Dasein geführt hatten. 1973 war trotzdem Schluss – hauptsächlich wegen neuer Sicherheitsbestimmungen in den USA, die Front- und Heckstoßfänger erforderten, mit denen die einmalige Linie des GT zerstört worden wäre.

Land	Deutschland
Marke	Opel
Baujahr	1968-1973
Motor-Bauart	Vierzylinder (Reihe)
Lage	Front
Antrieb	Heck
Hubraum (ccm)	1078, 1897
Leistung (PS/U/min)	60 bei 5200
	bis 90 bei 5100
Vmax (km/h)	155 bis 190
Bauart	Coupé
Material	Stahlblech
Produktionszahl	103.373

Peugeot 504 Cabriolet und Coupé

Land	Frankreich
Marke	Peugeot
Baujahr	1969-1983
Motor-Bauart	Vierzylinder (Reihe), V6
Lage	Front
Antrieb	Heck
Hubraum (ccm)	1796 bis 2664
Leistung (PS/U/min)	90 bei 5000
	bis 144 bei 5500
Vmax (km/h)	170 bis 190
Bauart	Cabriolet, Coupé
Material	Stahlblech
Produktionszahl	8135, 26.629

ca. 41.500 €

Schon von 403 und 404 hatte es Cabriolet-Versionen gegeben. Die schönste Variante aber sollte das 504 Cabriolet werden, das 1969 präsentiert wurde. Auch hier hatte Peugeot-Hausdesigner Pininfarina seine Hand im Spiel. Die Linienführung des eleganten, gediegenen Zweisitzers wirkt bis heute unaufdringlich und gelungen. Anfangs kam nur der 1,8 Liter große Vierzylinder-Einspritzer mit 90 PS zum Einbau, der später auf zwei Liter aufgebohrt wurde und 104 PS leistete. Standesgemäß motorisiert wirkte das immerhin mehr als 1,2 Tonnen schwere Cabrio aber vor allem mit dem ab 1974 lieferbaren Euro-V6-Motor, der es mit 2,7 Litern Hubraum auf 144 PS brachte. Aufgrund strengerer Abgasbestimmungen entfiel der V6 1981 wieder. Mit dem Vierzylinder wurde das große Peugeot Cabriolet in kleiner Stückzahl bis 1983 gebaut und ist heute extrem rar.

Porsche 911 E, 911 T, 911 S (B-Serie)

ca. 145.000 €

Land	Deutschland
Marke	Porsche
Baujahr	1968-1971
Motor-Bauart	Sechszylinder (Boxer)
Lage	Heck
Antrieb	Heck
Hubraum (ccm)	1991, 2195
Leistung (PS/U/min)	110 bei 5800
	bis 180 bei 6500
Vmax (km/h)	195 bis 225
Bauart	Coupé (auch mit
	entfernbarem Dachteil)
Material	Stahlblech
Produktionszahl	k.A.

1968 hatte sich der Porsche 911 seinen Platz in den Herzen aller Sportwagenfans weltweit gesichert. Es wurde Zeit für die zweite Ausbaustufe. Die B-Serie hatte einen längeren Radstand, größere Radhäuser und breitere Kotflügel. 1969 wuchs auch der Hubraum erstmals: 2,2 Liter stellten 180 PS bei 6500 U/min bereit, die den nun 911 S genannten Sportwagen auf 225 km/h beflügelten. Die Zweiliter-Variante blieb als 911 T mit 110 PS im Angebot und kostete knapp unter 20.000 Mark. Für das Spitzenmodell waren nun 27.000 Mark fällig – was dem Erfolg keinen Abbruch tat.

Reliant Scimitar GTE

Land	GB
Marke	Reliant
Baujahr	1968-1975
Motor-Bauart	V6
Lage	Front
Antrieb	Heck
Hubraum (ccm)	2495, 2994
Leistung (PS/U/min)	121 bei 4750
	bis 136 bei 4750
Vmax (km/h)	175 bis 195
Bauart	Kombi-Coupé
Material	Kunststoff
Produktionszahl	5927

ca. 115.000 €

Der englische Kleinserienhersteller Reliant („der Zuverlässige") hatte von 1935 an Dreiräder gefertigt und erst 1964 sein erstes vierrädriges Automobil, ein Coupé, auf den Markt gebracht. Klagen über das mangelnde Raumangebot ließen Designer Tom Karen nicht ruhen, und er entwarf erstmals die Kombination aus Coupé und Kombi: der „Shooting-Brake" war geboren. Das attraktive Coupé nutzte Komponenten zahlreicher anderer Hersteller. Die 2,5- und 3-Liter-Motoren lieferte Ford, während die Lenkung des Austin 1800 eingebaut wurde. Besonders der englischen Prinzessin Anne hatte es der sportliche Dreitürer angetan: Sie soll nicht weniger als sieben Reliant Scimitar besessen haben. Der Reliant Scimitar verkaufte sich von 1968 bis 1985 nahezu 10.000 Mal – was das Ende der kleinen Firma nicht verhinderte. Sein Design war Vorbild für den Volvo P 1800 ES und den Lancia Beta HPE.

Land	GB
Marke	Triumph
Baujahr	1969-1976
Motor-Bauart	Sechszylinder (Reihe)
Lage	Front
Antrieb	Heck
Hubraum (ccm)	2498
Leistung (PS/U/min)	143 bei 5500,
	USA: 104 bei 4500
Vmax (km/h)	170 bis 200
Bauart	Roadster
Material	Stahlblech
Produktionszahl	94.619

ca. 35.500 €

Triumph TR 6

Deutsche Gene trägt der Triumph TR 6, die man ihm freilich nicht ansieht. Den ursprünglichen Entwurf des TR 4 hatte Anfang der Sechziger Triumph-Hausdesigner Michelotti vorgelegt. Für den Nachfolger TR 6 wurde die Firma Karmann beauftragt. Mehr als ein Facelift ließen die Finanzmittel allerdings nicht zu. Trotzdem zeigte sich die Karosserie des Roadsters überraschend gut dem Zeitgeist angepasst. Das galt für den unverändert übernommenen, 143 PS leistenden Sechszylinder, der dem nur wenig mehr als eine Tonne wiegenden Zweisitzer zu beeindruckenden Fahrleistungen verhalf, ohnehin. 90 Prozent der Produktion gingen ins Ausland, vor allem in den USA erfreute sich der TR 6 trotz auf 104 PS gedrosselten Motors großer Beliebtheit.

Toyota 2000 GT

Land	Japan
Marke	Toyota
Baujahr	1967-1970
Motor-Bauart	Sechszylinder (Reihe)
Lage	Front
Antrieb	Heck
Hubraum (ccm)	1988
Leistung (PS/U/min)	150 bei 6600
Vmax (km/h)	220
Bauart	Coupé
Material	Stahlblech
Produktionszahl	337

[**ca. 820.000 €**]

Mit einem Traumwagen der besonderen Art wollte Toyota 1965 auf sich aufmerksam machen. Lange vor dem Markteintritt in Europa stellte man mit dem 2000 GT die technische Kompetenz unter Beweis. Dabei hatte man sich allerdings fremder Hilfe bedient: Albrecht Graf Goertz, der bereits den BMW 507 designt hatte, war für die Formgebung des Sportcoupés verantwortlich. Und bei Yamaha wurde der Zweiliter-Sechszylinder mit doppelten, obenliegenden Nockenwellen gebaut, der bei 6600 U/min 150 PS entwickelte und das elegante Fahrzeug, das sowohl an die Corvette wie an den Jaguar E-Type erinnerte, auf 220 km/h Höchstgeschwindigkeit brachte. Die konnte allerdings in Japan niemand ausfahren, und woanders sind die insgesamt 337 Toyota 2000 GT von 1967 bis 1970 nie verkauft worden.

VW-Porsche 914, 914 1.7, 914 1.8, 914 2.0

„Bin ich ein VW oder bin ich ein Porsche?" Diese Frage ließ der VW-Porsche, der von 1969 an für 12.560 Mark erhältlich war, bewusst offen. Eigentlich sollte der von Porsche und VW gemeinsam entwickelte Mittelmotor-Sportler mit Vierzylinder nur als VW und mit Sechszylinder als Porsche verkauft werden. Aber eine diesbezügliche Vereinbarung mit VW-Chef Heinrich Nordhoff existierte nur mündlich, und nach dessen Tod im April 1968 musste neu verhandelt werden. Ergebnis war, dass beide Autos beide Logos bekamen, eine Kuriosität in der Autogeschichte. Der 1,7-Liter-Boxermotor aus dem VW 411 mit 80 PS war die Basis für den 940 kg schweren Zweisitzer, zusätzlich wurde ab 1972 eine Zweiliter-Variante mit 100 PS angeboten. Der 914/6 erhielt den Zweiliter-Motor des Porsche 911 mit 110 PS, war allerdings auch fast genauso teuer und wurde mangels Erfolg bereits 1972 wieder aus dem Programm genommen. Erfolgreich war der 914, der heute als erster Großserien-Pkw mit Mittelmotor gilt, vor allem in den USA, wo er nur als Porsche vermarktet wurde.

Land	Deutschland
Marke	VW-Porsche
Baujahr	1969-1975
Motor-Bauart	Vierzylinder (Boxer)
Lage	Mitte
Antrieb	Heck
Hubraum (ccm)	1679 bis 1971
Leistung (PS/U/min)	80 bei 4900 bis 100 bei 5000
Vmax (km/h)	170 bis 190
Bauart	Coupé (Dachteil entfernbar)
Material	Stahlblech
Produktionszahl	115.646

[**ca. 36.000 €**]

Land	Deutschland
Marke	Volkswagen
Baujahr	1967-1979
Motor-Bauart	Vierzylinder (Boxer)
Lage	Heck
Antrieb	Heck
Hubraum (ccm)	1584 bis 1970
Leistung (PS/U/min)	47 bei 4000
	bis 70 bei 4200
Vmax (km/h)	100 bis 130
Bauart	Kleinbus, Kastenwagen,
	Pritsche
Material	Stahlblech
Produktionszahl	ca. 3 Mio.

Volkswagen Bus T2

Nach 17 Jahren und 1,8 Millionen Bullis war es Zeit für einen Nachfolger des T1, der seinerzeit eher zufällig entstanden war. Im August 1967 erschien der T2, dessen Konzept zwar nahezu unverändert auf dem Vorgänger aufbaute, der sich im Detail jedoch stark verbessert gab. Das fing vorn bei der jetzt ungeteilten Frontscheibe an und endete hinten beim 1,6-Liter-Motor, der 47 PS leistete. Nach wie vor war der „VW-Bus" das Arbeitstier Nummer eins – nicht nur in Deutschland. Obendrein machte der T2 als „Hippiemobil" vor allem in den USA eine Karriere, die ihm wohl nicht in die Wiege gelegt war. Während seiner Laufzeit sollte er bis auf 70 PS erstarken und auch als komfortable Großraumlimousine immer beliebter werden. Bis zum nächsten Generationswechsel sollten erneut zwölf Jahre vergehen – und drei Millionen T2 vom Hannoveraner Band laufen.

ca. 39.500 €

Die Unschuld geht verloren – die Moderne beginnt

Die revolutionären Ideen wurden in den Sechzigern gesät. In den Siebzigern wurden sie zum Allgemeingut. Moderne Kleinwagen fanden sich ab Mitte des Jahrzehnts in den Portfolios aller europäischen Hersteller. Dem Konstruktionsprinzip des wassergekühlten, quer eingebauten Vierzylinder-Reihenmotors mit Frontantrieb in einer dank Schrägheck und Heckklappe praktischen Kompaktlimousine konnte und wollte sich spätestens ab Ende der Siebziger kein Hersteller mehr entziehen. Weltweite Konstruktionsstandards entstanden, die bis heute Gültigkeit haben und nahezu keine Abweichung mehr dulden. Der Nebeneffekt: Konstruktive Unterschiede waren immer weniger auszumachen und raubten Marken wie Alfa Romeo oder Citroën ihre Identität.

Das Automobil hatte seine Unschuld verloren. Die erschreckenden Unfallzahlen Anfang der Siebziger, immer mehr und immer längere Staus und die wahrnehmbare Smog-Belastung legten sich wie ein Schatten auf die Erfindung, die im 20. Jahrhundert wie kaum eine andere das Leben der Menschen verändert hatte. Die Ölkrise von 1973 versetzte die Automobilwelt zusätzlich in eine Schockstarre. Einen Ausweg fand man mit der Elektronik, die mit Beginn der 1970er Jahre ihren Siegeszug im Automobil antrat, der bis heute an Dynamik gewinnt. Die Elektronik begann nicht nur, Abgasausstoß, Leistung und Verbrauch zu regeln, sondern ermöglichte auch die ersten Airbag- und ABS-Systeme. Und mit Computern in der Entwicklung ließ sich auch das Verhalten im Crash-Fall noch vor den entsprechenden Tests immer genauer simulieren, um entsprechende konstruktive Vorbereitungen zu treffen.

Wo allerdings in den Sechzigern noch südländische Kreativität für neue konzeptionelle Impulse gesorgt hatte, übernahm jetzt technologische Perfektion aus Deutschland die Vorreiterstellung. Mercedes-Benz und BMW – ab den Achtzigern auch Audi – sollten, unterstützt von einer innovativen Zulieferindustrie, zu ihrer Rolle als technologische Trendsetter finden. Auf Kosten der Vielfalt: Luxus- und Oberklassefahrzeuge aus anderen Ländern gerieten zunehmend zu Nebendarstellern oder sind ganz ausgestorben.

Alfa Romeo Alfasud

Ende der Sechziger entschied die Mailänder Geschäftsleitung, das Modellprogramm ein weiteres Mal nach unten auszubauen und einen Alfa Romeo für die Kompaktklasse zu entwickeln. Das Konzept löste sich – mit Frontantrieb, wassergekühltem Vierzylinder-Boxermotor und Schrägheck-Karosserie – von allem, was man bis dahin von dem Sportwagenhersteller kannte. Der Charakter änderte sich freilich nicht: Der 1,2-Liter-Motor besaß obenliegende Nockenwellen und leistete 63 PS, was einen in dieser Klasse unüblichen, Alfa-typischen Fahrspaß garantierte. Der Alfasud war hochmodern, geräumig und preiswert – eine glänzende Zukunft sollte ihm bevorstehen. Aber die Entscheidung der vom italienischen Staat kontrollierten Firma, für den Alfasud eine neue Fabrik im wirtschaftlich schwachen Süditalien zu bauen und den neuen Wagen ausschließlich dort zu produzieren, sollte sich wegen massiver Qualitätsprobleme als verhängnisvoll herausstellen. Das Alfa-Image leidet darunter bis heute.

Land	Italien
Marke	Alfa Romeo
Baujahr	1972-1983
Motor-Bauart	Vierzylinder (Boxer)
Lage	Front
Antrieb	Front
Hubraum (ccm)	1186 bis 1490
Leistung (PS/U/min)	63 bei 6000 bis 105 bei 6500
Vmax (km/h)	160 bis 185
Bauart	Limousine (2-türig), Limousine (4-türig)
Material	Stahlblech
Produktionszahl	715.170

ca. 13.500 €

Audi 50

Das Kleinwagensegment, das Anfang der Siebziger praktisch nur von Franzosen und Italienern bedient wurde, hoffte man bei Audi ab 1974 mit dem Audi 50 erobern zu können. Was aus heutiger Sicht verwundert, schließlich hatte man sich mit dem Audi 100 in der oberen Mittelklasse festgesetzt, und eine Erweiterung des Programms wäre eher nach oben plausibel gewesen. Der Audi 50 präsentierte sich indes als topmoderner Kleinwagen, dessen in nur 21 Monaten entstandenes Konzept auch heute noch überzeugt. Unter dem Eindruck der Ölkrise verkaufte er sich vom Start weg hervorragend – so gut, dass ihn die Konzernmutter VW ein halbes Jahr nach der Premiere als „Polo" adoptierte und mit deutlich magererer Ausstattung und kleinerem Motor als neuen VW-Kleinwagen präsentierte. Das besiegelte das „Aus" für die Luxusversion: Im Juli 1978 lief der letzte Audi 50 vom Band. Einen Nachfolger sollte es nicht geben. Aber der Ruhm des ersten modernen deutschen Kleinwagens ist dem Audi 50 nicht mehr zu nehmen.

Land	Deutschland
Marke	Audi
Baujahr	1974-1978
Motor-Bauart	Vierzylinder (Reihe)
Lage	Front
Antrieb	Front
Hubraum (ccm)	1093, 1272
Leistung (PS/U/min)	50 bei 5800, 60 bei 6000,
Vmax (km/h)	142 bis 152
Bauart	Limousine (2-türig)
Material	Stahlblech
Produktionszahl	180.812

[ca. 11.000 €]

177

Autobianchi A112, A112 Abarth

Land	Italien
Marke	Autobianchi
Baujahr	1970-1986
Motor-Bauart	Vierzylinder (Reihe)
Lage	Front
Antrieb	Front
Hubraum (ccm)	903, 982
Leistung (PS/U/min)	44 bei 6000
	bis 58 bei 6600
Vmax (km/h)	140 bis 160
Bauart	Limousine (2-türig)
Material	Stahlblech
Produktionszahl	ca. 1,3 Mio.

[ca. 8.500 €]

Lange hatte es gedauert, bis das Mini-Konzept im Kleinwagensegment konsequent kopiert wurde. Der Autobianchi A 112 – 1969 vorgestellt und ab 1970 in Produktion – war einer der ersten. Dem Original voraus hatte er allerdings die praktische Heckklappe. Als Edel-Mini positioniert, bekam das kleinste Fahrzeug der Fiat-Tochter neben dem 900-ccm-Basismotor mit 44 PS auch einen Einliter-Abarth-Motor mit 58 PS spendiert. Schon die Basis-version zeigte sich technisch mit Scheibenbremsen, Einzelradaufhängung und einem Zweikreis-Bremssystem auf der Höhe der Zeit. Der A 112 wurde zum Technologieträger für den Fiat 127, der zwei Jahre später erscheinen sollte. Ab 1982 wurde er außerhalb Italiens als Lancia A 112 verkauft und erst mit dem Erscheinen des Lancia Y 1986 nach fast 1,3 Millionen Exemplaren eingestellt.

Fiat 127

Land	Italien
Marke	Fiat
Baujahr	1971-1983
Motor-Bauart	Vierzylinder (Reihe)
Lage	Front
Antrieb	Front
Hubraum (ccm)	903 bis 1301
Leistung (PS/U/min)	40 bei 5400
	bis 70 bei 6500
Vmax (km/h)	130 bis 162
Bauart	Limousine (2/4--türig),
	Kombi (3-türig)
Material	Stahlblech
Produktionszahl	über 5 Mio.

[ca. 8.000 €]

Der Fiat 127 sollte das Ende der Heckmotor-Ära im Kleinwagenmarkt einläuten. Konzeptionell hatte er zwar Vorbilder wie den Autobianchi Primula, aber keinem anderen Kleinwagen gelang es, das Konzept mit quer eingebautem Frontmotor, Frontantrieb und praktischer Heckklappe so zum Erfolg zu führen wie dem kleinen Italiener. Das „Auto des Jahres" von 1971 bestimmte für Jahrzehnte das Layout und die Eckdaten zeitgemäßer Kleinwagen und verkaufte sich selbst mehr als 5,6 Millionen Mal. Nur knapp über 700 Kilogramm leicht, war der Fiat 127 auch mit seinem 900-ccm-Basismotor und 45 PS flott motorisiert. Im 127 Sport leistete der 1049-ccm-Vierzylinder sogar 70 PS und ermöglichte sportliche Fahrleistungen. Der 127 wurde für Fiat auch weltweit zum Erfolg: Erst 1996 liefen die Letzten seiner Art in Argentinien vom Band.

Renault 5

Mit dem R4 hatte Renault schon 1961 den Frontantrieb im Kleinwagenbereich eingeführt. Er blieb aber ein – extrem erfolgreicher – Sonderweg. Nur die größeren Typen wurden nach und nach auf Frontantrieb umgestellt – im Kleinwagenbereich dominierten lange die Heckmotor-Renaults. Das änderte sich 1972. Mit vollkommen neuem, modernem und frischem Styling präsentierte sich der kompakte, aber geräumige Renault 5, dessen Charme vor allem viele Damen kaum widerstehen konnten. Die längs eingebauten Vierzylindermotoren boten ein breites Leistungsspektrum von 36 bis 63 PS. Wer mehr wollte, konnte sich unter den Alpine-Modellen umsehen und sich über 93, später gar beim Renault 5 Alpine Turbo über 110 PS freuen. Bis 1984 entschieden sich mehr als 5,5 Millionen Kunden für den „kleinen Freund" aus Billancourt.

[ca. 6.000 €]

Land	Frankreich
Marke	Renault
Baujahr	1972-1984
Motor-Bauart	Vierzylinder (Reihe)
Lage	Front
Antrieb	Front
Hubraum (ccm)	845 bis 1397
Leistung (PS/U/min)	36 bei 5500
	bis 63 bei 5250
Vmax (km/h)	124 bis 160
Bauart	Limousine (3-/5-türig)
Material	Stahlblech
Produktionszahl	ca. 5,5 Mio.

Opel Kadett (Serie C)

Land	Deutschland
Marke	Opel
Baujahr	1973-1979
Motor-Bauart	Vierzylinder (Reihe)
Lage	Front
Antrieb	Heck
Hubraum (ccm)	933 bis 1979
Leistung (PS/U/min)	40 bei 5400
	bis 115 bei 5600
Vmax (km/h)	120 bis 190
Bauart	Limousine (2-/4-türig),
	Kombi, Coupé
Material	Stahlblech
Produktionszahl	1.701.076

ca. 13.500 €

Als der Kadett C 1973 erschien, war der Heckantrieb bei Opel noch Standard, und die Rüsselsheimer hatten stets den Vorteil besserer Raumausnutzung gegenüber ihrer Wolfsburger Konkurrenz hervorgehoben. Den im Vergleich zu seinem Vorgänger zierlich, aber elegant gezeichneten Bochumer gab es in gewohnter Vielfalt als Zwei- und Viertürer, als Kombi und als Coupé. Dem großen Erfolg des VW Golf versuchte man ab 1975 mit der verkürzten, dreitürigen Fließheck-Variante „City" zu begegnen. Legendär waren die Erfolge des C-Coupés im Rallye-Sport. Walter Röhrl etwa fuhr mit dem Modell zahlreiche Siege ein, und die Basisversion, der Kadett GT/E mit 115 PS starkem Zweiliter-Motor, erfreut sich bei Sportfahrern noch heute großer Beliebtheit. Den Erfolg seines Vorgängers vermochte der C-Kadett allerdings angesichts der modernen Fronttriebler-Konkurrenten nicht ganz zu wiederholen.

Toyota Corolla 1200

ca. 7.500 €

Land	Japan
Marke	Toyota
Baujahr	1970-1975
Motor-Bauart	Vierzylinder (Reihe)
Lage	Front
Antrieb	Heck
Hubraum (ccm)	1166
Leistung (PS/U/min)	55 bei 5600
	bis 58 bei 6300
Vmax (km/h)	145
Bauart	Limousine (2-/4-türig),
	Coupé, Kombi (3-türig)
Material	Stahlblech
Produktionszahl	k.A.

Zu den ersten japanischen Fahrzeugen, die in Deutschland verkauft wurden, gehört der Toyota Corolla. In zweiter Generation war er 1970 erschienen und ab 1971 auch für deutsche Kunden erhältlich. Die mussten sich zwar mit dem simplen und unkomfortablen Starrachsenfahrwerk abfinden – aber dergleichen bekam man auch von einheimischen Herstellern serviert. Die Preise des 58 PS starken 1,2-Liter-Hecktrieblers waren dafür sehr günstig und seine Ausstattung ungewohnt komplett. Außerdem gab es mit einer Limousine, einem Kombi und einem Coupé auch ein breites Angebot. Der Corolla machte auch in Deutschland seinen Weg und gilt heute vor dem VW Golf als meistverkauftes Auto der Welt. Der Vergleich hinkt aber, da er im Gegensatz zu dem Wolfsburger Erfolgsmodell nur seinen Namen behielt, konzeptionell aber mehrfach stark verändert wurde.

Volkswagen 1302 L, S, LS und 1303, A, L, S, LS

Land	Deutschland
Marke	Volkswagen
Baujahr	1970-1975
Motor-Bauart	Vierzylinder (Boxer)
Lage	Heck
Antrieb	Heck
Hubraum (ccm)	1192 bis 1584
Leistung (PS/U/min)	34 bei 3800,
	bis 50 bei 4000
Vmax (km/h)	115 bis 135
Bauart	Limousine (2-türig)
Material	Stahlblech
Produktionszahl	k.A.

ca. 20.000 €

Die tiefstgreifende Veränderung in seiner Geschichte erlebte der VW Käfer 1970. Der vordere Gepäckraum war nun doppelt so groß wie bisher. Zu verdanken war das einem längeren Radstand und der neuen Vorderachse mit McPherson-Federbeinen. Hinten verbesserte eine Doppelgelenkachse die Fahreigenschaften. Bei so vielen Neuerungen musste auch die Typenbezeichnung geändert werden: Als VW 1302 stand der überarbeitete Käfer in den Verkaufsräumen. Seine Motoren mit 44 und 50 PS erwarben sich jedoch schnell einen Ruf als „Spritsäufer". Auch mit der Haltbarkeit der Boxer-triebwerke stand es nicht zum Besten. 1972 sollte der 1303 mit Panoramascheibe und modernisiertem Cockpit den Käfer nochmals beflügeln – doch seine Ära stand spätestens mit Erscheinen des VW Golf vor dem Ende.

Volkswagen Golf (Baureihe I)

Volkswagen war durch das zu lange Festhalten am Heckmotor in eine existenzbedrohende Krise geraten. Nun langsam versuchte sich das Unternehmen davon zu lösen – mit gleich zwei Stiefkindern: Von NSU kam 1970 der dann wenig erfolgreiche K 70, von Audi 1973 der Passat. Der von Giorgio Giugiaro gestylte Golf aber sollte 1974 die erste komplett neue Eigenkonstruktion sein, die es tatsächlich in die Serienfertigung schaffte. Der Käfer-Nachfolger löste die schwierige Aufgabe, die konservative VW-Klientel nicht zu verprellen und gleichzeitig abgewanderte Kunden zurückzugewinnen, mit Bravour. Seine erste Serie verkaufte sich bis 1983 mehr als sechs Millionen Mal und sollte nicht nur den Bestand des Volkswagen-Konzerns sichern, sondern auch das erste Kapitel einer Erfolgsgeschichte schreiben, die die seines Vorgängers noch übertrifft. Die erste Baureihe des Golf war auch die Geburtsstunde eines erfolgreichen Sportmodells, das neue Maßstäbe setzte und bis zur aktuellen Modellgeneration im VW-Portfolio ist: der GTI. Zwar wird der Wolfsburger Kultsportler an dieser Stelle nicht näher vorgestellt, aber 350.000 verkaufte Einheiten und aktuelle Sammlerpreise jenseits der 30.000 Euro zeigen, welches Potenzial die Basis des Golf I hatte.

Land	Deutschland
Marke	Volkswagen
Baujahr	1974-1983
Motor-Bauart	Vierzylinder (Reihe)
Lage	Front
Antrieb	Front
Hubraum (ccm)	1093 bis 1781
Leistung (PS/U/min)	50 bei 5000 bis 75 bei 5600
Vmax (km/h)	135 bis 190
Bauart	Limousine (2-/5-türig)
Material	Stahlblech
Produktionszahl	ca. 6 Mio.

[ca. 14.000 €]

Audi 80

Zurückhaltung und Bescheidenheit der Linienführung lassen die Bedeutung, die der Audi 80 für Audi und den Volkswagen-Konzern hatte, kaum erahnen. Tatsächlich geriet die 1972 vorgestellte Stufenhecklimousine zum Trendsetter. Als komplette Neukonstruktion wurde der Audi 80 zum Ausgangspunkt eines Baukastensystems, durch das Scirocco, Passat und Golf erst möglich wurden. In die Technik-Historie ging er als erstes Serienauto mit Lenkrollradius Null ein, was eine besondere Richtungsstabilität beim Bremsen ermöglichte. Die zwei oder viertürige Limousine lief bis 1978 und verkaufte sich – wohl auch dank des breit gefächerten Programms vollkommen neu konstruierter, moderner Motoren von 55 bis 110 PS – mit mehr als 1,1 Millionen Exemplaren hervorragend.

Land	Deutschland
Marke	Audi
Baujahr	1972-1978
Motor-Bauart	Vierzylinder (Reihe)
Lage	Front
Antrieb	Front
Hubraum (ccm)	1297 bis 1588
Leistung (PS/U/min)	55 bei 5500 bis 110 bei 6100
Vmax (km/h)	147 bis 181
Bauart	Limousine (2-türig), Limousine (4-türig)
Material	Stahlblech
Produktionszahl	1.103.766

[ca. 9.500 €]

Citroën GS

Das „Auto des Jahres" von 1971 sollte die Lücke zwischen den auf der Ente basierenden Ami-Modellen und dem Citroën DS schließen. Dass seine Erbauer große Stückzahlen erwarteten, verriet schon der Name „Grande Série" (Großserie). Tatsächlich sollten bis 1987 mehr als 2,5 Millionen GS und GSA (Grande série athlète) verkauft werden. Wichtigstes Merkmal war die hydropneumatische Federung, die es jetzt erstmals in der Mittelklasse zu volkstümlichen Preisen gab und dem Fahrkomfort des kleinen Citroën einen Sonderstatus verlieh. Vier Scheibenbremsen und eine strömungsgünstige, geräumige Karosserie, der noch ein Kombi mit viel Platz zur Seite gestellt wurde, waren Anfang der Siebziger auch keineswegs selbstverständlich. Der Erfolg hätte aber noch überzeugender ausfallen können, wenn die Verarbeitungsqualität besser gewesen wäre und die mit obenliegenden Nockenwellen modernen, luftgekühlten Boxermotoren nicht so durchzugsschwach gewesen wären.

Land	Frankreich
Marke	Citroën
Baujahr	1970-1987
Motor-Bauart	Vierzylinder (Boxer), Wankelmotor
Lage	Front
Antrieb	Front
Hubraum (ccm)	1015, 1299
Leistung (PS/U/min)	54 bei 6500 bis 65 bei 5500
Vmax (km/h)	145 bis 160
Bauart	Limousine (4-türig), Kombi (5-türig)
Material	Stahlblech
Produktionszahl	k.A.

[ca. 13.000 €]

Ford Taunus (Werkscode TC, „Knudsen-Taunus")

Land	Deutschland
Marke	Ford
Baujahr	1970-1975
Motor-Bauart	Vierzylinder (Reihe), V6
Lage	Front
Antrieb	Heck
Hubraum (ccm)	1285 bis 2274
Leistung (PS/U/min)	55 bei 5500
	bis 108 bei 5000
Vmax (km/h)	135 bis 173
Bauart	Limousine (2-/4-türig),
	Kombi (3-türig),
	Kombi (5-türig), Coupé
Material	Stahlblech
Produktionszahl	ca. 1,1 Mio.

[**ca. 15.500 €**]

Zum Heckantrieb kehrte Ford 1970 mit dem nur noch „Taunus" genannten Nachfolger des P6 zurück. Den charakteristischen Erker im Kühlergrill soll der damalige Ford-Chef Knudsen initiiert haben – daher ist bis heute vom „Knudsen-Taunus" die Rede. Im Gegensatz zu den jeweiligen Vorgängern wurde der Taunus parallel in England und Deutschland entwickelt und gebaut. Die neuen Reihenvierzylinder mit 1,3 und 1,6 Litern lösten die V4-Motoren ab, während V6-Motoren mit 2 und 2,3 Litern zur Verfügung standen. Es gab ein Coupé, eine Limousine und einen Kombi – und alle litten unter massiven Verarbeitungsproblemen, die den ADAC zur Verleihung der „Silbernen Zitrone" veranlassten. Als „Otosan" wurden Taunus-Modelle bis Mitte der neunziger Jahre in der Türkei für den lokalen Markt gebaut.

Lancia Beta

Land	Italien
Marke	Lancia
Baujahr	1972-1975
Motor-Bauart	Vierzylinder (Reihe)
Lage	Front
Antrieb	Front
Hubraum (ccm)	1438 bis 1756
Leistung (PS/U/min)	90 bei 6000
	bis 110 bei 6000
Vmax (km/h)	165 bis 185
Bauart	Limousine (4-türig)
Material	Stahlblech
Produktionszahl	194.916 (1972-1981)

[**ca. 5.000 €**]

Der Lancia Beta war das erste Fahrzeug der Marke, das unter der Entwicklungshoheit des Fiat-Konzerns entstand und auf Konzern-Komponenten zurückgreifen musste. So war den avantgardistischen V4-Motoren des Vorgängers keine Zukunft beschieden. Stattdessen fanden sich moderne Fiat-Triebwerke mit Hubräumen zwischen 1,4 und 1,8 Litern unter der Motorhaube der konventionell gezeichneten viertürigen Fließheck-Limousine, die auf eine große Heckklappe verzichten musste. Das Fahrwerk zeigte sich mit Einzelradaufhängung rundum sowie mit einem Zweikreis-Bremssystem modern, und ein serienmäßiges Fünfganggetriebe schon für die 90-PS-Basisversion war 1972 auch nicht eben Klassenstandard. Trotzdem musste sich der Beta – genau wie viele Lancia später – stets mit dem Image des „maskierten Fiat" herumschlagen.

Opel Ascona (Serie A)

Land	Deutschland
Marke	Opel
Baujahr	1970-1975
Motor-Bauart	Vierzylinder (Reihe)
Lage	Front
Antrieb	Heck
Hubraum (ccm)	1196 bis 1897
Leistung (PS/U/min)	60 bei 5400 bis 90 bei 5100
Vmax (km/h)	135 bis 160
Bauart	Limousine (2-/4-türig), Kombi (3-türig)
Material	Stahlblech
Produktionszahl	691.438

[ca. 15.500 €]

Er war eigentlich als Nachfolger des Kadett B geplant: Aber der Entwurf war den Rüsselsheimern so groß geraten, dass sie fürchteten, die Stammklientel der Kompaktklasse zu verlieren. Außerdem erfreute sich der B-Kadett ungebrochener Beliebtheit. Somit bestand für eine Ablösung eigentlich keine Notwendigkeit. Also entschied man, das neue Modell „Ascona" zu nennen und genau zwischen Kadett und Rekord zu platzieren. Die Entscheidung sollte sich als goldrichtig erweisen – zumal Ford mit dem Taunus einen ähnlichen Weg beschritt. Der klar und unaufdringlich gezeichnete Ascona A verkaufte sich vom Start weg blendend und war mit den großen Triebwerken von 1,6 bis 1,9 Litern so gut motorisiert, dass er eine Menge Fahrspaß bot. Mit der „Voyage" genannten Kombi-Ausführung startete man erstmals bei Opel den – allerdings glücklosen – Versuch, einen Edel-Kombi zu lancieren.

Opel Rekord II (Serie D)

Die zum Verkaufsstart verwendete Bezeichnung „Rekord II" war durchaus erklärungsbedürftig für die – je nach Zählweise – immerhin sechste Ausgabe des Bestsellers in der oberen Mittelklasse. Die Rüsselsheimer wollten unterstreichen, dass sie den Neuen tatsächlich als Entwicklungssprung ansahen. Von den rundlichen, ausladenden Formen seines überaus erfolgreichen Vorgängers hatte er sich komplett gelöst und das sachliche, gefällige Styling des ein Jahr zuvor erschienenen Ascona fortgesetzt. Technisch blieb dagegen nahezu alles beim Alten – auch die in der Werbung als „Tri-Stabil" abgefeierte, starre Hinterachse wurde weitestgehend vom Rekord C übernommen. 1972 bekam der Rekord den ersten Dieselmotor in einem Opel-Pkw – erkennbar an der Hutze in der Motorhaube. Der Rekord D war der letzte seiner Art, der die Millionen-Grenze überspringen konnte.

Land	Deutschland
Marke	Opel
Baujahr	1971-1977
Motor-Bauart	Vierzylinder (Reihe)
Lage	Front
Antrieb	Heck
Hubraum (ccm)	1698, 1897, 1979, 2068
Leistung (PS/U/min)	60 bei 4400 bis 100 bei 5200
Vmax (km/h)	130 bis 170
Bauart	Limousine (2-/4-türig), Kombi (3-/5-türig), Coupé
Material	Stahlblech
Produktionszahl	1.128.196

[ca. 14.000 €]

Land	Japan
Marke	Toyota
Baujahr	1971-1978
Motor-Bauart	Vierzylinder (Reihe)
Lage	Front
Antrieb	Heck
Hubraum (ccm)	1588
Leistung (PS/U/min)	75 bei 5400
	bis 86 bei 5600
Vmax (km/h)	150 bis 160
Bauart	Limousine (4-türig)
Material	Stahlblech
Produktionszahl	k.A.

[ca. 6.000 €]

Toyota Carina 1600

Das Erfolgsrezept, mit dem sich Toyota ab Anfang der Siebziger auch in Deutschland etablierte, verwendeten die Japaner auch beim Mittelklasse-Modell Carina: Robuste, trotzdem moderne Technik, günstige Preise und ein überdurchschnittliches Ausstattungsniveau. Getönte Scheiben, Drehzahlmesser und abschließbarer Tankdeckel waren 1971, als der Carina erstmals in Deutschland angeboten wurde, keineswegs selbstverständlich. Der 1,6-Liter-Motor leistete 79 PS und beschleunigte die viertürige Limousine auf 150 km/h. In Verbindung mit dem 86-PS-Motor gab es gar ein serienmäßiges Fünfgang-Getriebe. Auch das Fahrwerk mit McPherson-Vorderachse und hinterer Starrachse entsprach den Gepflogenheiten der Zeit. Gewöhnungsbedürftig war allenfalls das barocke Styling, mit dem sich die Kunden des Carina abfinden mussten.

Land	Deutschland
Marke	Volkswagen
Baujahr	1970-1975
Motor-Bauart	Vierzylinder (Reihe)
Lage	Front
Antrieb	Front
Hubraum (ccm)	1605, 1807
Leistung (PS/U/min)	75 bei 5200
	bis 100 bei 5300
Vmax (km/h)	148 bis 165
Bauart	Limousine (4-türig)
Material	Stahlblech
Produktionszahl	211.127

[ca. 12.500 €]

Volkswagen K 70

Auch wenn der VW K 70 der erste Volkswagen war, der mit dem Dogma von Heckmotor und Luftkühlung brach, kann er nicht als Ahne der später so erfolgreichen, modernen VW-Modelle gelten. Dazu war das kantig gezeichnete, viertürige Modell zu sehr als Erbmasse der im VW-Konzern aufgegangenen Firma NSU zu erkennen. Als NSU K 70 hatte er 1969 auf den Markt kommen sollen. Das hatten die Wolfsburger aus Sorge um den Erfolg des VW 411 verhindert. Da dieser aber ausblieb, bekam das Konzept als VW K 70 eine zweite Chance. VW-Kunden fremdelten mit dem ungewohnten Design. Trotz modernster Technologie mit Frontantrieb, McPherson-Vorderachse und Schräglenker-Hinterachse konnten sich in fast fünf Jahren nur 211.127 Kunden für den K 70 erwärmen. Wohl auch, weil die aufgebohrten NSU-Motoren als wenig sparsam galten. Für den K 70 war Ende 1974 Schluss. Einen Nachfolger sollte er nicht bekommen.

Volkswagen Passat (Typ B1)

Der VW Passat konnte 1973 zu Recht für sich in Anspruch nehmen, der erste Vertreter einer neuen Generation moderner Fahrzeuge aus Wolfsburg zu sein. Dabei hatte sich VW allerdings aus dem Gen-Pool von Audi bedienen müssen, denn der Passat, der den VW 1600 ablöste und gegenüber diesem einen enormen Schritt nach vorn darstellte, basierte auf dem ein Jahr zuvor präsentierten Audi 80. Im Unterschied zu diesem hatte er ein Schrägheck und sollte 1974 noch einen Kombi zur Seite gestellt bekommen. Die sparsamen Motoren erwiesen sich in Verbindung mit der leichten Karosserie gerade in den Jahren nach der Ölkrise als zeitgemäß. Ein großes Facelift gab es 1977, ein Jahr später wurde erstmals eine Diesel-Variante mit 50 PS eingeführt. Das andere Ende des Leistungsangebots markierte der 110-PS-Einspritzer aus dem Golf GTI. Mehr als zwei Millionen Käufer entschieden sich bis 1980 für den Passat der ersten Generation.

Land	Deutschland
Marke	Volkswagen
Baujahr	1973-1980
Motor-Bauart	Vierzylinder (Reihe)
Lage	Front
Antrieb	Front
Hubraum (ccm)	1297 bis 1588
Leistung (PS/U/min)	55 bei 5500
	bis 110 bei 6100
Vmax (km/h)	140 bis 175
Bauart	Limousine (2-/4-türig),
	Kombi (3-/5-türig)
Material	Stahlblech
Produktionszahl	ca. 2 Mio.

[ca. 13.000 €]

Alfa Romeo Alfetta

Konzeptionell bot Alfa Romeo mit der Alfetta eine echte Alternative in der oberen Mittelklasse. Die Transaxle-Bauweise mit dem Getriebe vor der Hinterachse und der ausgewogenen Gewichtsverteilung von 50:50 hätte die Antwort auf die Glaubensfrage zwischen Front- oder Heckantrieb sein können. Die Alfetta vereinte mustergültiges sportliches Handling mit guter Traktion. Dazu kam die aufwändige DeDion-Hinterachse, die Komfort und Spurtreue versprach. 121 PS holte die Alfetta aus dem üblichen Doppelnockenwellen-Motor und war im Programm zwischen Giulia und Alfa 2000 angesiedelt. Als Folge der Alfasud-Misere fehlte die Konsequenz, das Programm schnell auszubauen und die Alfetta zum ernstzunehmenden 5er-Konkurrenten zu machen.

Land	Italien
Marke	Alfa Romeo
Baujahr	1972-1984
Motor-Bauart	Vierzylinder (Reihe)
Lage	Front
Antrieb	Heck
Hubraum (ccm)	1570, 1779
Leistung (PS/U/min)	108 bei 5600, 121 bei 5500
Vmax (km/h)	175, 180
Bauart	Limousine (4-türig)
Material	Stahlblech
Produktionszahl	478.812

[ca. 17.000 €]

189

BMW 5er-Reihe, Werkscode E 12 (518, 520, 520i, 525, 528, 528i, 530i, M 535i)

Rechtzeitig zu den Olympischen Spielen präsentierte BMW 1972 die 5er-Reihe als Nachfolgerin der seit zehn Jahren gebauten Neuen Klasse. Dem Konzept der sportlichen Limousine in der oberen Mittelklasse war das neue Modell trotz deutlich stattlicheren Auftritts treu geblieben. Etwas völlig neues gab es im Innenraum: Das im 5er erstmals gezeigte fahrerorientierte Cockpit sollte für Jahrzehnte zum Markenkern aller BMW-Fahrzeuge gehören. Anfangs als 520 und 520i nur mit Vierzylinder-Motoren lieferbar, begründete der ab 1973 lieferbare 525i mit 145 PS den legendären Ruf des Fünfers als dynamische Sechszylinder-Limousine, die mit dem M 535i und 218 PS ihre ultimative Interpretation fand. Fast zehn Jahre lang blieb die erste Generation des Fünfers nahezu unverändert.

Land	Deutschland
Marke	BMW
Baujahr	1972-1981
Motor-Bauart	Vierzylinder (Reihe), Sechszylinder (Reihe)
Lage	Front
Antrieb	Heck
Hubraum (ccm)	1766 bis 3453
Leistung (PS/U/min)	90 bei 5500 bis 218 bei 5200
Vmax (km/h)	160 bis 222
Bauart	Limousine (4-türig)
Material	Stahlblech
Produktionszahl	699.094

[ca. 16.000 €]

Citroën CX

Man kann wohl kaum ein schwierigeres Erbe antreten als das einer Legende. Vor dieser Aufgabe stand der Citroën CX 1974. Eine ähnlich revolutionäre Erscheinung wie Traction Avant 1934 oder DS 1955 war der CX sicher nicht. Aber seine aerodynamische Form passte auch deswegen in die Zeit nach der Ölkrise, weil er bei ähnlichen Motorisierungen deutlich sparsamer als sein Vorgänger war. Und mit Hydropneumatik sowie selbstrückstellender DIRAVI-Lenkung war er avantgardistisch genug, um als echter Citroën wahrgenommen zu werden – was auch für den Innenraum mit Lupentacho und gewöhnungsbedürftigen Armaturen galt. 1975 kam der Kombi mit verlängertem Radstand und bis zu drei Sitzreihen, als „Prestige" gab es auch die Limousine mit verlängertem Radstand. Mit dem 2,2-Liter-Diesel war der CX die schnellste Diesel-Limousine der Welt.

Land	Frankreich
Marke	Citroën
Baujahr	1975-1989
Motor-Bauart	Vierzylinder (Reihe)
Lage	Front
Antrieb	Front
Hubraum (ccm)	1975 bis 2482
Leistung (PS/U/min)	66 bei 4500
	bis 115 bei 5600
Vmax (km/h)	146 bis 186
Bauart	Limousine (4-türig)
Material	Stahlblech
Produktionszahl	k.A.

[ca. 14.000 €]

Ford Consul (Consul, Consul L und Consul GT)

Ford und Opel müssen unterschiedliche Orakel verwendet haben. Während bei den Rüsselsheimern die Sachlichkeit eingezogen war, fanden sich in den Autos aus Köln – die immer eher für den britischen Markt konzipiert waren – 1972 plötzlich wieder barocke Hüftschwünge und opulente Formen. Beim 17 M/20 M-Nachfolger hatten die Modellentwickler die Doppelstrategie beibehalten und die einfachere Variante Consul, die teurere Granada getauft. Beiden gemeinsam war das aufwändige Fahrwerk mit hinterer Schräglenkerachse. Das breite Motorenangebot zwischen 65 (!) und 138 PS ließ keine Wünsche offen. Niemand baute Mitte der Siebziger mehr Sechszylinder-Autos in Europa als Ford – besonders beliebt war der Granada Turnier mit V6-Motor. In fünf Jahren verkaufte Ford mehr als 1,6 Millionen Consul/Granada, die anschließend eine Zweitkarriere als große, günstige Gebrauchtwagen machten.

ca. 18.000 €

Land	Deutschland
Marke	Ford
Baujahr	1972-1975
Motor-Bauart	V4, Vierzylinder (Reihe), V6
Lage	Front
Antrieb	Heck
Hubraum (ccm)	1699 bis 2993
Leistung (PS/U/min)	65 bei 4800
	bis 138 bei 5000
Vmax (km/h)	136 bis 182
Bauart	Limousine (2-/4-türig),
	Kombi (5-türig), Coupé
Material	Stahlblech
Produktionszahl	ca. 1,6 Mio.

Land	Deutschland
Marke	Mercedes-Benz
Baujahr	1972-1980
Motor-Bauart	Sechszylinder (Reihe), V8
Lage	Front
Antrieb	Heck
Hubraum (ccm)	2746 bis 4520
Leistung (PS/U/min)	156 bei 5000
	bis 225 bei 5000
Vmax (km/h)	190 bis 210
Bauart	Limousine (4-türig)
Material	Stahlblech
Produktionszahl	437.021

[ca. 22.500 €]

Mercedes-Benz 280 S, 280 SE, 280 SEL, 350 SE, 450 SE, 450 SEL (W 116)

Dass sie als erste Oberklasse-Limousine zum „Auto des Jahres" gekürt wurde, sagt eigentlich alles über die Bedeutung der Baureihe W 116. Mit ihr definierte Mercedes-Benz 1972 im Automobilbau, was technisch machbar war. Die Form dokumentierte den repräsentativen Anspruch, überzeugt aber mit ihrer Eleganz noch heute. Die V8-Motoren mit 3,5 und 4,5 Litern und bis zu 225 PS sorgten für souveräne Fahrleistungen. Ab 1973 konnte die SEL-Version mit verlängertem Radstand auch jene befriedigen, die sich überwiegend vom Chauffeur von Termin zu Termin fahren ließen. Auch als Technologie-Träger war die W 116-Baureihe wichtig: 1978 gab es erstmals in einem Mercedes optional ABS. Die Krönung fand die S-Klasse im 450 SEL 6.9. Der aus dem Mercedes 600 adaptierte Achtzylinder leistete atemberaubende 286 PS und verfügte serienmäßig über hydropneumatische Federung, Sperrdifferenzial und Klimaanlage. In den Fahrleistungen lag die Luxus-Limousine auf dem Niveau eines Porsche 911.

Opel Commodore (Serie B)

Land	Deutschland
Marke	Opel
Baujahr	1972-1977
Motor-Bauart	Sechszylinder (Reihe)
Lage	Front
Antrieb	Heck
Hubraum (ccm)	2490, 2784
Leistung (PS/U/min)	115 bei 5200
	bis 160 bei 5400
Vmax (km/h)	170 bis 200
Bauart	Limousine (2-/4-türig), Coupé
Material	Stahlblech
Produktionszahl	140.827

[ca. 14.500 €]

Das erfolgreiche Commodore-Konzept behielt Opel auch beim 1972 eigeführten Rekord D bei. Auch den Commodore B gab es nur mit Sechszylindermotoren, die jetzt zwischen 115 und 160 PS leisteten. Beim B-Modell war die optische Differenzierung zum Rekord nicht ganz so überzeugend gelungen. Gegenüber den Vorgängern fehlten Biss und sportliche Ausrichtung. Auch das Fahrwerk mit hinterer Starrachse war nicht mehr zeitgemäß. Vielleicht fehlte auch einfach der Überraschungseffekt, den der Commodore A ausgelöst hatte, als er 1967 in BMW- und Alfa-Gewässern zu fischen begonnen hatte. Mit etwas mehr als 140.000 Fahrzeugen geriet der Commodore B jedenfalls nicht zum kommerziellen Erfolg für die Hessen – was diese nicht davon abhielt, 1978 einen Commodore C vorzustellen.

Tatra T 613

Land	Tschechoslowakei
Marke	Tatra
Baujahr	1974-1983
Motor-Bauart	V8
Lage	Heck
Antrieb	Heck
Hubraum (ccm)	3495
Leistung (PS/U/min)	165 bei 5200
Vmax (km/h)	195
Bauart	Limousine (4-türig)
Material	Stahlblech
Produktionszahl	ca. 11.000

[ca. 15.500 €]

Mit Schützenhilfe von Vignale aus Italien wurde die tschechische Oberklasse-Limousine fit für die Siebziger gemacht. Dabei schaut die Schrägheck-Limousine wie eine Kreuzung aus dem VW 412 und dem ersten Audi 100 Avant aus – der aber erst 1978 erscheinen sollte. Konzeptionell veränderte man wenig – auch der Tatra T 613 behielt seinen luftgekühlten V8-DOHC-Motor im Heck. Der verfügte nun aber über 3,5 Liter Hubraum und leistete 165 PS. Der besseren Fahrdynamik angepasst – der Tatra T 613 erreichte immerhin 195 km/h – hatte man allerdings das Fahrwerk: Eine moderne Schräglenkerhinterachse verbesserte sowohl Fahrkomfort als auch -sicherheit. 11.000 Tatra T 613 wurden bis 1996 gebaut. Nach 1991 stieg die Leistung gar auf 200 PS. Da war aber die Zeit längst über die eigenwillige Limousine hinweggegangen.

ca. 21.500 €

Alfa Romeo Alfetta GT, GTV 2000

Land	Italien
Marke	Alfa Romeo
Baujahr	1974-1980
Motor-Bauart	Vierzylinder (Reihe)
Lage	Front
Antrieb	Heck
Hubraum (ccm)	1570 bis 1962
Leistung (PS/U/min)	109 bei 5600
	bis 150 bei 5500
Vmax (km/h)	180 bis 210
Bauart	Coupé
Material	Stahlblech
Produktionszahl	120.000

Das 1974 vorgestellte Coupé auf Alfetta-Basis, das erst später die Bezeichnung GTV erhielt, sollte die Bertone-Coupés ablösen, konnte aber nie aus deren Schatten treten. Die Alfa-Designer hatten kein glückliches Händchen gehabt: Zu wenig Dynamik strahlte der Viersitzer aus, der mit seinen großen hinteren Seitenfenstern eher an eine dreitürige Sportlimousine erinnerte. So wurden die Bertone-Coupés noch drei Jahre parallel mit ihrem Nachfolger gebaut, den man mit zahlreichen Varianten des klassischen Doppelnockenwellen-Motors attraktiv zu machen versuchte. Technisch war das Coupé mit Transaxle-Bauweise und DeDion-Hinterachse sowieso auf der Höhe der Zeit. Richtig interessant wurde es erst 1980 als Alfa GTV: Mit Wegfall des Namens Alfetta gab es endlich auch den in Klang und Leistung begeisternden 2,5-Liter-V6 mit 158 PS.

Audi 100 Coupé S

Land	Deutschland
Marke	Audi
Baujahr	1970-1976
Motor-Bauart	Vierzylinder (Reihe)
Lage	Front
Antrieb	Front
Hubraum (ccm)	1871
Leistung (PS/U/min)	112 bei 5700, 115 bei 5500
Vmax (km/h)	185
Bauart	Coupé
Material	Stahlblech
Produktionszahl	30.687

ca. 43.000 €

Es war der erste Versuch, der zwar in der Mittelklasse erfolgreichen, aber als bieder geltenden Marke Audi ein dynamischeres Image zu verschaffen: Das Audi 100 Coupé S, dessen Produktion im Herbst 1970 anlief, ähnelte deshalb nicht zufällig der Sportwagen-Ikone Maserati Ghibli. Statt eines V8 verbarg sich unter der Motorhaube jedoch der bekannte Motor des Audi 100, der für das elegante Coupé zwar auf 1,9 Liter aufgebohrt war und 115 PS leistete, Anfang der Siebziger jedoch für einen ernstzunehmenden Sportwagen der Gewichtsklasse von über 1100 Kilogramm nicht wirklich sensationell war. Auch die optische Nähe zur Limousine verhinderte einen durchschlagenden Erfolg. Alfas und BMW seiner Zeit waren deutlich eigenständiger.

BMW 2002 Turbo

Land	Deutschland
Marke	BMW
Baujahr	1973-1974
Motor-Bauart	Vierzylinder (Reihe)
Lage	Front
Antrieb	Heck
Hubraum (ccm)	1990
Leistung (PS/U/min)	170 bei 5800
Vmax (km/h)	211
Bauart	Limousine (2-türig)
Material	Stahlblech
Produktionszahl	1672

ca. 125.000 €

Da hatten sich die Münchner Marketingstrategen verkalkuliert: Der 2002 turbo passte so gar nicht in die Zeit der ersten Ölkrise mit ihren Sonntagsfahrverboten. Aggressive Optik, hohe Leistung bei hohem Verbrauch und die noch unausgegorene Turbo-Technik der frühen Jahre ließen den 2002 turbo so schnell wieder aus den Verkaufskatalogen verschwinden, wie er gekommen war – ein klassischer Fehlschlag, wenn auch ohne schwerwiegende Folgen für BMW.

Citroën SM

Die Ehe mit Maserati, die 1967 geschlossen wurde, eröffnete den Citroën-Verantwortlichen endlich die Möglichkeit, einen Gran Turismo zu bauen, der Citroën-Markenspezifika wie die Hydropneu-matik in ein völlig neues Segment transportieren sollte. Bei Maserati entstand ein 2,7-Liter-V6 mit vier obenliegenden Nockenwellen, der 170 PS leistete. Citroën-Designer Robert Opron gestaltete dazu ein Blechkleid mit extrem windschlüpfiger Karosserie, das mit den markanten sechs Front-scheinwerfern einen extravaganten Auftritt hinlegte. Der mit 225 km/h schnellste Citroën aller Zeiten bot hervorragenden Fahrkomfort, stellte allerdings mit seiner hochkomplexen Mechanik viele SM-Besitzer und so manchen Mechaniker auf eine harte Geduldsprobe. Auf den nächsten Sechszylinder in einem Citroën mussten die Fans bis 1989 warten.

[**ca. 77.500 €**]

Land	Frankreich
Marke	Citroën
Baujahr	1970-1975
Motor-Bauart	V6
Lage	Front
Antrieb	Front
Hubraum (ccm)	2670
Leistung (PS/U/min)	170 bei 5500
	bis 178 bei 5500
Vmax (km/h)	225
Bauart	Coupé
Material	Stahlblech
Produktionszahl	12.920

Ferrari 365 GT/4 BB, 512 BB, 512 BBi

Der Ferrari 365 GT4/BB läutete eine neue Ära für Ferrari ein. Lamborghini hatte als Newcomer bereits Mitte der Sechziger auf einen mittig eingebauten V12 gesetzt. Mit dem Dino hatte Ferrari 1969 auch erstmals ein Mittelmotorfahrzeug gebaut – allerdings mit einem V6-Motor. 1973 zog Ferrari konsequenterweise auch mit dem Zwölfzylinder nach. Dabei hatte man sich vom legendären „Colombo"-V12 verabschiedet: Das komplett neu entwickelte 4,4-Liter-Aggregat mit 380 PS war als Boxermotor mit zwei gegenüberliegenden Zylinderreihen konstruiert. Der ultraflache Zweisitzer knackte als erster Serien-Ferrari die 300-km/h-Schallmauer. Über 2000 Fahrzeuge, die bis 1984 in Maranello entstanden, zeugten von der Richtigkeit des Mittelmotor-Konzepts.

[ca. 380.500 €]

Land	Italien
Marke	Ferrari
Baujahr	1973-1984
Motor-Bauart	V12 (Flachmotor)
Lage	Mitte
Antrieb	Heck
Hubraum (ccm)	4391, 4943
Leistung (PS/U/min)	380 bei 7200;
	360 bei 6200;
	340 bei 6000
Vmax (km/h)	300
Bauart	Coupé
Material	Stahlblech
Produktionszahl	365 GT/4 BB: 387;
	512 BB: 929;
	512 BBi: 1007

Land	Italien
Marke	Lamborghini
Baujahr	1974-1979
Motor-Bauart	V12
Lage	Mitte
Antrieb	Heck
Hubraum (ccm)	3929
Leistung (PS/U/min)	385 bei 8000
Vmax (km/h)	300
Bauart	Coupé
Material	Stahlblech/Aluminium
Produktionszahl	150

[ca. 925.000 €]

Lamborghini Countach LP 400

Ein automobiles Extrem war der Lamborghini Countach, der 1974 die Nachfolge des Miura antrat. Das Wort „Countach" entstammt einem Dialekt aus der schweizerisch-italienischen Grenzregion und bedeutet sinngemäß Nonplusultra. Eine bessere Beschreibung für den kantigen, ultraflachen Sportwagenkeil aus Sant'Agata, der nichts mehr mit dem abgerundeten Design des Miura gemeinsam hatte, hätte man kaum finden können. Der jetzt längs eingebaute V12-Motor holte 385 PS aus vier Litern Hubraum und übertraf damit nicht nur den Ferrari BB um symbolisch wichtige 5 PS, sondern schaffte auch die magischen 300 km/h. Die spektakulär öffnenden, vorn angeschlagenen Flügeltüren waren 1974 ein Novum und wurden von Auto-Tunern bis heute oft kopiert.

Lancia Stratos

Anfang der Siebziger hatte Lancia mit dem Fulvia HF den Rallye-Sport dominiert. Um diese Vormachtstellung zu erhalten, plante man ein spektakuläres Projekt. Eigens für eine Homologationsserie für den Rallye-Sport wurde ein komplett neues Fahrzeug entwickelt. In einen stabilen Rohrrahmen wurde quer zur Fahrtrichtung der 2,4-Liter-V6 des Dino 246 GT implantiert. Mit 3,67 Metern Länge und 1,08 Metern Höhe geriet der Zweisitzer äußerst kompakt. Zur Gewichtsreduzierung trug bei, dass die aufklappbaren Front- und Heckhauben aus glasfaserverstärktem Kunststoff gefertigt waren. Mit 190 PS waren so exzellente Fahrleistungen möglich: Von 0 auf 100 km/h brauchte der Lancia Stratos nur 6,8 Sekunden, die Spitzengeschwindigkeit betrug 248 km/h. Bis 1977 feierten die Fahrer des italienischen Faustkeils zahlreiche Rallye-Erfolge.

Land	Italien
Marke	Lancia
Baujahr	1973-1974
Motor-Bauart	V6
Lage	Mitte
Antrieb	Heck
Hubraum (ccm)	2418
Leistung (PS/U/min)	190 bei 7000
Vmax (km/h)	230
Bauart	Coupé
Material	Kunststoff
Produktionszahl	592

[ca. 490.000 €]

Mercedes-Benz
280 SL, 300 SL, 350 SL, 380 SL, 420 SL, 450 SL, 500 SL, 560 SL (R 107)

Land	Deutschland
Marke	Mercedes-Benz
Baujahr	1971-1989
Motor-Bauart	Sechszylinder (Reihe), V8
Lage	Front
Antrieb	Heck
Hubraum (ccm)	2746 bis 4973
Leistung (PS/U/min)	177 bei 6000
	bis 245 bei 4750
Vmax (km/h)	205 bis 225
Bauart	Cabriolet
Material	Stahlblech
Produktionszahl	237.000

Mit 19 Jahren Bauzeit stellte der Mercedes SL der Baureihe R 107 einen absoluten Rekord auf. Der erfolgreichste Mercedes-Roadster aller Zeiten nahm 1971 viele stilistischen Elemente der ein Jahr später präsentierten S-Klasse vorweg, etwa die prägnanten Scheinwerfer und die geriffelten Heckleuchten. Der von Friedrich Geiger, der auch den legendären 300 SL entworfen hatte, gezeichnete Roadster erschien zunächst nur als 350 SL mit 3,5-Liter-V8 und 200 PS. Zwei Jahre später kam der 450 SL hinzu, ein Jahr darauf – unter dem Eindruck der Ölkrise – der 280 SL als Sechszylinder mit immerhin 185 PS. Die Motorenvielfalt ist schier unüberschaubar und zum großen Teil den immer schärferen und weltweit unterschiedlichen Abgasgesetzgebungen geschuldet. So gab es das US-Spitzenmodell, den 560 SL, nie in Europa.

Opel Manta (Serie A)

Dem Erfolg des Capri konnte man in Rüsselsheim nicht tatenlos zusehen. Im Sommer 1970 debütierte der Manta, dessen elegante Coupé-Form mit den Doppelscheinwerfern und den doppelten Rückleuchten, die an den Opel GT erinnerten, sofort Begeisterungsstürme auslöste. Technisch mit dem zeitgleich erschienenen Ascona weitgehend identisch, bot der Manta unterm Blech nur brave Hausmannskost – ohne sich darin allerdings vom Rivalen aus Köln zu unterscheiden. Die Motorenpalette war zwar schmaler als die des Capri, reichte aber immerhin von 60 bis 90 PS. Später gab es gar 105 PS im Manta GT/E, der über eine moderne Benzineinspritzung verfügte. Das fünfsitzige Sportcoupé verkaufte sich bis 1975 gut eine halbe Million Mal. Immerhin 170.000 Exemplare gelangten in die USA.

Land	Deutschland
Marke	Opel
Baujahr	1970-1975
Motor-Bauart	Vierzylinder (Reihe)
Lage	Front
Antrieb	Heck
Hubraum (ccm)	1196, 1584, 1897
Leistung (PS/U/min)	60 bei 5200
	bis 105 bei 5400
Vmax (km/h)	145 bis 185
Bauart	Coupé
Material	Stahlblech
Produktionszahl	498.553

Land	Deutschland
Marke	Porsche
Baujahr	1972-1975
Motor-Bauart	Sechszylinder (Boxer)
Lage	Heck
Antrieb	Heck
Hubraum (ccm)	2687
Leistung (PS/U/min)	210 bei 6300
Vmax (km/h)	240
Bauart	Coupé
Material	Stahlblech
Produktionszahl	1590

[ca. 600.000 €]

Porsche 911 Carrera RS

1972 wurde die Bezeichnung „Carrera", die seit 1965 für keinen Porsche mehr verwendet worden war, wiederbelebt. Für Homologationszwecke muss-ten 500 Exemplare einer für den Motorsport vorbereiteten Version gebaut werden, um diese Basis für GT-Tourenwagen zu nutzen. Der Porsche Carrera RS entstand auf Basis des 911 und besaß einen auf 2,7 Liter aufgebohrten Motor, der 210 PS leistete. Erkennbar war der Carrera am charakte-ristischen Heckspoiler, der sehr bald „Entenbürzel" genannt wurde und für Abtrieb sorgen sollte, der bei 240 km/h auch dringend gebraucht wurde. Durch die Verwendung von Dünnglas und anderen gewichtssparenden Materialien blieb das Gewicht des Porsche 911 Carrera RS unter der Marke von 1000 Kilogramm. Statt der avisierten 500 Exemplare verließen bis 1975 insgesamt 1590 Fahrzeuge das Werk in Zuffenhausen.

Porsche Turbo

1975 erreichte Porsche Leistungsdimensionen, die man zuvor nur von italienischen oder amerikanischen Sportwagen kannte: Mit 260 PS übertraf der Porsche 911 Turbo den Carrera RS um 50 PS und katapultierte seine Insassen in 5,5 Sekunden auf 100 km/h. Der nach dem BMW 2002 Turbo zweite Serien-Pkw der Welt mit einem Abgasturbolader beeindruckte aber ebenso mit seinem gewaltigen Drehmoment von 350 Nm. Wer in den Genuss des Turbos kommen wollte, musste 21.000 Mark zahlen – nicht für das Auto, sondern als Aufpreis gegenüber dem 911 Carrera 2.7. Im Jahr 1977 erhielt der Motor mehr Hubraum und einen Ladeluftkühler. Aus 3,3 Litern hatten die Porsche-Ingenieure 300 PS gezaubert und den 911 im dreizehnten Baujahr mit 260 km/h Spitze endgültig unter den Supersportwagen etabliert.

Land	Deutschland
Marke	Porsche
Baujahr	1975-1989
Bauart	Sechszylinder (Boxer)
Lage	Heck
Antrieb	Heck
Hubraum (ccm)	2993, 3299
Leistung (PS/U/min)	260 bei 5500
	bis 300 bei 5500
Vmax (km/h)	220 bis 260
Bauart	Coupé (auch mit
	entfernbarem Dachteil),
	Cabriolet
Material	Stahlblech
Produktionszahl	20.652

ca. 190.000 €

Toyota Celica (Celica LT, ST, GT, TA 22, TA 23)

Land	Japan
Marke	Toyota
Baujahr	1970-1978
Motor-Bauart	Vierzylinder (Reihe)
Lage	Front
Antrieb	Heck
Hubraum (ccm)	1588, 1968
Leistung (PS/U/min)	79 bei 5400
	bis 120 bei 5800
Vmax (km/h)	165 bis 195
Bauart	Coupé, Kombi-Coupé
Material	Stahlblech
Produktionszahl	k.A.

[**ca. 28.500 €**]

Auch Toyota hatte Anfang der Siebziger das Potenzial viersitziger Coupés erkannt. Nach dem kommerziellen Flop mit dem 2000 GT wollte man aber nun eine breitere Käuferschicht ansprechen. Das gelang ab 1971 vorzüglich mit der Celica, an deren Formgebung der Japan-Barock jener Jahre zwar nicht spurlos vorübergegangen war, die Eleganz der Linienführung aber kaum störte. Solide technische Basis war der Carina, und Celica-Kunden durften sich nicht nur über eine reichhaltige Ausstattung freuen, zu der auch ein Fünfganggetriebe gehörte, sondern ab 1972 auch über einen Zweiliter-120-PS-Doppelnockenwellenmotor, der die beiden aus dem Carina bekannten Aggregate ergänzte und der Celica fast den Eintritt in den 200-km/h-Club ermöglichte. Während ihrer Bauzeit bis 1978 war die Celica eines der erfolgreichsten Coupés der Welt.

Land	GB
Marke	Triumph
Baujahr	1970-1980
Motor-Bauart	Vierzylinder (Reihe)
Lage	Front
Antrieb	Heck
Hubraum (ccm)	1296, 1474
Leistung (PS/U/min)	62 bei 5500
	bis 69 bei 5250
Vmax (km/h)	150 bis 160
Bauart	Roadster
Material	Stahlblech
Produktionszahl	70.021, 95.829

[**ca. 19.000 €**]

Triumph Spitfire Mk IV, 1500

In den 1970ern waren er und der MG B – allerdings in der „Gummiboot"-Variante – die Letzten ihrer Art. Anders als zahlreiche englische Roadster hatte sich der Triumph Spitfire unter dem Dach von British Leyland halten können. 1970 war er letztmals von Giovanni Michelotti, der 1962 die Urform gezeichnet hatte, modifiziert worden und erfüllte dank seiner hochverlegten Stoßstangen die strengen US-Sicherheitsregularien. Und das, im Gegensatz zum MG B, ohne seinen urwüchsigen Roadster-Charakter einzubüßen: Die flache Front und das Heck in Schwalbenschwanz-Optik konnten überzeugen, die neue Hinterachse beseitigte das Trampeln auf unebenen Straßen, und 1975 gab es einen auf 1,5 Liter aufgebohrten Vierzylinder, der mit 69 PS standesgemäße Fahrleistungen garantierte. Mit über 160.000 Stück war der Spitfire erfolgreichster englischer Roadster der 70er.

Land	Deutschland
Marke	Volkswagen
Baujahr	1974-1980
Motor-Bauart	Vierzylinder (Reihe)
Lage	Front
Antrieb	Front
Hubraum (ccm)	1093 bis 1588
Leistung (PS/U/min)	54 bei 6000
	bis 110 bei 6100
Vmax (km/h)	145 bis 190
Bauart	Coupé
Material	Stahlblech
Produktionszahl	ca. 495.000

ca. 21.000 €

Volkswagen Scirocco (Baureihe I)

Er nahm die Technik des VW Golf um wenige Wochen vorweg, als er 1974 in Genf Premiere feierte: Der VW Scirocco sollte nicht nur Capri und Manta Konkurrenz machen, sondern auch den Typ 14 als sportlichen VW ablösen. Technisch und formal hätte der Unterschied freilich kaum größer sein können: ein knackiges, von Giorgio Giugiaro gezeichnetes Design statt der rundlichen Formen, dazu ein quer eingebauter, hochmoderner Frontmotor statt des luftgekühlten Heckmotors. Und während vorher bei 54 PS Schluss war, setzte der Scirocco TS mit Doppelscheinwerfern erst bei 85 PS die Höchstmarke. 1976 erschien gar der Scirocco GTI mit 110 PS. Das von Karmann in der Entwicklung finanzierte und auch gebaute Coupé verkaufte sich deutlich besser als sein Vorgänger. Bis 1980 entschieden sich fast eine halbe Million Käufer für den Keil aus Osnabrück.

Volvo P 1800 ES

Der Volvo P 1800 ES wurde zwar nur zwei Jahre lang gebaut und gehört mit einer Auflage von gut 8000 Exemplaren auch nicht gerade zu den Bestsellern – aber vom Start weg bis heute hat er sich eine feste Liebhabergemeinde erschließen können. Die Volvo-Stylisten hatten einfach ihrem – damals schon mit elf Jahren Bauzeit nicht ganz taufrischen – Coupé P 1800 die Dachlinie verlängert und einen steilen Heckabschluss mit Heckklappe spendiert. Ähnliche „Shooting-Breaks" hatte es zwar schon etwa vom Kleinserienbauer Reliant gegeben – aber nicht von einem Großserienhersteller. Wegen der vermutlich längsten hinteren Seitenscheibe der Welt bekam der P 1800 ES den Spitznamen „Schneewittchensarg", den er sich allerdings mit dem Messerschmitt Kabinenroller teilen muss.

ca. 40.000 €

Land	Schweden
Marke	Volvo
Baujahr	1971-1973
Motor-Bauart	Vierzylinder (Reihe)
Lage	Front
Antrieb	Heck
Hubraum (ccm)	1986
Leistung (PS/U/min)	124 bei 6000
Vmax (km/h)	185
Bauart	Kombi-Coupé
Material	Stahlblech
Produktionszahl	8078

Fiat Panda

Land	Italien
Marke	Fiat
Baujahr	1980-1985
Motor-Bauart	Zweizylinder (Reihe),
	Vierzylinder (Reihe)
Lage	Front
Antrieb	Front
Hubraum (ccm)	652, 903
Leistung (PS/U/min)	30 bei 5500,
	45 bei 5600
Vmax (km/h)	115 bis 140
Bauart	Limousine (2-türig)
Material	Stahlblech
Produktionszahl	ca. 4.000.000

[**ca. 10.000 €**]

Dass Pragmatismus auch Charme haben kann, hatten bereits die Ente von Citroën und der Renault 4 bewiesen. 1980 lieferte der Fiat Panda den Beweis aufs Neue. Mit nicht mehr ausgestattet als dem, was man unbedingt zum Fahren braucht, wusste der Panda durch clevere Ideen wie den verschiebbaren Aschenbecher oder die zum Doppelbett umbaubare Bestuhlung zu überzeugen. Als Symbol für Nonkonformismus blieb die „tolle Kiste" bis 1996 im Fiat-Programm, in Italien gar bis 2003. Dabei ließen die Fiat-Entwickler dem Panda zahlreiche Modellpflegen angedeihen: So verschwand die blattgefederte Starrachse 1986 zugunsten der „Omega"-Achse. Die neuen FIRE-Motoren ersetzten die OHV-Konstruktion aus den Fünfzigern. Sogar eine Automatik- und eine Allrad-Version gab es von dem kleinen Bären, der sich insgesamt mehr als vier Millionen Mal verkaufte.

Ford Fiesta (Serie I)

Dass man auch bei Ford einen Kleinwagen brauchen würde, hatte man Anfang der siebziger Jahre erkannt und das Bobcat-Projekt gestartet. Der neue Kleinwagen sollte weltweit antreten. Eigens für ihn wurde eine Fertigungsstätte in Spanien gebaut, die Henry Ford II. 1975 gemeinsam mit dem spanischen König einweihte. Die spanische Herkunft gab dem Kleinen auch den Namen: Fiesta. Obwohl er spät ins Segment kam, war er von Anfang an – vor allem bei der weiblichen Kundschaft – beliebt und schoss gleichsam auf Platz 1 seiner Klasse. Das pfiffige Design, die niedrigen Unterhaltskosten und der Ruf der Robustheit, den er sich schnell erarbeitete, waren die Ursachen für den phänomenalen Erfolg, der bis zu seiner Ablösung 1989 anhalten sollte.

[ca. 4.500 €]

Land	Deutschland
Marke	Ford
Baujahr	1976-1983
Motor-Bauart	Vierzylinder (Reihe)
Lage	Front
Antrieb	Front
Hubraum (ccm)	957 bis 1598
Leistung (PS/U/min)	40 bei 5500 bis 84 bei 5500
Vmax (km/h)	132 bis 172
Bauart	Limousine (2-türig)
Material	Stahlblech
Produktionszahl	k.A.

Ford Escort (Serie III)

Noch länger als Opel beim Kadett hatte Ford beim Escort gewartet. Der Escort II, mit Starrachse und Blattfedern, hatte sich immer zäher verkauft, und die Händler warteten sehnsüchtig auf ein modernes Kompaktwagen-Konzept. Das kam 1980: Der erste Frontantriebs-Escort hatte das Layout seiner Wettbewerber übernommen, zeigte sich aber mit kurzem Stummelheck – vielleicht, um Alt-Kunden nicht zu vergrätzen. Das Fahrwerk mit Einzelrad-aufhängung übertraf sogar den Klassenstandard, wurde aber oft als unausgewogen bezeichnet. Punkten konnte der Escort mit seiner Variantenviel-falt: Neben der zwei- und der viertürigen Limousine gab es einen Kombi, einen Kastenwagen und sogar ein Cabrio. Mit Leistungen zwischen 52 und 132 PS gab es auch kaum Motorisierungswünsche, die nicht erfüllt werden konnten.

Land	Deutschland
Marke	Ford
Baujahr	1980-1986
Motor-Bauart	Vierzylinder (Reihe)
Lage	Front
Antrieb	Front
Hubraum (ccm)	1117 bis 1608
Leistung (PS/U/min)	52 bei 5000
	bis 132 bei 6000
Vmax (km/h)	145 bis 202
Bauart	Limousine (2-/4-türig),
	Kombi (3-/5-türig), Cabriolet
Material	Stahlblech
Produktionszahl	k.A.

[**ca. 4.000 €**]

Honda Accord

War Honda seit Ende der Sechziger vor allem mit skurrilen Kleinwagen und erst ab 1972 mit dem Civic in Europa vertreten, sollte der Accord die ja-panische Marke endgültig als ernstzunehmenden Automobilhersteller profilieren. Der neue Honda erschien zunächst nur als zweitüriges Coupé mit zeitgemäßem Fahrwerk, modernem Design und 1,6-Liter-Motor. Die viertürige Limousine wurde 1977 nachgeschoben und verkaufte sich auf Anhieb sehr erfolgreich. Während die ersten fünf Accord-Generationen weltweit weitgehend identisch waren und sich nur in der Motorisierung unterschie-den, gingen die US-Versionen und die europäischen Accord ab der sechsten Generation getrennte Wege. Zählt man alle zusammen, entstanden seit 1976 mehr als 17 Millionen Accord. Damit belegt der Honda auf der Verkaufsrangliste aller jemals gebauten Autos Rang 7.

Land	Japan
Marke	Honda
Baujahr	1976-1981
Motor-Bauart	Vierzylinder (Reihe)
Lage	Front
Antrieb	Front
Hubraum (ccm)	1599
Leistung (PS/U/min)	80 bei 5300
	bis 82 bei 5900
Vmax (km/h)	147 bis 163
Bauart	Limousine (4-türig), Coupé
Material	Stahlblech
Produktionszahl	k.A.

[**ca. 6.000 €**]

[ca. 7.500 €]

Land	Deutschland
Marke	Opel
Baujahr	1979-1984
Motor-Bauart	Vierzylinder (Reihe)
Lage	Front
Antrieb	Front
Hubraum (ccm)	1196 bis 1796
Leistung (PS/U/min)	543 bei 5400
	bis 115 bei 5800
Vmax (km/h)	140 bis 185
Bauart	Kombilimousine (2-/4-türig),
	Kombi (2-/4-türig), Kastenwagen
Material	Stahlblech
Produktionszahl	2,02 Mio.

Opel Kadett (Serie D)

1979 rüstete Opel nach. Mit dem Kadett C hatte man zu lange am Heckantrieb festgehalten. Erstmals in der Geschichte der Marke mit dem Blitz sollte nun ein Opel seine Kraft auf die Vorderräder übertragen. Die amerikanische Muttergesellschaft hatte Entwicklungschef Fritz Lohr in zähen Gesprächen von dieser Notwendigkeit überzeugen müssen, weshalb die Abkürzung FWD (= Front-Wheel-Drive) in Rüsselsheim auch gerne mit „Fritz-Will-Das" übersetzt wurde. Den 1,2-Liter-Motor hatte man, quer eingebaut, vom Vorgänger übernommen, während die 1,3- und 1,6-Liter-Aggregate komplette Neukonstruktionen mit obenliegender Nockenwelle waren – eine weitere Premiere bei den Hessen. Der D-Kadett verkaufte sich bis 1984 mit mehr als zwei Millionen Exemplaren deutlich besser als sein Vorgänger: Fritz hatte Recht behalten.

Volkswagen Polo (Typ 86)

Land	Deutschland
Marke	Volkswagen
Baujahr	1975-1981
Motor-Bauart	Vierzylinder (Reihe)
Lage	Front
Antrieb	Front
Hubraum (ccm)	771 bis 1093
Leistung (PS/U/min)	34 bei 6000
	bis 60 bei 6000
Vmax (km/h)	125 bis 152
Bauart	Limousine (3-türig)
Material	Stahlblech
Produktionszahl	ca. 1,05 Mio.

[ca. 11.000 €]

Der erste moderne deutsche Kleinwagen, der Audi 50 von 1974, war gut ausgestattet – aber für viele Interessenten auch zu teuer. Als abgestrippter Ableger präsentierte sich 1975 der VW Polo. Die Innenausstattung spartanisch zu nennen, wäre fast übertrieben gewesen. Und anfangs gab es ihn auch nur mit einem 40 PS leistenden 0,9-Liter-Motor, der im Audi 50 gar nicht angeboten wurde. Aber der niedrige Preis von 7555 Mark, die geringen Unterhaltskosten sowie die praktische und geräumige Karosserie sorgten dafür, dass der Polo schnell seine Käufer fand. Nach sechs Jahren, und damit drei Jahre länger als der Audi 50, wurde der letzte Polo I in Wolfsburg produziert. Mit knapp über einer Million Exemplaren war der erste moderne VW-Kleinwagen ein voller Erfolg geworden.

Alfa Romeo Giulietta (1.3, 1.6, 1.8, 2.0)

Land	Italien
Marke	Alfa Romeo
Baujahr	1977-1985
Motor-Bauart	Vierzylinder (Reihe)
Lage	Front
Antrieb	Heck
Hubraum (ccm)	1290 bis 1962
Leistung (PS/U/min)	87 bei 6000
	bis 130 bei 5500
Vmax (km/h)	165 bis 190
Bauart	Limousine (4-türig)
Material	Stahlblech
Produktionszahl	370.028

[ca. 15.000 €]

Auf Augenhöhe hatten Alfa Romeo und BMW in der zweiten Hälfte der Sechziger um die Gunst sportlich orientierter Limousinenfahrer gekämpft. Wegen der Probleme mit der Einführung des Alfasud hatte sich das Blatt jedoch in den Siebzigern zugunsten der Münchner gewendet. Das sollte die Giulietta ändern, deren Aufgabe 1977 es war, die Giulia nach 15 Jahren als erfolgreichste Alfa-Baureihe abzulösen. Trotz des traditionellen Namens setzten die Italiener bei der Giulietta Nuova auf modernes Styling und die von der Alfetta bekannte Transaxle-Bauweise. Aber die Keilform, mit der sie auch nach mehr als 30 Jahren noch modern und zeitgemäß wirkt, war in den Siebzigern offenbar ihrer Zeit zu weit voraus. Bis 1985 konnten sich nicht einmal 400.000 Käufer dafür erwärmen.

BMW 3er-Reihe, Werkscode E21 (315, 316, 318, 318i, 320, 320i, 323i)

Land	Deutschland
Marke	BMW
Baujahr	1975-1983
Motor-Bauart	Vierzylinder (Reihe),
	Sechszylinder (Reihe)
Lage	Front
Antrieb	Heck
Hubraum (ccm)	1563 bis 2315
Leistung (PS/U/min)	75 bei 5800
	bis 143 bei 6000
Vmax (km/h)	160 bis 195
Bauart	Limousine (2-türig)
Material	Stahlblech
Produktionszahl	ca. 1,36 Mio.

[ca. 23.000 €]

Keine leichte Aufgabe: Die Baureihe E21 sollte 1975 die bis dato erfolgreichste BMW-Baureihe, die 02-Typen, ablösen. Die Planer verfuhren nach dem gleichen Rezept wie drei Jahre zuvor beim Fünfer. So änderte man nicht nur die Nomenklatur und sollte fortan von der „Dreier"-Reihe sprechen. Das neue Modell sollte sich auch etwas komfortbetonter und weniger puristisch geben als sein Vorgänger. Das ließ die Hardcore-Fans murren, öffnete aber neue Kundenkreise für BMW. Spätestens 1977 mit Einführung der Sechszylindermotoren im 320i und im 323i hatte sich die neue Baureihe auch die Herzen der Sportfahrer-Fraktion erobert, verwöhnte dabei aber mit unvergleichlichem Antriebskomfort. Der nur als Zweitürer lieferbare Ur-Dreier verkaufte sich fast 1,4 Millionen Mal und hat damit den Erfolg seines Vorgängers verdoppelt.

Mercedes-Benz

200, 200 D, 220 D, 230 E, 240 D, 250, 280 E, 300 D (W 123)

200 T, 230 T, 230 TE, 240 TD, 250 T, 280 TE, 300 TD, 300 TD Turbo (S 123)

230 C, 230 CE, 280 C, 280 CE (C 123)

[ca. 23.500 €]

Land	Deutschland
Marke	Mercedes-Benz
Baujahr	1978-1985
Motor-Bauart	Vierzylinder (Reihe),
	Sechszylinder (Reihe)
Lage	Front
Antrieb	Heck
Hubraum (ccm)	1988 bis 3005
Leistung (PS/U/min)	55 bei 4200
	bis 185 bei 5800
Vmax (km/h)	125 bis 200
Bauart	Kombi (5-türig)
Material	Stahlblech
Produktionszahl	ca. 5 Mio.

Fast neun Jahre lang wurde die W 123-Baureihe produziert, die 1976 erschienen war und unter vielen Mercedes-Fans als die robusteste aller Zeiten gilt. Viele der insgesamt 5 Millionen gebauten Exemplare aller Modellversionen finden sich auch Jahrzehnte später noch im alltäglichen Einsatz in aller Welt. Vor allem die Dieselmotoren galten zwar als wenig antrittsstark, aber auch als nahezu unzerstörbar. Der Erfolg stellte sich auf Anhieb ein: Drei Jahre Lieferzeit und ein Aufschlag für zuteilungsreife Kaufverträge von bis zu 5000 Mark sprachen Bände für die Beliebtheit des Viertürers, der zeitweilig sogar den VW Golf von Platz 1 der Zulassungsstatistik verdrängte. Das zwei Jahre später lieferbare T-Modell – der erste von Mercedes entwickelte und produzierte Kombi – sollte die Popularität noch steigern. Mit fast 80.000 Mark war der T 300 Turbodiesel die teuerste Variante der Modellreihe, die mit 18.000 Mark für den Mercedes 200 startete.

Audi 200 (200, 200 5E, 200 5T)

Die erste Generation des Audi 100 hatte die 1965 wiederbelebte Ingolstädter Marke ab 1968 in der oberen Mittelklasse etabliert. Die 1976 eingeführte zweite Generation C2 hat diesen Erfolg wiederholen können. Zeit, die nächste Stufe zu zünden: Als Audi 200 kam 1980 ein Top-Modell auf Basis der 100-Baureihe auf den Markt, dessen Technik sensationell war: Ein Fünfzylindermotor holte mit Turbounterstützung 170 PS aus den 2,1 Litern Hubraum und trieb die nicht mal 1,3 Tonnen schwere Limousine zu sportlichen Fahrleistungen. Zwar blieb der Audi 200 hinter den Verkaufserwartungen zurück, aber die Ingolstädter hatten ein erstes Zeichen gesetzt, dass sie ihren Slogan „Vorsprung durch Technik" auch in die Tat umsetzen wollten.

Land	Deutschland
Marke	Audi
Baujahr	1980-1982
Bauart	Fünfzylinder (Reihe)
Lage	Front
Antrieb	Front
Hubraum (ccm)	2144
Leistung (PS/U/min)	136 bei 5700
	bis 170 bei 5300
Vmax (km/h)	184 bis 203
Bauart	Limousine (4-türig)
Material	Stahlblech
Produktionszahl	ca. 50.000

[ca. 21.500 €]

BMW 7er-Reihe, Werkscode E23 (728, 728i, 730, 732i, 733i, 735i, 745i)

Nach dem Fünfer und dem Dreier übernahm 1977 das Top-Modell der Münchner ebenfalls die neue Nomenklatur. Auch die Siebener-Reihe war komfortabler und weniger puristisch geraten als ihre Vorgänger-Generation. Die kultivierten Motoren hatte man freilich in drei Leistungsstufen zwischen 170 und 197 PS übernommen. Topmodell der E23-Baureihe war der 745i, für den der bewährte Sechszylinder erstmals mit einem Turbolader versehen wurde, der dem 3,2-Liter-Motor 252 PS entlockte. Die Siebener-Reihe hatte nicht ganz das Prestige der nahezu preisgleichen Mercedes S-Klasse. Wer aber die chrombeladene, prätentiöse Erscheinung der W 116-Baureihe als zu protzig empfand, dem bot die Oberklasse aus München eine feine Alternative.

Land	Deutschland
Marke	BMW
Baujahr	1977-1986
Bauart	Sechszylinder (Reihe)
Lage	Front
Antrieb	Heck
Hubraum (ccm)	2788 bis 3430
Leistung (PS/U/min)	170 bei 5800
	bis 252 bei 4900
Vmax (km/h)	195 bis 230
Bauart	Limousine (4-türig)
Material	Stahlblech
Produktionszahl	285.000

Mercedes-Benz
260 SE, 280 S/SE/SEL, 300 SE/SEL, 380 SE/SEL, 420 SE/SEL, 500 SE/SEL,
560 SE/SEL, (W 126)

Land	Deutschland
Marke	Mercedes-Benz
Baujahr	1980-1991
Bauart	Sechszylinder (Reihe), V8
Lage	Front
Antrieb	Heck
Hubraum (ccm)	2746, 4973
Leistung (PS/U/min)	156 bei 5500
	bis 240 bei 4750
Vmax (km/h)	200 bis 225
Bauart	Limousine (4-türig)
Material	Stahlblech
Produktionszahl	ca. 350.000

[ca. 24.500 €]

Mit der W 126-Baureihe vollzog Mercedes-Benz Ende 1979 erneut einen Paradigmenwechsel. Wo der Vorgänger noch protzig daherkam, wirkte die neue Oberklasse-Limousine aus Stuttgart elegant und fast sportlich. Trotzdem hatte die neue S-Klasse nichts von ihren repräsentativen Eigenschaften verloren. Den Anspruch, bestes Auto der Welt zu sein, hielt sie ohnehin aufrecht: Mit deutlich effizienteren Motoren und einer hervorragenden Aerodynamik hatte man auch in Stuttgart die Zeichen der Zeit erkannt und den Verbrauch um bis zu 30 Prozent reduziert. Im W 126 wurden Sicherheitstechnologien wie Airbags, ABS und ASR eingeführt. Zu seiner Bauzeit war er eine Ikone für automobilen Fortschritt und die Liste der Prominenten, die ihn fuhren oder sich darin fahren ließen, ist schier endlos.

Opel Senator (Serie A)

Land	Deutschland
Marke	Opel
Baujahr	1978-1986
Bauart	Vierzylinder (Reihe),
	Sechszylinder (Reihe)
Lage	Front
Antrieb	Heck
Hubraum (ccm)	1979 bis 2968
Leistung (PS/U/min)	110 bei 5400
	bis 180 bei 5800
Vmax (km/h)	170 bis 200
Bauart	Limousine (4-türig)
Material	Stahlblech
Produktionszahl	129.644

[ca. 12.500 €]

Ganz aufgeben wollte Opel die Oberklasse auch nach dem Auslauf der KAD-Baureihe nicht: Mit dem Senator A startete man 1978 einen neuen Versuch. Die technische und optische Sonderstellung hatte der eigentlich als Commodore C geplante Senator freilich eingebüßt. Der Neuling kam viel europäischer daher und musste auf einen V8-Motor verzichten. Stattdessen gab's als Top-Motor den Dreiliter-Sechszylinder mit 180 PS. Entscheidender aber war, dass man ihm innen wie außen die Verwandtschaft zum Opel Rekord ansah, mit dem er die Bodengruppe teilte. Auch das aufwändige Fahrwerk mit Schräglenker-Hinterachse, das er dem Rekord voraus hatte, konnte nichts mehr daran ändern, dass der Senator unter einem massiven Image-Defizit litt. Die Verkaufszahlen sackten nach anfänglichen Erfolgen ab – woran auch der nachträglich angebotene, günstigere 2,2-Liter-Vierzylinder nichts ändern konnte.

Rover 2600, 3500, Vanden Plas (Werkscode SD1)

Land	GB
Marke	Rover
Baujahr	1976-1987
Bauart	Sechszylinder (Reihe), V8
Lage	Front
Antrieb	Heck
Hubraum (ccm)	2597, 3532
Leistung (PS/U/min)	126 bei 5000
	bis 158 bei 5250
Vmax (km/h)	175 bis 190
Bauart	Limousine (4-türig)
Material	Stahlblech
Produktionszahl	k.A.

[ca. 13.500 €]

Gegen den Citroën CX und den BMW 5er wollten die Modellplaner von British Leyland ihre Oberklasse-Limousine antreten lassen, die ab 1976 die Vorgänger von Rover und Triumph beerben sollte. So radikal das Styling in Richtung Moderne ging und Impulse etwa vom Ferrari Daytona aufgenommen hatte, so wandte man sich beim SD1 gleichzeitig von avantgardistischen Lösungen des Rover-Vorgängers ab. Statt der DeDion-Hinterachse verrichtete nun eine Starrachse ihren Dienst, und die McPherson-Vorderachse repräsentierte immerhin Durchschnitt. Das galt leider nicht für die wenig haltbaren 2,6-Liter-Triumph-Motoren, die ab 1979 den 3,5-Liter-Achtzylinder mit 158 PS ergänzten. So schrieb der Rover SD1, der bis 1987 produziert wurde und den es sogar als Turbodiesel gab, sein eigenes Kapitel in der Niedergangsgeschichte der britischen Autoindustrie.

Rolls-Royce Silver Spirit

Land	GB
Marke	Rolls-Royce
Baujahr	1980-1998
Bauart	V8
Lage	Front
Antrieb	Heck
Hubraum (ccm)	6750
Leistung (PS/U/min)	k.A.
Vmax (km/h)	193 bis 225
Bauart	Limousine
Material	Stahlblech
Produktionszahl	18.989

[k.A.]

Nach 15 Produktionsjahren stand mit dem Silver Spirit ein Nachfolger für den erfolgreichen Silver Shadow am Start. Die Basis lieferte freilich immer noch die Konstruktion von 1965, und so fungierte auch als Antriebsquelle nach wie vor der 6,75-Liter-Achtzylinder, dessen Leistung stets mit „genügend" angegeben wurde. Mit einem Garrett-Turbolader brachte er es schließlich auf geschätzte 300 PS. Gashydraulische Stoßdämpfer wichen später einer Hydropneumatik, um standesgemäßen Fahrkomfort zu garantieren. Die „Spirit of Ecstasy" konnte auf Wunsch als Schutz gegen Langfinger im Kühlergrill versenkt werden und war nur ein Element aus der schier endlosen Liste aus Einzelanfertigungen und Sonderausstattungen, die für die handgefertigte Luxus-Limousine bestellt werden konnte. Der Silver Spirit gilt heute als letzte Rolls-Royce-Eigenkonstruktion vor der Übernahme durch BMW.

Land	Italien
Marke	Alfa Romeo
Baujahr	1976-1987
Bauart	Vierzylinder (Boxer)
Lage	Front
Antrieb	Front
Hubraum (ccm)	1286 bis 1490
Leistung (PS/U/min)	75 bei 6000
	bis 105 bei 6000
Vmax (km/h)	170 bis 190
Bauart	Coupé
Material	Stahlblech
Produktionszahl	ca. 100.000

[ca. 19.000 €]

Alfa Romeo Alfasud Sprint, Sprint Veloce

Das Alfetta-Coupé hatte es nicht vermocht, als legitimer Nachfolger der Bertone-Coupés akzeptiert zu werden. Agilität und Kompaktheit hatten die Kanthauber eher an den Alfasud Sprint vererbt, der 1976 als sportliche Karosserievariante des Alfa-Sorgenkinds erschien. Von diesem hatte er – unter komplett eigenständigem Blechkleid – die Technik: Boxermotoren von 1,3 bis 1,7 Litern und das Frontantriebs-Fahrwerk. Das von Giorgio Giugiaro gezeichnete Coupé, dem VW Scirocco nicht unähnlich, überzeugte die Alfa-Fans auf Anhieb. Mehr als 100.000 Kunden ließen sich bis 1987 auch nicht von der spärlichen Rost-Prophylaxe abhalten, dem aparten Viersitzer aus Pomigliano ihr Vertrauen zu schenken. Kein Wunder: Der Fahrspaß, vor allem mit dem 105 PS starken 1,7-Liter-Motor aus dem Alfa 33, war enorm.

Land	Deutschland
Marke	BMW
Baujahr	1978-1981
Bauart	Sechszylinder (Reihe)
Lage	Mitte
Antrieb	Heck
Hubraum (ccm)	3453
Leistung (PS/U/min)	277 bei 6500
Vmax (km/h)	260
Bauart	Coupé
Material	Kunststoff
Produktionszahl	450

[ca. 490.000 €]

BMW M1 (Werkscode E26)

Mit der Studie „BMW Turbo" wollten die Münchner 1972 den klobigen Sicherheitsstudien ihrer Wettbewerber etwas entgegen setzen. Der von Paul Bracq gezeichnete Sportwagen mit seinen charakteristischen Flügeltüren sollte eigentlich eine Studie bleiben. Aber das Lob für den Entwurf und die Forderung nach Realisierung hielten sich derart hartnäckig, dass 1976 der Startschuss für eine Kleinserie fiel. Statt des Vierzylinder-Turbos sollte nun aber ein 3,5-Liter-Sechszylinder mit 277 PS für den Vortrieb sorgen. Auch die Flügeltüren waren verschwunden, als 1978 der BMW M1 vorgestellt wurde. Das von Giorgio Giugiaro designte Mittelmotor-Coupé wurde bei Baur in Stuttgart montiert und kostete genau 100.000 Mark. In drei Jahren entstanden 450 Exemplare, die später allerdings nur schwer verkäuflich waren. Immerhin bildete der M1 aber die Basis für die jahrelang ausgetragene ProCar-Serie, in der Formel-1-Piloten mit bis zu 850 PS im Rahmenprogramm der Grand Prix die Zuschauer begeisterten.

Ferrari 208, 308, 328 (GTB, GTS, GTBI, GTSI, Quattrovalvole, Turbo)

Land	Italien
Marke	Ferrari
Baujahr	1976-1989
Bauart	V8
Lage	Mitte
Antrieb	Heck
Hubraum (ccm)	2926, 3195
Leistung (PS/U/min)	255 bei 7700, 270 bei 7000
Vmax (km/h)	250 bis 270
Bauart	Coupé (auch mit entfernbarem Dachteil)
Material	Kunststoff/Stahlblech
Produktionszahl	k.A.

[ca. 155.500 €]

Die Baureihe 208 bis 328 markiert gleichzeitig Anfang und Ende einer Epoche bei Ferrari. Der 308 war 1975 der erste V8-Ferrari mit „richtigem" Mittelmotor und Anordnung des Triebwerks vor der Hinterachse. Gleichzeitig war die Baureihe die letzte, bei der man in Maranello auf den klassischen Gitterrohrrahmen statt auf eine selbsttragende Karosserie vertraute. Die Form des Sportwagens, für die Pininfarina verantwortlich war, gilt vielen bis heute als unübertroffen. Aus 2,9 Litern Hubraum holte der 308, der durch die US-Fernsehserie „Magnum" besondere Popularität erhalten sollte, zunächst 225 PS und verkaufte sich mehr als 6000 Mal. Ersetzt wurde er 1981 durch den äußerlich nur wenig modifizierten 328, der mit einem auf 3,2 Liter aufgebohrten und 270 PS starken Motor ausgerüstet wurde. Der 328 blieb bis 1989 im Programm.

Land	Deutschland
Marke	Opel
Baujahr	1975-1988
Bauart	Vierzylinder (Reihe)
Lage	Front
Antrieb	Heck
Hubraum (ccm)	1196 bis 2410
Leistung (PS/U/min)	55 bei 5400
	bis 144 bei 5200
Vmax (km/h)	138 bis 210
Bauart	Coupé
Material	Stahlblech
Produktionszahl	534.634

[**ca. 22.000 €**]

Opel Manta (Serie B)

Als Opel 1975 den Nachfolger des erfolgreichen Manta A präsentierte, ahnte noch niemand, welches Schicksal dem neuen Coupé aus Rüsselsheim blühen würde. Der inzwischen zum Klassiker gereifte Manta B sollte sich als Statussymbol der deutschen Land- und Arbeiterjugend entwickeln – mit dem Nebeneffekt, dass der Rest der Republik über die Fahrer des viersitzigen Coupés Witze machte, die es sogar zu zwei Kinofilmen und Buchveröffentlichungen brachten. Die kollektive Begeisterung, die der Manta A erzeugt hatte, konnte sein Nachfolger nie erreichen – vielleicht, weil der Überraschungseffekt fehlte. Auch als bei Opel mit dem Ascona C längst das Frontantriebszeitalter in der Mittelklasse angebrochen war, lief die Fertigung des auf dem B-Ascona basierenden Manta weiter, bis sie 1988 fast zeitgleich mit der des Erzrivalen Ford Capri endete. Kein Opel wurde länger gebaut.

Land	Deutschland
Marke	Opel
Baujahr	1978-1986
Bauart	Vierzylinder (Reihe),
	Sechszylinder (Reihe)
Lage	Front
Antrieb	Heck
Hubraum (ccm)	1979 bis 2968
Leistung (PS/U/min)	110 bei 5400
	bis 180 bei 5800
Vmax (km/h)	180 bis 200
Bauart	Coupé
Material	Stahlblech
Produktionszahl	43.812

[**ca. 17.000 €**]

Opel Monza

Ein Oberklasse-Coupé hatte es bei Opel seit dem Diplomat-V8-Coupé 1967 nicht gegeben. Um der neuen Senator-Baureihe zusätzliches Prestige zu verleihen, stellten die Rüsselsheimer der Limousine vom Start weg ein viersitziges Coupé zur Seite, das auf den klangvollen Namen Monza hörte. Trotz der eleganten Form und der modernen Technik, zu der endlich auch eine Schräglenkerhinterachse gehörte, litt der Edel-Opel – ähnlich wie der Senator – unter der kaum verborgenen Ähnlichkeit zum ein Jahr zuvor vorgestellten Rekord. So blieb das Interesse stark begrenzt, woran auch die breite Motorenpalette mit 110 bis 180 PS nichts ändern konnte. Aus dem angepeilten Revier der Oberklasse-Coupés sollte sich Opel 1986 endgültig verabschieden.

[ca. 21.000 €]

Porsche 924, 924 Turbo

Das wenig erfolgreiche VW-Porsche-Konzept war beendet, die Idee eines „Volks-Porsche" aber nach wie vor aktuell. 1975 sollte es aber ein „richtiger" Zuffenhausener sein – jedenfalls dem Namen nach. Dabei brach der Typ 924 mit nahezu allen Porsche-Prinzipien, während er gleichzeitig auf zahlreiche Teile aus dem VW/Audi-Regal zurückgriff. Das Coupé mit der charakteristischen Linienführung trug den aus dem Audi 100 entlehnten, wassergekühlten Zweiliter-Motor mit 125 PS unter der Fronthaube und trieb die Hinterräder mittels Transaxle-Bauweise an. Hierzulande stieß das Konzept des 924, das später als 944 und 968 bis 1994 weiter modifiziert werden sollte, nie auf große Begeisterung. Er war aber einer der weltweit erfolgreichsten Sportwagen seiner Zeit und verkaufte sich bis Mitte der Achtziger besser als die 911er-Varianten.

Land	Deutschland
Marke	Porsche
Baujahr	1976-1985
Bauart	Vierzylinder (Reihe)
Lage	Heck
Antrieb	Heck
Hubraum (ccm)	1984
Leistung (PS/U/min)	125 bei 5800
	bis 177 bei 5500
Vmax (km/h)	195 bis 230
Bauart	Coupé
Material	Stahlblech
Produktionszahl	k.A.

Porsche 928, 928 S

Er sollte den 911er ablösen – aber schon 1977, als der Porsche 928 präsentiert wurde, sahen Elfer-Fans in dem 1,5 Tonnen schweren Luxus-Coupé keine Alternative zu ihrem sportlichen Fahrgerät. Ähnlich aufgebaut wie der zwei Jahre zuvor vorgestellte 924, folgte der 928 dem Frontmotor-Prinzip mit Transaxle-Bauweise. So bot er auch dank der aufwändigen „Weissach"-Achse ungleich mehr Fahrsicherheit und -komfort als der zur Heckschleuder tendierende 911er. Unter der Haube bollerte ein 4,5-Liter-V8-Kraftwerk mit 240 PS, das in späteren Evolutionsstufen auf 350 PS aus 5,4 Litern anwachsen sollte. Die Karosserie des mit zahlreichen Designpreisen ausgezeichneten 928, der 1978 gar als erster Sportwagen „Auto des Jahres" werden sollte, wurde in neun Jahren kaum verändert. Bis zuletzt gelang es dem „Gran Turismo" aber auch nicht, aus dem Schatten seines sportlichen Heckmotor-Bruders herauszutreten, der ihn schließlich überlebte.

Land	Deutschland
Marke	Porsche
Baujahr	1977-1986
Bauart	V8
Lage	Heck
Antrieb	Heck
Hubraum (ccm)	4474, 4664
Leistung (PS/U/min)	240 bei 5250
	bis 310 bei 5900
Vmax (km/h)	225 bis 255
Bauart	Coupé
Material	Stahlblech
Produktionszahl	k.A.

[**ca. 44.000 €**]

Moderne Zeiten

In den 1980er Jahren zog etwas in die Autos ein, das heute nicht mehr wegzudenken ist: Elektronik. Das erkannte auch der Club of Rome, der schon 1981 darüber nachdachte, ob Mikroelektronik ins Paradies und gleichzeitig in die Hölle führen würde – wie wir heute wissen, hatten die Experten recht. Die Deutschen nahmen das Leben trotzdem leicht, was sich zum Beispiel in der aufkommenden neuen Deutschen Welle manifestierte und in dem Raserhit von Markus mit dem Titel „Ich will Spaß" gipfelte.

1985 betrug der Weltbestand an Motorfahrzeugen 361 Millionen Stück, ein Jahr später feierte die Welt und besonders das Erfinderland Deutschland „100 Jahre Auto". Allein in Deutschland waren 1987 knapp 25 Millionen Autos im Betrieb, allerdings zog sich die Farbe auf den Straßen – in den 1970ern waren die Autos teilweise grellbunt – zurück: Die Kunden bevorzugten bei Neuwagenkauf nun Grau. Dieser Farbton hatte schon fast Symbolkraft, denn nachdem am 17. Januar 1979 im westlichen Ruhrgebiet der erste Smogalarm der deutschen Geschichte ausgerufen worden war, lernten die Deutschen, fortan mit dieser Warnmeldung zu leben. Dabei war die Automobilindustrie in Sachen Umweltschutz nicht untätig: Sparsame Vierventil-Motoren wurden langsam Standard, BMW begann, mit Wasserstoffantrieb zu experimentieren und in München wurde 1983 die erste Bleifrei-Zapfsäule in Betrieb genommen.

Allerdings ermöglichte Elektronik auch Dinge, die bislang noch niemandem wirklich gefehlt hatten, zum Beispiel die Vierradlenkung, die Honda als erster im Pkw einführte, die elektronische Drosselklappenregelung, mit der BMW das elektronische Gaspedal erfand oder der Allradantrieb bei Pkw, erstmals 1980 präsentiert im Audi quattro. 1988 wurde die Antriebsschlupfregelung eine Massentechnologie, die Stotterbremse ABS zog nun sogar ins Motorrad ein. Und Philips machte das Reisen einfacher: Die Holländer stellten mit „Carin" das erste echte Navigationssystem vor, es arbeitete mit Satelliten und Compact Discs.

1989 wurden in Deutschland nur noch Neuwagen mit Katalysator neu zugelassen. Davon war allerdings besonders in und um Berlin nicht viel zu merken, denn mit der Deutschen Wiedervereinigung, die am 3. Oktober 1990 vollzogen wurde, knatterten unzählige zweitaktige Trabant Richtung Westen. Kurz danach konnten sich die Ostdeutschen endlich ihren Traum von Kadett, Golf und Co. verwirklichen, was auch einem Franzosen zugutekam: Der R19 wurde zweitweise sogar Bestseller nach dem Opel. Aber – wir greifen vor …

Land	Frankreich
Marke	Peugeot
Baujahr	1983-1998
Bauart	Reihenvierzylinder
Lage	Front
Antrieb	Front
Hubraum (ccm)	954 bis 1905
Leistung (PS/U/min)	42-200
Vmax (km/h)	155 bis 209
Bauart	Schrägheckklimousine
	(2-/4-türig), Cabrio
Material	Stahlblech
Produktionszahl	5.278.000

[ca. 18.500 €]

Peugeot 205

Charmante Wägelchen fürs Volk: Darin hat den Franzosen lange kein Konkurrent das Wasser reichen können! Peugeot zum Beispiel bewies das 1983 mit dem erfolgreichen 205: Ein sympathischer Kompakter, der nicht nur in der GTI-Version dem VW Golf kräftig Konkurrenz machte. Der flinke Franzose war etwas kleiner und handlicher und galt als absoluter Spaßmacher auf kurvigen Strecken. Und auf der Geraden schaffte so ein GTI-Knirps immerhin 200 km/h. Wem das alles zu wild war, der griff alternativ zum sparsamen Diesel. Ab 1986 gab es zudem ein attraktives Cabrio. Nicht nur französische Kunden waren so begeistert, dass sich der 205 sowohl den Titel „Auto des Jahres" als auch das „Goldene Lenkrad" als bester Kleinwagen sicherte. Auch im Motorsport fand der 205 seine Bestimmung – wo er weltmeisterliche Rallye-Auftritte in der Gruppe B hatte. Die Basis dazu bildete der spektakuläre 205 Turbo 16. Bester Beweis jedoch für den Erfolg: fast 5,3 Millionen gebaute Exemplare!

VW Golf II

Land	Deutschland
Marke	Volkswagen
Baujahr	1983-1992
Bauart	Vierzylinder
Lage	Front
Antrieb	Front/Allrad
Hubraum (ccm)	1272 bis 1781
Leistung (PS/U/min)	54 bei 4800
	bis 139 bei 6500
Vmax (km/h)	155 bis 230
Bauart	Schräghecklimousine (2-/4-türig)
Material	Stahlblech
Produktionszahl	ca. 6.301.000

[ca. 13.500 €]

Der Golf I war ein durchschlagender Erfolg – an den der Golf II nahtlos anknüpfte. Er kam 1983 im neuen (teilverzinkten) Kleid. Neu war auch der Produktionsprozess, der erstmals voll automatisiert ablief. Dass der Golf in allen Dimensionen zeitgemäß zugenommen hatte (17 Zentimeter länger, 7,5 Zentimeter mehr Radstand, 95 Kilo mehr Gewicht), wurde wohlwollend registriert. Genauso, dass er wie der Vorgänger als drei- und fünf-türige Schräghecklimousine erhältlich war (das Stufenheck lief erneut als Jetta vom Band, ein Cabrio gab's dagegen nicht). Mindestens 54 PS standen zur Verfügung, mit Modelljahr 1989 erhielten alle Varianten ab 68 PS ein Fünfganggetriebe in Serie. Etliche Ausstattungsfeatures wie Servolenkung, ABS (ab Februar 1987), elektrische Fensterheber oder Zentralverriegelung wurden in dieser Golf-Generation erstmals angeboten, wenn auch zu teils saftigen Aufpreisen. Neben skurrilen Varianten wie dem Golf Country gab's natürlich auch die legendären GTI-Versionen.

Land	Deutschland
Marke	Opel
Baujahr	1984-1993
Bauart	Reihenvierzylinder
Lage	Front
Antrieb	Front
Hubraum (ccm)	1196 bis 1998
Leistung (PS/U/min)	55 bei 5600
	bis 150 bei 6000
Vmax (km/h)	157 bis 220
Bauart	Schräghecklimousine (2-/4-türig),
	Stufenhecklimousine, Kombi,
	Cabrio, Kastenwagen
Material	Stahlblech
Produktionszahl	3.779.289

[ca. 3.500 €]

Opel Kadett E

Manche Baureihen prägen gleich mehrere Generationen – so wie der Opel Kadett. Der erste gleichnamige Opel tauchte bereits Ende 1939 auf, ver-schwand 1940 wieder, um als Kadett A (in Bochum) 1962 reanimiert zu werden. Das Kadett-Alphabet reichte bis zum E, der 1984 als letzter Vertreter anrollte, bevor der Astra eine neue Ära begründete. 1984 erschienen zunächst drei- sowie fünftürige Fließheck-Limousinen und der Kombi, später das (von Bertone gestylte) Cabrio, die Stufenhecklimousine sowie der Kastenwagen. Eine ganze Reihe Benzin- und Dieselmotoren waren hierzulande erhältlich, der stärkste (Turbo-)Diesel kam seinerzeit auf 82 PS. Ab 1988 war der 150 PS starke Kadett GSi16V mit dohc-Vierzylinder und G-Kat das Top-Modell. Der sportliche Zweitürer war seinem direkten Gegner, dem VW Golf GTI 16V, klar überlegen. Der Kadett E blieb volle neun Jahre im An-gebot, knapp 3,8 Millionen Stück wurden gebaut.

Land	Deutschland
Marke	Audi
Baujahr	1980-1989
Bauart	Reihenfünfzylinder
Lage	vorn längs
Antrieb	Allrad
Hubraum (ccm)	2226
Leistung (PS/U/min)	200 bei 5500
Vmax (km/h)	222
Bauart	Coupé
Material	Stahlblech
Produktionszahl	11.452

[ca. 73.000 €]

Audi Quattro

Die 1980er sind zweifellos das Jahrzehnt, in dem einige der besten deutschen Autos gebaut wurden. Mit dem Quattro setzte Audi gleich zum Auftakt ein klares Zeichen! Dank des sportlichen Allradlers bekam der Slogan „Vorsprung durch Technik" Flügel, und die Ingolstädter schufen damit das Fundament, auf dem ihr Image noch heute aufbaut. Dabei ist der „Urquattro" quasi einem Zufall zu verdanken, weil ein allradgetriebener VW Iltis mit nur 75 PS bei Audi-Probefahrten im Schnee eine phänomenale Performance bot. Audis Technik-Chef Jörg Bensinger kombinierte daraufhin den Iltis-Antrieb mit einem Serien-Audi 80. Danach entstand in kurzer Zeit der Quattro-Prototyp EA 262 – mit dem Fünfzylinder-Turbo des Audi 200 5T, Radaufhängungen vom Audi 100, der Bodengruppe des Audi 80 mit verkürztem Radstand sowie der Rohkarosse des Audi Coupé. Technikbegeisterte zahlten gerne rund 50.000 Mark fürs Gesamtpaket. 1982 gewann der Quattro erstmals die Rallye-Marken-WM, 1983 siegte Audi-Pilot Hannu Mikkola in der Fahrer-Wertung. 1984 gab's einen Doppelerfolg und den Fahrertitel für Stig Blomqvist. Die in allen Belangen extreme Kurz-Version mit der Bezeichnung Sport Quattro entstand als Homologationsfahrzeug zwischen 1983 und 1985 – 200.000 Mark teuer und nur 200-mal gebaut.

Land	Deutschland
Marke	Opel
Baujahr	1981-1988
Bauart	Reihenvierzylinder
Lage	vorn quer
Antrieb	Front
Hubraum (ccm)	1297 bis 1998
Leistung (PS/U/min)	54 bei 5800
	bis 130 bei 5600
Vmax (km/h)	150 bis 193
Bauart	Limousine (2-,4-türig), Schrägheck
Material	Stahlblech
Produktionszahl	1.721.647

[ca. 5.500 €]

Opel Ascona C

Auffälliges Design ist beim Anblick eines Opel Ascona C eigentlich nicht im Spiel – der Ur-Ascona von 1970 war da wesentlich stimmiger. Die dritte Generation geriet insofern eher schmucklos. Der Rüsselsheimer ist im Rückblick allerdings fast revolutionär, denn der Ascona C war der erste Mittelklasse-Opel mit Frontantrieb und quer eingebauten Motoren. Hierzulande nur als Limousine und Schrägheck angeboten, bastelten einige Karosseriebauer aus der zweitürigen Variante immerhin ein Cabrio. In Großbritannien lief der Ascona als Vauxhall Cavalier – und auch als Kombi. In Deutschland gab es zum Einstieg 60 PS im 1.3-Liter-Vierzylinder, das Top-Modell kam mit Zweiliter-Motor und letztlich 130 PS. Einziger Dieselmotor war ein 1.6 Liter-Vierzylinder mit 54 PS.

BMW 3er (E30)

Die zweite Generation des 3er BMW war ein Riesenerfolg – in welcher Karosserieform und mit welcher Motorisierung auch immer. Der zweitürige E30 kam Ende 1982 auf den Markt, ab September 1983 war der Viertürer erhältlich. Zur großen Modellpflege im September 1987 folgte eine Kombivariante mit dem bereits beim Schrägheck-02 verwendeten Namen „Touring". Das E30 Cabrio debütierte 1985 und war nach vielen Jahren der erste offene Serien-Pkw aus München. Als potente M3-Version entzückte der 3er alle, die sich einen sportlich-schnellen Zweitürer wünschten. Mit dem 325 eta wurde eine besonders drehmomentstarke und durchaus sparsame Variante eingeführt. Zudem kam auch der bereits aus dem 5er E28 bekannte Sechszylinder-Diesel mit und ohne Aufladung im 324d/td zum Einsatz. BMW entwickelte darüber hinaus erstmals einen Allradantrieb für die Pkw-Serie, der 1985 im 325iX debütierte.

Land	Deutschland
Marke	BMW
Baujahr	1982-1994
Bauart	Reihenvierzylinder, Reihensechszylinder
Lage	vorn längs
Antrieb	Hinterrad/Allrad
Hubraum (ccm)	1596 bis 2693
Leistung (PS/U/min)	86 bei 4600 bis 238 bei 7000
Vmax (km/h)	165 bis 241
Bauart	Limousine (2-/4-türig), Kombi, Cabrio
Material	Stahlblech
Produktionszahl	ca. 2.340.000

ca. 28.000 € (M3: ca. 90.000 €)

Mercedes-Benz 190 (W 201)

Die Baureihe W 201, die 1982 debütierte, bedeutete für Mercedes-Benz den Einstieg in
eine völlig neue Fahrzeugklasse. Und auch für
die Kunden: War doch so ein „Baby-Benz" bis
dato kaum denkbar! Noch heute ist der 190er
allerdings eins der populärsten und mit fast
zwei Millionen gebauten Exemplaren auch erfolgreichsten Modelle der Marke. Das lag unter
anderem an der kompakten Größe, einer neuen
Raumlenkerhinterachse, neuentwickelten, clever gekapselten Dieselmotoren und der strö-
mungsgünstigen wie zugleich überzeugenden
Karosserieform. Und natürlich am Motorsport-
Engagement, das Mercedes ab 1988 mit Hilfe
von AMG (wieder) werksmäßig betrieb. Zug-
pferd war dabei die Top-Variante, der 190E 2,3-
16, der rundum verspoilert und mit 185 PS aus
einem kernigen dohc-Vierzylinder daher kam.
Der Vierventiler war zusammen mit der britischen Motorenschmiede Cosworth entwickelt
worden. Der Power-Benz machte sich später
als Evo-Renntourenwagen einen Namen.

ca. 20.000 €

Land	Deutschland
Marke	Mercedes-Benz
Baujahr	1982-1993
Bauart	Reihenvierzylinder, Reihensechszylinder
Lage	vorn längs
Antrieb	Heck
Hubraum (ccm)	1797 bis 2597
Leistung (PS/U/min)	72 bei 4600 bis 185 bei 6200
Vmax (km/h)	160 bis 230
Bauart	Limousine
Material	Stahlblech
Produktionszahl	ca. 1.500.000

Land	Deutschland
Marke	Ford
Baujahr	1982-1993
Bauart	Hinterrad/Allrad
Lage	Heck
Antrieb	Heck
Hubraum (ccm)	1593 bis 2933
Leistung (PS/U/min)	67 bei 4200 bis 220 bei 6000
Vmax (km/h)	155 bis 239
Bauart	Schrägheck-/Stufenhecklimousine (2-/4-türig), Kombi
Material	Stahlblech
Produktionszahl	2.700.500

ca. 4.500 €

Ford Sierra

Als die Kölner Ford-Dependance 1982 ihre neue Baureihe Sierra vorstellte, rieben sich Laien wie Fachleute die Augen: Die bisherige barocke Lange-
weile war offensichtlich Mut und Progressivität gewichen! Fürs Design zeichnete Uwe Bahnsen verantwortlich, und wenn auch der Schrägheck-Ford
polarisierte, sorgte sein cw-Wert von 0,34 doch für Begeisterung. Technisch war der Sierra nicht ganz up to date – Motoren und Getriebe wurden
mit nur geringen Modifikationen vom Taunus übernommen. Auf die fünftürige Schräghecklimousine folgte Ende 1982 der Kombi „Turnier". Für den
Sierra standen in Deutschland zunächst sechs Motoren zur Verfügung. Im Jahr 1983 folgte der dynamische Sierra XR4i mit dem 2.8 Liter großen V6-
Einspritzer und 150 PS. 1985 wurde erstmals der spektakuläre Spoiler-Sierra RS Cosworth mit 204 PS gezeigt (mit dem Ford 1988 die DTM gewann).
Später wandelte sich der Sportler zum Stufenheck-Allradler mit 220 PS.

Volvo 740, 760, 780

[ca. 7.500 €]

Volvos 700er-Serie gilt als anerkannter Dauerläufer und eine der langlebigsten Pkw-Baureihen überhaupt. Fakt ist jedenfalls, dass die unverwechselbaren Schweden dank großflächiger Verzinkung und sprichwörtlich dickem Blech auch mit 500.000 Kilometern und mehr auf der Uhr noch zuverlässig im modernen Straßenverkehr mitlaufen. Gleich, ob die 1982 erstmals gezeigte Limousine, der 1985 erschienene Kombi oder das rare, primär für den US-Export konzipierte Coupé mit der Ziffer 780, das ebenfalls 1985 debütierte. Durchs kantige Design bekamen die 700er-Modelle schnell Spitznamen wie „Container-Volvo" oder „Swedish Bricks". Verantwortlich für die charakteristische Formensprache war der langjährige Volvo-Stylist Jan Wilsgaard. Offenbar traf er auch den Geschmack der DDR-Politspitze, die neben Volvos 200er-Reihe auch auf die 700er setzte und diese – gern auch in verlängerter Form – als Repräsentations- und Behördenfahrzeug nutzte.

Land	Schweden
Marke	Volvo
Baujahr	1982-1992
Bauart	Reihenvierzylinder, V6, Reihensechszylinder
Lage	vorn längs
Antrieb	Heck
Hubraum (ccm)	1986 bis 2849
Leistung (PS/U/min)	82 bei 4800 bis 182 bei 5300
Vmax (km/h)	150 bis 210
Bauart	Limousine, Kombi, Coupé
Material	Stahlblech
Produktionszahl	1.239.222

Land	Großbritannien
Marke	Lotus
Baujahr	1980-1987
Bauart	Reihenvierzylinder
Lage	Mitte längs
Antrieb	Heck
Hubraum (ccm)	2174
Leistung (PS/U/min)	214 bei 6250
Vmax (km/h)	235 bis 250
Bauart	Coupé
Material	Kunststoff
Produktionszahl	ca. 3200

[ca. 51.000 €]

Lotus Esprit Turbo

Den kantigen Esprit, dessen faszinierende Grundform Giorgetto Giugiaro entwarf, ließ Lotus schon 1974 auf die Straße los. Besonders spektakulär geriet aber der zweimalige Auftritt als Dienstfahrzeug von 007. Nach 1977 setzte James Bond alias Roger Moore 1980 erneut auf die Flunder – diesmal mit Turboaufladung. Dieser Esprit Turbo war mit einem 2,2-Liter-Vierzylinder-Sechzehnventiler ausgerüstet, der dank Garrett-Turbolader eine Top-Leistung von 214 PS erreichte. Unter maßgeblicher Regie von GM wurde die Esprit-Karosserie in der zweiten Auflage ab 1987 geglättet und erschien fortan etwas runder und moderner als die kantige Form der ersten Baureihe. Das Backbone-Chassis wurde dabei im Wesentlichen nicht verändert, mehr Platz für die Passagiere gab's trotzdem.

Maserati Biturbo

Wer sich einen Maserati Biturbo zutraut, hat entweder sehr viel Ahnung vom Schrauben – oder gar keine. So die landläufige Meinung. In jedem Fall empfehlen sich intensive Vorkenntnisse, denn der Biturbo ist bekanntermaßen eine echte Diva. Sein Antrieb gilt als hochsensibel und will entsprechend behandelt werden. Den Doppelturbo-V6 gab es in diversen Hubraumversionen mit Vergaser und Einspritzung, je nach Baujahr waren verschiedene Ausbaustufen erhältlich, zum Beispiel Biturbo i, Biturbo S, Biturbo E oder Biturbo Si. Die Baureihe, zu der neben dem Zweitürer auch Limousine und Spyder zählten, war Maseratis erste komplette Neuentwicklung nach der Übernahme durch Alejandro de Tomaso. Serienmäßig waren alle Varianten mit einem ZF-Fünfganggetriebe ausgerüstet, wahlweise gab's eine Dreigang-Automatik. Angetrieben wurden die Hinterräder. Maserati verlor durch den Biturbo ein Stück weit seinen exklusiven Status, denn das vergleichsweise preiswerte Modell kam auf weit höhere Stückzahlen als jeder Sportwagen mit Dreizack zuvor.

Land	Italien
Marke	Maserati
Baujahr	1981-1990
Bauart	V6
Lage	vorn längs
Antrieb	Heck
Hubraum (ccm)	1996 bis 2491
Leistung (PS/U/min)	180 bei 6000
	bis 220 bei 6350
Vmax (km/h)	215 bis 228
Bauart	Coupé, Limousine, Cabrio
Material	Stahlblech
Produktionszahl	11.919

[ca. 13.000 €]

Pontiac Firebird III. Gen.

Das Schwestermodell des Chevrolet Camaro wurde erstmals 1967 vorgestellt. Die Vorteile des Firebird: stark und bezahlbar – was ihn 35 Jahre lang am Leben hielt. Ab 1969 gab es optional das „Trans Am Performance and Appearance"-Paket – derart ausgerüstet wurde der Feuervogel eine echte US-Ikone. Solche frühen Trans Am waren ab Werk weiß mit blauen Rallyestreifen. Die dritte Generation sorgte ab 1982 als TV-Serienheld „K.I.T.T." in sattem Schwarz für Furore: Das futuristische Wunderauto in „Knight Rider" fuhr restlos autonom, konnte sprechen, denken – und seinem Piloten David Hasselhoff alias Michael Knight so ziemlich in jeder Folge den Hintern retten. In der Realität kam dieser Firebird allemal mit einem ordentlichen cw-Wert von 0,34 daher. Der Innenraum lehnte sich im Styling an die Instrumente von Concorde und Learjet an. Die Motorisierung reichte vom 2,5-Liter-Vierzylinder mit 90 PS bis zum 5,7-Liter-Achtzylinder mit 245 PS.

Land	USA
Marke	Pontiac
Baujahr	1982-1992
Bauart	Vierzylinder, V8
Lage	vorn längs
Antrieb	Heck
Hubraum (ccm)	2474 bis 5733
Leistung (PS/U/min)	90 bei 4500
	bis 245 bei 4000
Vmax (km/h)	180 bis 235
Bauart	Coupé
Material	Stahlblech/Kunststoff
Produktionszahl	763.783

[ca. 17.000 €]

233

Land	USA
Marke	Chevrolet
Baujahr	1983-1996
Bauart	V8
Lage	vorn längs
Antrieb	Heck
Hubraum (ccm)	5733
Leistung (PS/U/min)	233 bei 4000
	bis 405 bei 5800
Vmax (km/h)	200 bis 290
Bauart	Coupé, Cabrio
Material	Kunststoff
Produktionszahl	358.180

[ca. 30.000 €]

Chevrolet Corvette C4

Nach der eher verspielten Cokebottle-Corvette kam die vierte Generation des „einzigen Sportwagens der USA" ab 1983 klarer gezeichnet daher. Die neue Form geriet glatter, auch dank der mit 64 Grad sehr flach stehenden Frontscheibe, was besonders den cw-Wert beeinflusste: Der Wert von 0,34 galt in jener Ära jedenfalls als exzellent. Neben dem Coupé mit erstmals einteiligem Targadach gab es ab 1986 auch das Cabrio, das knapp 75.000-mal gebaut wurde. Das Fahrwerk war so oder so aufwändig konstruiert, kuriose Spezialität dabei: die Kunststoff-Querblattfedern vorn und hinten. Im Laufe der Produktion zogen ABS (ab 1986) und Traktionskontrolle (ab 1992) ein. Nach den Hubraum-Riesen früherer Tage kam in der C4 ausschließlich der Small Block-V8 mit 5,7 Litern Hubraum zum Einsatz. Power gab's dennoch, besonders im Topmodell: Die C4 ZR-1 leistete (hierzulande) bis zu 405 PS!

Land	Japan
Marke	Honda
Baujahr	1983-1987
Bauart	Reihenvierzylinder
Lage	vorn quer
Antrieb	Front
Hubraum (ccm)	1477 bis 1579
Leistung (PS/U/min)	100 bei 5750
	bis 125 bei 6800
Vmax (km/h)	190 bis 202
Bauart	Coupé
Material	Stahlblech, Kunststoff
Produktionszahl	k.A.

ca. 8.000 €

Honda CRX (AF)

Anfang der 1980er hatten einige Konzernlenker noch ein Faible für sportliche Fahrzeuge, auch wenn diese meist von Massenware abgeleitet werden mussten. Ein gutes Beispiel: der Honda CRX. Das günstige Sportcoupé für den amerikanischen und europäischen Markt konnte nur auf dem Honda Civic basieren. Im Lastenheft des Flitzers stand unter anderem Zweisitzer, Frontmotor und Frontantrieb, hochdrehender Saugmotor, geringer Hubraum, viel Kraft und geringer Verbrauch. Die erste CRX-Generation (Typ AF) stand dann im September 1983 auf der IAA in Frankfurt. Das geringe Gewicht von nur rund 830 Kilo resultierte unter anderem aus einer Karosserie, die zu 38 Prozent aus Kunststoff bestand. Der 1.5-Liter-Alumotor leistete in Deutschland genau 100 PS, später erstarkte er mit 1.6 Litern Hubraum auf 125 PS. 1984 kostete das Coupé in Deutschland 19.490 Mark.

Land	Japan
Marke	Datsun/Nissan
Baujahr	1983-1989
Bauart	V6
Lage	vorn längs
Antrieb	Heck
Hubraum (ccm)	2000 bis 3000
Leistung (PS/U/min)	170 bei 6000
	bis 228 bei 6400
Vmax (km/h)	210 bis 240
Bauart	Targa-Coupé
Material	Stahlblech
Produktionszahl	329.900

ca. 12.000 €

Nissan 300 ZX (Z31)

War der 280 ZX noch ein echter Hit in Europa, kam der Nachfolger 300 ZX (Name in Japan: Fairlady Z) zunächst nur in den USA gut an. Dieser Z der dritten Generation erschien Anfang 1984 auf der Bildfläche, zunächst mit der Bezeichnung Datsun 300ZX. Erst ab Ende 1985 hielt der Markenname Nissan weltweit Einzug. Anstelle des vormaligen Reihensechszylinders kamen im neuen Z31 erstmals V6-Motoren zum Einsatz. Die Fahrwerkskonstruktion lehnte sich an den 280ZX an, vorn verrichteten Federbeine ihren Dienst, hinten Längslenker. Die Turbo-Modelle erhielten dreifach verstellbare, elektronisch geregelte Dämpfer. In Deutschland gab es nur eine 2+2-Variante mit längerem Radstand. Im Herbst 1985 erhielt der 300ZX ein Facelift: Der Gummiheckspoiler wich einem GFK-Exemplar mit integrierter dritter Bremsleuchte. Im Juli 1987 wurde die Karosserie erneut einem Facelift unterzogen. Im Spätherbst 1989 kam die Ablösung durch die neue Z32-Reihe.

Ferrari Testarossa

Als der Zwölfzylinder-Sportler auf dem Pariser Salon 1984 mit großem Pomp vorgestellt wurde, schlug er ein wie der Haken eines Boxers. Auch wenn der 180-Grad-V12 eben kein solcher war. Ferrari-Hausdesigner Pininfarina fand hier eine extravagante Formensprache, die ihresgleichen suchte. Mit dem Testarossa, der eine Reminiszenz an den glorreichen 250er gleichen Namens war, hatte er nichts anderes als eine Ikone kreiert. Dabei waren die markanten Lamellen in den Türen notwendig, um die riesigen, beidseitigen Kühler anzuströmen, die erstmals vor die Hinterachse an den Mittelmotor gerückt waren. Neu war auch das keilförmige Profil mit extrabreiten Kotflügeln hinten und riesiger Heckklappe. Der Einspritzmotor war konstruktiv vom Vorgänger 512BBi abgeleitet, aber es gab viele Detailänderungen. Letztlich kamen atemberaubende 390 PS dabei heraus, was den Testarossa zu einem der schnellsten Sportler seiner Zeit machte. Tempo 300 verfehlte er nur knapp, der Sprint auf 100 km/h lief unter sechs Sekunden ab. Eine Performance, die ihren Preis hatte: 1985 kostete der Top-Ferrari 222.300 Mark.

Land	Italien
Marke	Ferrari
Baujahr	1984-1991
Bauart	V12
Lage	Mitte längs
Antrieb	Heck
Hubraum (ccm)	4942
Leistung (PS/U/min)	390 bei 6300
Vmax (km/h)	290
Bauart	Coupé
Material	Stahl/Aluminium
Produktionszahl	7177

[ca. 140.000 €]

Peugeot 309

Hatten Peugeot-Modelle wie der 504 oder der 205 durch technische oder optische Finessen unsere teutonische Aufmerksamkeit bekommen, gab es gleichwohl auch solche, denen dies eher nicht gelang. Wie der eigentlich als Talbot geborene 309, der in der unteren Mittelklasse antrat. Immerhin wurde diese graue Maus acht Jahre lang gebaut und fand in Europa durchaus Freunde. Auch in England, denn neben dem ehemaligen Talbot-Werk bei Poissy wurde der 309 auch dort einem Werk bei Coventry produziert. Zunächst nur als Schrägheck-Fünftürer zu haben, kam später ein Dreitürer hinzu. Die mit etlichen Benzinern und zwei Dieseln gespickte Motorenpalette wies Parallelen zur Baureihe 205/405 auf, das 309-Topmodell war der 1.9 GTi 16V – mit immerhin 160 PS.

Land	Frankreich
Marke	Peugeot
Baujahr	1985-1993
Bauart	Reihenvierzylinder
Lage	vorn quer
Antrieb	Front
Hubraum (ccm)	1124 bis 1905
Leistung (PS/U/min)	60 bei 5000
	bis 160 bei 6500
Vmax (km/h)	150 bis 220
Bauart	Schräghecklimousine (2-/4-türig)
Material	Stahlblech
Produktionszahl	1.635.132

[k.A.]

Land	Italien
Marke	Lancia
Baujahr	1985-1995
Bauart	Reihenvierzylinder
Lage	vorn quer
Antrieb	Front
Hubraum (ccm)	999 bis 1049
Leistung (PS/U/min)	45 bei 5000
	bis 85 bei 5750
Vmax (km/h)	145 bis 180
Bauart	Schräghecklimousine (2-türig)
Material	Stahlblech
Produktionszahl	ca. 1,13 Mio.

[ca. 2.000 €]

Lancia Y10

Lancias pfiffiger Y10-Kleinwagen füllte ab Frühjahr 1985 eine bis dato eigentlich nicht vorhandene Lücke: Denn er trat quasi als erster Lifestyle-Mini an – und erwies sich der innovativen Marke damit allemal als würdig. Das gekonnt-kantige Design des werkseigenen Centro Stile überzeugte jedenfalls auf Anhieb, ein Alleinstellungsmerkmal des Y10 war dabei die in der Regel mattschwarz lackierte Heckklappe, die das aerodynamisch clever gemachte Heck betonen sollte. Allerdings war unter dem Blech kaum mehr etwas von Lancias einstiger technischer Finesse übrig. Baute der designierte Nachfolger des Autobianchi A112 doch auf der Bodengruppe des Fiat Panda auf. Immerhin debütierte hier jedoch der verbrauchsarme und laufruhige FIRE-Motor von Fiat-Lancia. Spritziges Topmodell: Der 85 PS starke Turbo.

Volvo 480 ES

Kantige Raumriesen, dafür war Volvo bekannt. Dass die Schweden auch anders konnten, bewiesen sie 1986 mit dem dynamischen 480 ES. Keil-Design samt Klappscheinwerfer, das kannte man zwar schon, aber der 480 interpretierte die „Schlafaugen"-Mode erfrischend neu. Übrigens nicht allein aus aerodynamischen Gründen, sondern weil der Zweitürer auch für den US-Markt tauglich sein musste, wo eine gewisse Mindesthöhe für die Scheinwerfer galt. Top-Motorisierung war ab 1988 ein Zweiliter-Turbo, dessen 121 PS – erstmals bei Volvo – auf die Vorderräder losgelassen wurden. Zur Verwirklichung des 480 ES hatte sich Volvo kooperativer Hilfe versichert: Lotus kümmerte sich um die Hinterachs-Konstruktion, die Motoren waren gemeinsam mit Renault entwickelt worden. Die Abstimmung der Turbotriebwerke erledigte Porsche.

Land	Schweden
Marke	Volvo
Baujahr	1986-1995
Bauart	Reihenvierzylinder
Lage	vorn quer
Antrieb	Front
Hubraum (ccm)	1721 bis 1998
Leistung (PS/U/min)	95-122
Vmax (km/h)	190 bis 200
Bauart	Coupé
Material	Stahlblech
Produktionszahl	76.375

ca. 5.000 €

Land	DDR
Marke	IFA VEB Automobilwerk Eisenach
Baujahr	1988-1991
Bauart	Vierzylinder
Lage	vorn quer
Antrieb	Front
Hubraum (ccm)	1272
Leistung (PS/U/min)	58 bei 5400
Vmax (km/h)	150
Bauart	Limousine, Kombi
Material	Stahlblech, teilweise Kunststoff (Kombi)
Produktionszahl	152.775

[ca. 12.000 €]

Wartburg 1.3

Wie der Trabant erhielt auch der Wartburg in seiner letzten Version einen VW-Vierzylinder, um das DDR-Relikt halbwegs konkurrenzfähig zu halten. Krähte doch nach dem Dreizylinder-Zweitakter ab November 1989 kein Hahn mehr… Günther Mittag, ZK-Sekretär der SED und zuständig für Wirtschaft, hatte den VW-Deal bereits 1984 eingefädelt. Die Polo-Maschine EA111 erwies sich allerdings als zu groß für den Wartburg-Motorraum, so dass viel neu entwickelt und angepasst werden musste. Für frisches Design fehlte somit leider das nötige Kleingeld. Die Serienfertigung des Wartburg 1.3 lief damit 1988 im gewohnten Gewand an, immerhin gab's dazu noch ein neues Vierganggetriebe. Doch auch die modernisierte Technik in der 20 Jahre alten Karosserie überzeugte kaum mehr, 1991 kam das endgültige Aus.

Land	DDR
Marke	VEB Sachsenring
Baujahr	1989-1991
Bauart	Vierzylinder
Lage	vorn quer
Antrieb	Front
Hubraum (ccm)	1043
Leistung (PS/U/min)	40 bei 5300
Vmax (km/h)	125
Bauart	Limousine, Kombi, Tourer
Material	Kunststoff
Produktionszahl	39.474

[ca. 9.000 €]

Trabant 1.1

Mit dem „Trabi"-Zweitakter mobilisierte der ostdeutsche Sozialismus einen Großteil des Volks: 1976 kam jedenfalls fast jeder zweite Pkw im Arbeiter- und Bauernstaat vom VEB Sachsenring aus Zwickau. Wobei sich die meisten DDR-Bürger an Wartezeiten von mehr als zehn Jahren gewöhnt hatten. Nahezu unverändert bis 1989 gebaut, erhielt der Trabi dank eines VW-Deals nochmal eine neue Chance. Leicht retuschiert kam er als Trabant 1.1 mit einem 40 PS starken Polo-Vierzylinder und optimiertem Fahrwerk auf den Markt. Für wesentlich mehr Neuerungen reichten die finanziellen Rücklagen nicht. Mitten in der Nach-Wende-Ära hatte jedoch auch ein modernisierter Trabi einen schweren Stand – und sah gegen die West-Konkurrenz schlicht (zu) alt aus. Fast 40.000 Exemplare liefen immerhin noch vom Band, bis im April 1991 das Produktionsende besiegelt war.

Mercedes-Benz 200 D-500 E (W 124)

Von der Ponton-Ära über Strichacht und W123: Die „mittlere Baureihe", wie sie im Mercedes-Werksjargon genannt wird, zementiert traditionell den guten Ruf der Marke. Und das galt mindestens auch für die 1984 vorgestellte und runderneuerte Baureihe W124. Das Image vom grundsoliden, vertrauenerweckenden Mercedes-Pkw erfüllte der progressive Bestseller vorbildlich, Seitenaufprall- und Überschlagschutz sowie ausgeklügelte Deformationszonen an Bug und Heck zählten selbstverständlich dazu. Vielfältig auch die Motorenpalette mit Otto- und Dieselmotoren, die wie die ganze Reihe laufend optimiert wurden. Im Herbst 1985 kam das T-Modell hinzu, ab März 1987 das Coupé. Zum Modelljahr 1991 folgte das viersitzige Cabriolet. 1990 lieferte Mercedes noch ein besonderes Bonbon, das in Kooperation mit Porsche entstand: die 326 PS starke 500 E-Limousine mit dem V8 des 500 SL. Zum Start kostete dieser Überflieger mindestens 134.520 Mark.

Land	Deutschland
Marke	Mercedes-Benz
Baujahr	1984-1993
Bauart	Reihenvierzylinder, Reihenfünfzylinder Reihensechszylinder, V8
Lage	vorn längs
Antrieb	Hinterrad/Allrad
Hubraum (ccm)	1997 bis 4973
Leistung (PS/U/min)	72 bei 4600 bis 326 bei 5700
Vmax (km/h)	145 bis 250
Bauart	Limousine, Kombi, Cabrio, Coupé
Material	Stahlblech
Produktionszahl	2.562.143

ca. 19.000 € (500 E: ca. 79.000 €)

Saab 9000

Kein Zweifel: Der 1985 präsentierte 9000 war für Saab aus Kostengründen ein Kompromiss, wurde er doch gemeinsam mit Lancia/Fiat/Alfa entwickelt. Die Verwandtschaft zu Fiat Croma, Lancia Thema und Alfa 164 war insofern unvermeidlich, worunter der Saab-Nimbus als Exot mit außergewöhnlicher Eigenständigkeit gehörig litt. Schwedenfans waren zum Beispiel auch enttäuscht, dass sich das Zündschloss nun an üblicher Stelle neben dem Lenkrad und nicht mehr wie beim Saab 99 oder 900 am Schalthebel befand. Der Vierzylinder-Turbotechnik blieben die Schweden jedoch treu, zunächst mit einem 175 PS starken Zweiliter-16V. 1986 kam eine 128-PS-Version auf den Markt. Mit dem GM-Einstieg 1989 bei Saab zog ein 2,3-Liter-Sauger mit 146 PS unter die Haube, kurz darauf folgte die aufgeladene Version mit 195 PS. Die Stufenheck-Limousine CD ergänzte bereits im Herbst 1988 die Palette. 1993 folgte als Höhepunkt der damals stärkste und schnellste Saab – der 9000CS Aero mit nochmals deutlich optimiertem 2,3-Liter-Turbo und 224 PS. Ein Dreiliter-V6 von General Motors ergänzte schließlich die Baureihe, die 1997 vom 9-5 abgelöst wurde.

Land	Schweden
Marke	Saab
Baujahr	1985-1998
Bauart	Reihenvierzylinder
Lage	vorn quer
Antrieb	Front
Hubraum (ccm)	1985 bis 3000
Leistung (PS/U/min)	128 bei 5200
	bis 224 bei 5300
Vmax (km/h)	190 bis 240
Bauart	Coupé
Material	Stufenheck-, Schräghecklimousine
Produktionszahl	ca. 500.000

[**ca. 7.000 €**]

Alfa Romeo 75

Der letzte echte Alfa – so sehen Hardcore-Alfisti den 75 gern. Tatsächlich erschien der sportliche Italiener im Frühjahr 1985 als letzter Alfa vor der Übernahme durch Fiat im Jahr darauf. Passend zum 75. Geburtstag der Mailänder Marke war nochmal alles drin, was Alfa-Herzen höher schlagen ließ: Transaxle-Bauweise und Hinterradantrieb, kernige dohc-Vierzylinder (auch mit Turbo) und kraftvolle V6 mit bis zu drei Liter Hubraum. Auch das Fahrwerk war vom Feinsten: Vorn gab's Doppelquerlenker, hinten die aufwendige De-Dion-Achse, die per Wattgestänge geführt wurde. Dabei überzeugte der 75 mit ausgeglichener Gewichtsverteilung von 50 zu 50. Die Karosserie des 75 entstammte der Feder von Ermanno Cressoni, Leiter des Centro Stile. Die Fahrgastzelle übernahm Alfa aus Kostengründen von der Giulietta, ein geplanter Kombi fiel letztlich der Fiat-Übernahme zum Opfer.

Land	Italien
Marke	Alfa Romeo
Baujahr	1985-1992
Bauart	Reihenvierzylinder, V6
Lage	vorn längs
Antrieb	Heck
Hubraum (ccm)	1570 bis 2959
Leistung (PS/U/min)	95 bei 4850
	bis 192 bei 5700
Vmax (km/h)	180 bis 220
Bauart	Limousine
Material	Stahlblech
Produktionszahl	375.257

[ca. 11.000 €]

Land	Deutschland
Marke	Ford
Baujahr	1985-1998
Bauart	Reihenvierzylinder, V6
Lage	vorn längs
Antrieb	Hinterrad/Allrad
Hubraum (ccm)	1796 bis 2933
Leistung (PS/U/min)	69 bei 4200
	bis 195 bei 5750
Vmax (km/h)	158 bis 225
Bauart	Schrägheck-, Stufenhecklimousine, Kombi
Material	Stahlblech
Produktionszahl	ca. 850.000

[ca. 3.500 €]

Ford Scorpio

Beim Stichwort Scorpio haben Autofans vor allem jene unglückliche Facelift-Version im Blick, die mit Glubschaugen und eher unförmigem Heck daherkam. Der Ford Scorpio der ersten Generation dagegen war ein durchdachtes und seriöses Auto – an das sich dennoch kaum jemand erinnert. Immerhin gewann die Kölner Schräghecklimousine 1986 die Fachjournalisten-Wahl zum „Auto des Jahres"! Das Platzangebot (besonders im Fond) suchte im Segment der oberen Mittelklasse seinesgleichen, die frühe V6-Topversion hatte eine Leistung von 150 PS. Für 38.800 Mark gab's hierzulande kaum Vergleichbares. Technisch war der Ford allemal up-to-date: 1985 erschien er als erster europäischer Großserien-Pkw serienmäßig mit Antiblockiersystem (ABS). Im Frühjahr 1986 kam der Scorpio 4×4 Allrad. Ende 1989 ergänzte die konventionelle Stufenhecklimousine die Palette, 1992 der Turnier genannte Kombi. Nach dem (missglückten) Facelift 1994 waren auch Fahrer- und Beifahrerairbags serienmäßig, ab Frühjahr 1998 Seitenairbags.

Opel Omega A

Griechische Buchstaben nach Opel-Lesart – 1986 kam dabei der Omega heraus! Mit frischem Namen und innovativer Technik löste er den altehrwürdigen Rekord ab. Das „Auto des Jahres 1987" hatte ein neu konstruiertes „DSA"-Fahrwerk mit hinterer Schräglenkerachse, die formschlüssige Karosserie bestach durch ihren sensationellen cw-Wert von 0,28, was zusammen mit dem relativ geringen Gewicht gute Fahrleistungen bei gleichzeitig niedrigem Verbrauch ergab. Vorteile, die auch die traditionell Caravan genannte Kombi-Version des Omega mitbrachte. Die Benzinmotoren leisteten zunächst 82 bis 156 PS im sportlichen „Omega 3000", wobei die Palette laufend verfeinert wurde. Etwa mit einem aufwendigen dohc-Kopf für den Sechszylinder, der derart gerüstet im Evo-Modell für die DTM-Homologation zur Hochform auflief und dort 230 PS leistete. Der faszinierendste (und teuerste) Exot der Baureihe blieb jedoch zweifellos der Lotus-Omega, der mit 377 Biturbo-PS selbst so manchen Ferrari das Fürchten lehrte!

Land	Deutschland
Marke	Opel
Baujahr	1986-1994
Bauart	Reihenvierzylinder, Reihensechszylinder
Lage	vorn längs
Antrieb	Heck
Hubraum (ccm)	1796 bis 2969
Leistung (PS/U/min)	73 bei 4400 bis 204 bei 6000
Vmax (km/h)	163 bis 242
Bauart	Limousine, Kombi
Material	Stahlblech
Produktionszahl	ca. 840.000

[ca. 7.000 €]

245

Land	USA
Marke	Cadillac
Baujahr	1985-1991
Bauart	V8
Lage	vorn quer
Antrieb	Front
Hubraum (ccm)	4100 bis 4900
Leistung (PS/U/min)	130 bei 4400
	bis 200 bei 4100
Vmax (km/h)	k.A.
Bauart	Limousine
Material	Stahlblech
Produktionszahl	145.017

[k.A.]

Cadillac Seville

Die Bezeichnung Seville kursierte bei Cadillac bereits in den 1950ern. Die erste echte Baureihe gleichen Namens wurde indes ab 1975 als kompakte Luxusklasse angepriesen – und erwies sich als veritabler Erfolg. 1980 kam der Nachfolger mit dem skurrilen, abgeflachten Heck, der noch unter GM-Chefdesigner Bill Mitchell entstand. Im Fokus steht hier aber die dritte Generation, die 1985 debütierte. Auch diese Version war wiederum markant gezeichnet und hob sich klar vom US-Einerlei ab. Wofür nicht zuletzt auch ein erstmals vorn quer eingebauter V8 sorgte! Hubraum und Kraft nahmen mit der Zeit zu: Kam der Seville zunächst mit nur 130 PS aus 4,1 Litern Hubraum, waren es am Ende gut 200 PS aus knapp fünf Litern. Richtig gut kam der „kurze", rund 4,80 Meter lange Seville bei den US-Kunden dennoch nicht an – anders als der Nachfolger, der 1991 auf 5,20 Meter wuchs.

[ca. 27.500 €]

Land	Deutschland
Marke	BMW
Baujahr	1987-1994
Bauart	V12
Lage	vorn längs
Antrieb	Heck
Hubraum (ccm)	4988
Leistung (PS/U/min)	300 bei 5200
Vmax (km/h)	250
Bauart	Limousine
Material	Stahlblech
Produktionszahl	48.316

BMW 750i (E32)

Nichts anderes als das beste Luxusauto der Welt wollte BMW auf die Straße bringen: Was den ehrgeizigen Bayern mit dem 750i der Baureihe E32 gelang – der 1987 einschlug wie eine Bombe! Mit dem ersten deutschen Nachkriegs-Zwölfzylinder schuf BMW nicht bloß einen Meilenstein mit enormem Prestigewert, sondern düpierte auch die Sterne-Konkurrenz aus Stuttgart. Dabei war der konstruktive Trick im Prinzip genial: Man nehme zwei Sechszylinder-M20, kombiniere sie im 60-Grad-Winkel und füge das Ganze im Alu-Kurbelgehäuse zusammen. So wurden im M70 aus fünf Litern Hubraum überlegene 300 PS generiert, die eine Viergang-Automatik zügelte. Mehr als 250 km/h Spitze wären locker drin gewesen, aber die Münchner hatten sich mit Audi und Mercedes auf dieses maximale Tempo geeinigt. Gern genommen wurde der 750er mit allem erdenklichen Luxus in der Langversion (750iL). In der Variante „Highline" verfügte er über D-Netz-Telefon und Kühlschrank, optional waren auch elektronische Dämpfer-kontrolle und das Stabilitätssystem ASC zu haben.

Porsche 959

Der Porsche 959 war nichts anderes als der absolute Überflieger der 1980er. Und der blechgewordene Beweis dafür, was die kreativen Zuffenhausener quasi mit allen Freiheiten ausgestattet auf die Räder stellen konnten: 450 PS leistete der legendäre Sechszylinder-Biturbo mit Registeraufladung, dazu Allradantrieb, erstmals variabel elektronisch gesteuert – Top-Speed 317 km/h! Dach, Kotflügel und Heckpartie aus aramidfaserverstärktem Kunststoff, Frontschürze aus Polyurethan und Fronthaube sowie Türen aus Aluminium: Eine Fertigung wie im Flugzeugbau! 420.000 Mark Kaufpreis waren damals rekordverdächtig, wobei die meisten Kunden die Komfortversion wählten, nur wenige die leichtere Sportversion. Dabei sollen 29 Exemplare mit größeren Turbos und modifiziertem Überdruckventil gebaut worden sein, wodurch 515 PS erzielt wurden. 1992 fertigte Porsche nochmal acht 959 in Sonderserie zum Preis von je 747.500 Mark nach. Insgesamt sind 292 Stück entstanden.

ca. 1.200.000 €

Land	Deutschland
Marke	Porsche
Baujahr	1986-1988
Bauart	Sechszylinder-Boxer
Lage	Heck
Antrieb	Allrad
Hubraum (ccm)	2849
Leistung (PS/U/min)	450 bei 6500
Vmax (km/h)	317
Bauart	Coupé
Material	Aluminium, Kunststoff
Produktionszahl	292

Land	Italien
Marke	Ferrari
Baujahr	1987-1992
Bauart	V8
Lage	Mitte längs
Antrieb	Heck
Hubraum (ccm)	2936
Leistung (PS/U/min)	478 bei 7000
Vmax (km/h)	324
Bauart	Coupé
Material	Stahlblech, CFK
Produktionszahl	1315

ca. 1.700.000 €

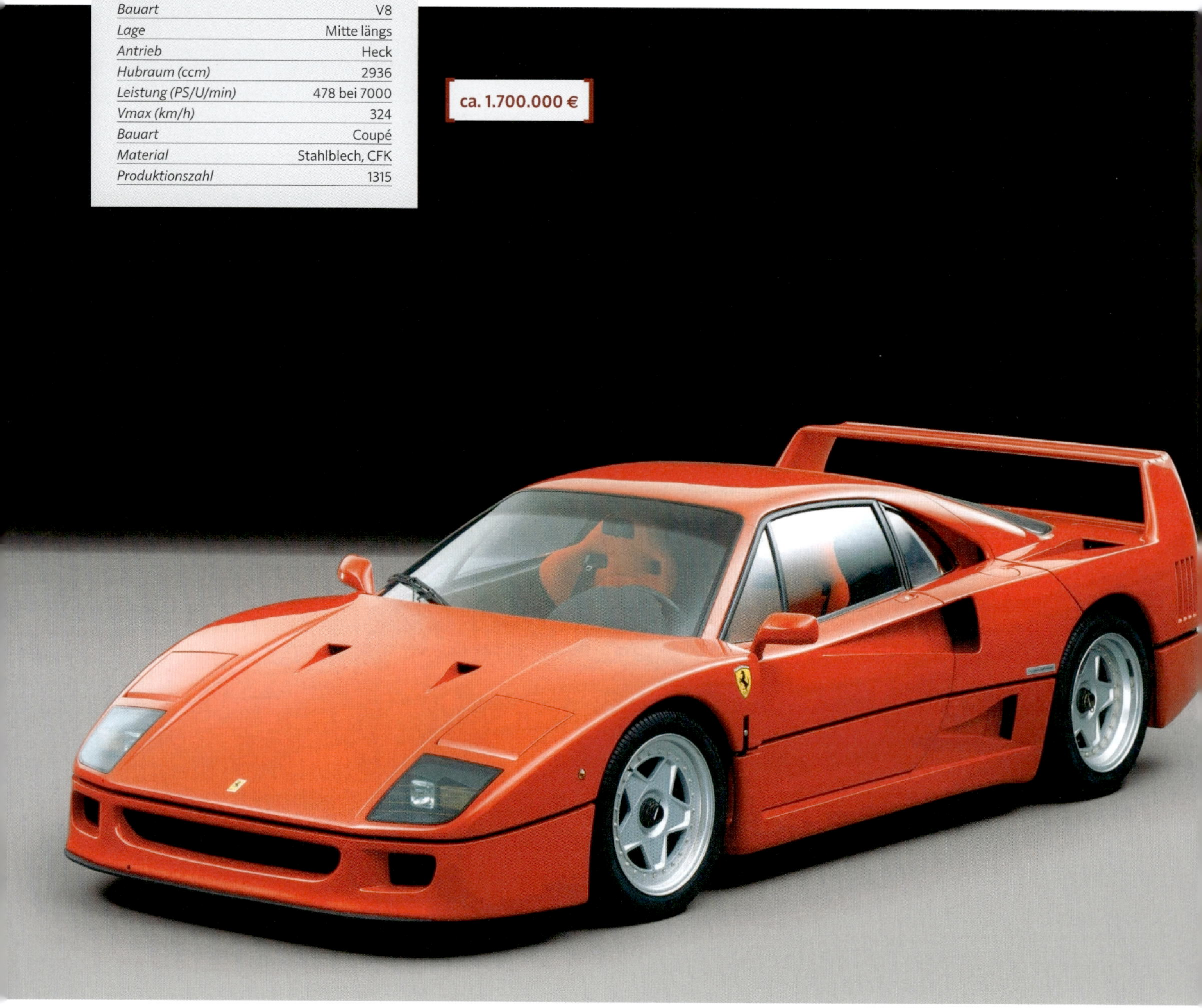

Ferrari F40

Der F40 war 1987 nicht nur das „Geschenk" von Gründer Enzo Ferrari zum 40. Jubiläum seiner legendären Firma, sondern die ebenso faszinierende Antwort auf den fantastischen Porsche 959: V8-Mittelmotor, zwei Turbolader, 478 PS – damit erreichte der Ferrari 324 km/h. Etwas schneller also als der 959, und mit offiziell 444.000 Mark auch einen Tick teurer. Kostspielige CFK-Karosserieteile sorgten für die nötige Leichtigkeit des Supersportlers, der den Sprint auf 100 km/h in knapp vier Sekunden erledigte. Das knapp geschnittene, durch den riesigen integrierten Heckflügel gekennzeichnete F40-Kleid hatte Pininfarina geschneidert. Wobei Ferraris letzte Entwicklung zu Enzos Lebzeiten auf dem GTO Evoluzione basierte, einer für den Rennsport weiterentwickelten Variante des 288 GTO. Dessen Rekord-Rundenzeit auf der Teststrecke in Fiorano unterbot der F40 im Übrigen um 6,4 Sekunden! Ursprünglich wollte Ferrari lediglich 450 Fahrzeuge fertigen – aufgrund der hohen Nachfrage entstanden am Ende 1315 Exemplare.

BMW Z1

Sandwich-Boden, GFK-Haut – und elektrisch versenkbare Türen: Vorm Café ist der verblüffende BMW Z1 noch heute eine Schau. Die man allerdings nicht allzu oft geboten bekommt, denn nur 8000 Z1-Roadster wurden bis 1991 gefertigt. Neu kostete der rare BMW zunächst gut 80.000 Mark. Für Planung und Ausführung des innovativen Projekts, das die wesentliche Antriebstechnik des 325i E30 erhielt, war die 1985 gegründete BMW Technik GmbH unter Leitung von Ulrich Bez verantwortlich. Das Stahlblech-Chassis wurde komplett verschweißt und am Stück feuerverzinkt. Das garantierte hohe Torsionssteifigkeit – und verlängerte die Lebensdauer. Dazu trugen auch etliche Kunststoff-Karosserieteile bei, etwa Front- und Heckklappe sowie der Verdeck-Deckel aus GFK.

[ca. 70.000 €]

Land	Deutschland
Marke	BMW
Baujahr	1988-1991
Bauart	Reihensechszylinder
Lage	vorn längs
Antrieb	Heck
Hubraum (ccm)	2494
Leistung (PS/U/min)	170 bei 5800
Vmax (km/h)	225
Bauart	Roadster
Material	Stahlblech, Kunststoff
Produktionszahl	8000

Aston Martin Virage

Bis zum Ford-Einstieg 1987 hatte Aston Martin wegen anhaltend kritischer Finanzlage und verfehlter Modellstrategie schwer zu kämpfen. Ein Dilemma, unter dem zunächst auch der neue Virage litt, der 1989 debütierte – und den Scheinwerfer vom Audi 200, Heckleuchten vom VW Scirocco II sowie Außenspiegel vom Citroën CX zierten. Das kräftige Coupé und die Cabrio-Version Volante standen ganz in der Tradition des Vorgängers, dessen Käuferschicht seinerzeit nicht unbedingt zunahm. Trotz der zwingenden Neuausrichtung hielt sich die Modellreihe immerhin mehr als zehn Jahre im Programm. Dabei stammt die Bezeichnung „Virage" – französisch für Kurve – von Firmenchef Victor Gauntlett, obwohl Aston Martin eigens einen Namenswettbewerb unter der Belegschaft und Mitgliedern des Aston Martin Owners Clubs ausgerufen hatte. Der Virage-V8 mit neuen Vierventilköpfen produzierte zunächst 330 PS und schob den knapp 1,8 Tonnen schweren Wagen bis auf Tempo 254 an. Ein auf 6,3 Liter aufgebohrtes Triebwerk folgte 1992. Die traditionell Vantage genannte Topversion mit zwei Eaton-Kompressoren sorgte 1993 für Furore, denn erstmals durchbrach ein Aston Martin mit Straßenzulassung die 300 km/h-Schallmauer!

Land	Großbritannien
Marke	Aston Martin
Baujahr	1989-2000
Bauart	V8
Lage	vorn längs
Antrieb	Heck
Hubraum (ccm)	5341 bis 6300
Leistung (PS/U/min)	335 bei 5300
	bis 550 bei 6000
Vmax (km/h)	254 bis 300
Bauart	Coupé, Cabrio
Material	Stahlblech
Produktionszahl	1050

ca. 50.000 €

Land	Deutschland
Marke	BMW
Baujahr	1989-1999
Bauart	V8, V12
Lage	vorn längs
Antrieb	Heck
Hubraum (ccm)	3982 bis 5576
Leistung (PS/U/min)	286 bei 5800
	bis 380 bei 5300
Vmax (km/h)	250
Bauart	Coupé
Material	Stahlblech
Produktionszahl	30.603

[ca. 18.500 €]

BMW 8er (E31)

1989 trat der BMW 8er die Nachfolge des bereits seit 1976 produzierten 6er-Coupés an. Der elegante GT (Werkscode E31) entstand unter Leitung von BMW-Chefdesigner Claus Luthe, für die gefällige Form zeichnete aber vor allen Klaus Kapitza verantwortlich, später Designchef der BMW Technik GmbH. Zunächst war der 8er ausschließlich mit dem bereits bestens etablierten Zwölfzylinder des 750i erhältlich, hier wie dort mit 300 PS. Im Gegensatz zum 7er bot BMW den 850i jedoch auch mit Sechsgang-Schaltgetriebe an. Damit dauerte der Sprint auf Tempo 100 nur etwas mehr als sechs Sekunden. Noch bessere Werte lieferte der 1992 nachgeschobene Top-8er, der als 850 CSi mit 380 PS für Furore sorgte! Während der V12 hier mit einem halben Liter Hubraumplus daher kam, folgte im Sommer 1993 der „kleine" 840i mit 286 PS starkem V8. Nochmals modifiziert und mit Ci-Kürzeln versehen wurde die Reihe zum Modelljahr 1994.

[k.A.]

Land	BRD/Großbritannien
Marke	Opel/Lotus
Baujahr	1989-1992
Bauart	Reihensechszylinder
Lage	vorn längs
Antrieb	Heck
Hubraum (ccm)	3615
Leistung (PS/U/min)	377 bei 5200
Vmax (km/h)	283
Bauart	Limousine
Material	Stahlblech
Produktionszahl	ca. 900

Lotus Omega

Im Normalfall sorgte so ein Opel Omega nicht für allzu viel Aufsehen. Anders sah es bei jenen Exemplaren aus, die sich Lotus vornahm: Denn der britische Sportwagenhersteller aus Hethel pflanzte dem Opel einen doppelt aufgeladenen Sechszylinder ein – und machte den Lotus Omega damit (neben Alpinas B10 Biturbo) zur schnellsten Serienlimousine der Welt! Der aufgebohrte dohc-Vierventiler mit 3,6 Liter Hubraum erzeugte satte 377 PS, ein ZF-Sechsgang-Getriebe sorgte für die Kraftübertragung. Der Sprint gelang in 5,4 Sekunden, das Spitzentempo lag bei 283 km/h. Fahrwerk und Karosserie wurden ebenfalls von Lotus überarbeitet, es gab allerdings viele fertigungstechnische Probleme – bei etlichen Exemplaren waren vor der Auslieferung Nacharbeiten nötig. Hierzulande wurde der gedopte Omega offiziell über das Opel-Händlernetz vertrieben, der Neupreis lag bei 125.000 Mark.

Mercedes-Benz SL (R 129)

Auf Anhieb viel Applaus erntete der Nachfolger des 18 Jahre lang gebauten R 107. Der revolutionäre R 129 war ein kompletter Neuanfang, die Kürzel S (wie sportlich) und L (wie leicht) konnte man aber auch hier nicht allzu ernst nehmen. Dennoch bewies dieser von Bruno Sacco geformte SL, dass mit Mercedes immer zu rechnen war, wenn es darum ging, ein Statement zu setzen: Jedenfalls hielt 1989 kaum ein Konkurrent mit der Fülle an Innovationen mit, die den SL auszeichneten. Dazu zählten etwa die Sitze mit integriertem Gurtsystem oder der in Sekundenbruchteilen ausfahrbare Überrollbügel. Auf dem neuesten Stand war auch das Fahrwerk, die Motorenpalette umfasste zunächst Reihensechszylinder und V8. 1992 wurde der mächtige, rund 400 PS starke V12 aus der S-Klasse implantiert. Mit der neuen Mercedes-Nomenklatura, die das Typkürzel ab 1993 voran stellte, setzte der SL seine Karriere unbeirrt fort und lief speziell im AMG-Paket zur Hochform auf. Gegen Ende der Bauzeit hielten nicht nur neue V6 Einzug, sondern auch der 7,3 Liter große AMG-V12 mit 525 PS – wobei sportliche Naturen lieber beim leichteren und keinesfalls schwächlichen V8 blieben!

Land	Deutschland
Marke	Mercedes-Benz
Baujahr	1989-2001
Bauart	Reihensechszylinder, V6, V8, V12
Lage	vorn längs
Antrieb	Heck
Hubraum (ccm)	2799 bis 7291
Leistung (PS/U/min)	190 bei 5700
	bis 525 bei 5500
Vmax (km/h)	225 bis 250
Bauart	Coupé, Cabrio
Material	Stahlblech
Produktionszahl	205.865

[ca. 45.000 €]

VW Bus T3

Natürlich kann man angesichts der Tatsache, dass seine Premiere bereits 1979 erfolgte, darüber diskutieren, ob der VW Bus T3 in dieses Kapitel gehört. Aber die 1980er Jahren waren nun mal seine Hauptproduktionszeit. Ganz der Tradition von T1 und T2 verpflichtet, so bot auch das neue Nutzfahrzeug vom Kastenwagen bis zum Camper ein Höchstmaß an Variantenreichtum.

Zwar startete der T3 zunächst mit den luftgekühlten Benzin-Varianten des Vorgängers, allerdings erfolgte der Systemwechsel auf die wassergekühlten Motoren im Jahr 1982. Ein Jahr zuvor präsentierte Volkswagen erstmals einen Selbstzünder in der Transporterreihe: Das 50 PS starke Triebwerk stammte vom Golf. ABS und Katalysator für die Benzinmotoren hielten ebenso Einzug in die Serienfertigung, wie der ab 1985 lieferbare Allradantrieb namens Syncro.

Nach rund zwei Millionen T3 folgte 1990 das Produktionsende (Syncro: 1993). Heute hat der T3 längst Kultstatus erlangt und ist aus der Wohnmobil- und Vanlife-Szene nicht mehr wegzudenken. Hier laufen auch noch Exemplare aus südafrikanischer Fertigung, wo noch bis 2002 der Erfolgstransporter als Microbus bei den Händlern stand – bei den letzten Exemplaren sorgte ein 133 PS starker Audi-Motor für Vortrieb.

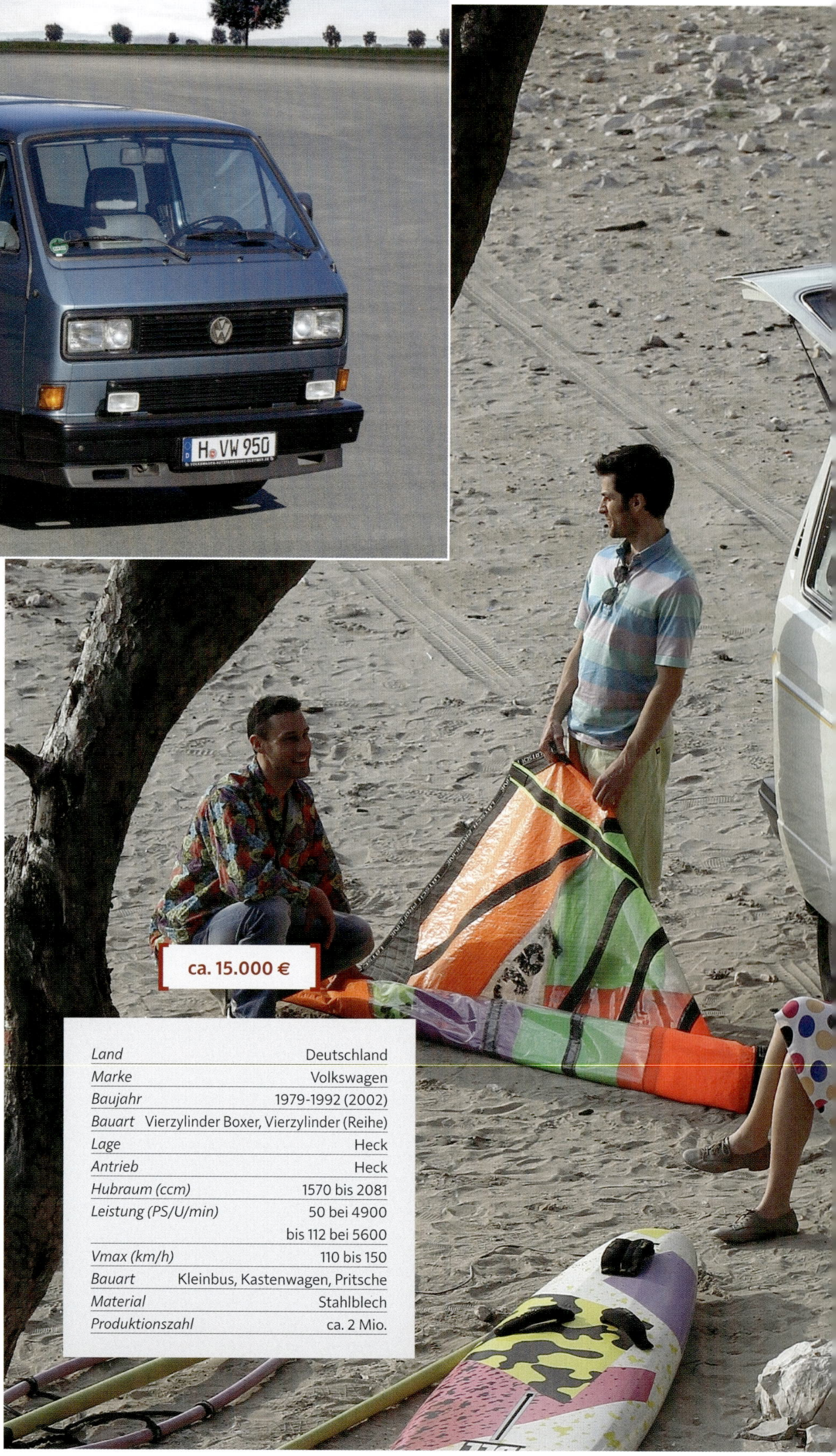

ca. 15.000 €

Land	Deutschland
Marke	Volkswagen
Baujahr	1979-1992 (2002)
Bauart	Vierzylinder Boxer, Vierzylinder (Reihe)
Lage	Heck
Antrieb	Heck
Hubraum (ccm)	1570 bis 2081
Leistung (PS/U/min)	50 bei 4900 bis 112 bei 5600
Vmax (km/h)	110 bis 150
Bauart	Kleinbus, Kastenwagen, Pritsche
Material	Stahlblech
Produktionszahl	ca. 2 Mio.

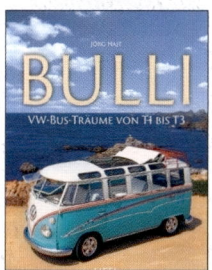
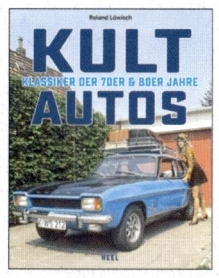
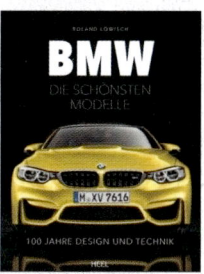

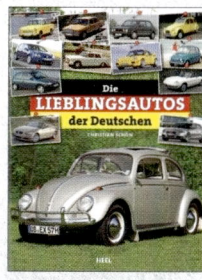
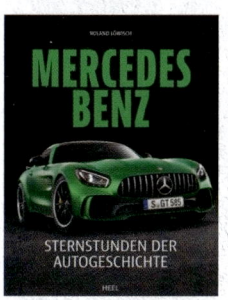
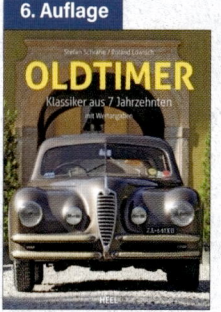
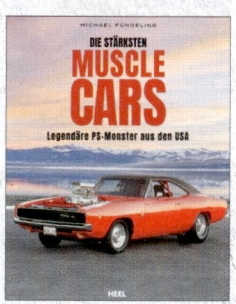

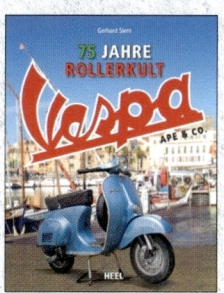
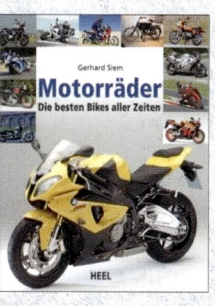
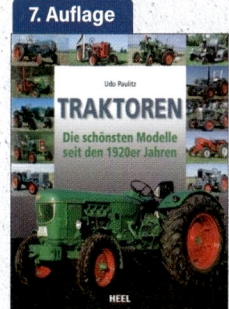

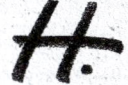